西淀川公害を語る

公害と闘い環境再生をめざして

西淀川公害患者と家族の会　編

本の泉社

企業責任を認める勝利判決後、関西電力に向かう
「なのはな行動」＝1991年3月

被告企業の中心、関西電力尼崎発電所＝1964年3月

満場一致で提訴を決める公害患者の会の臨時総会＝1977年8月

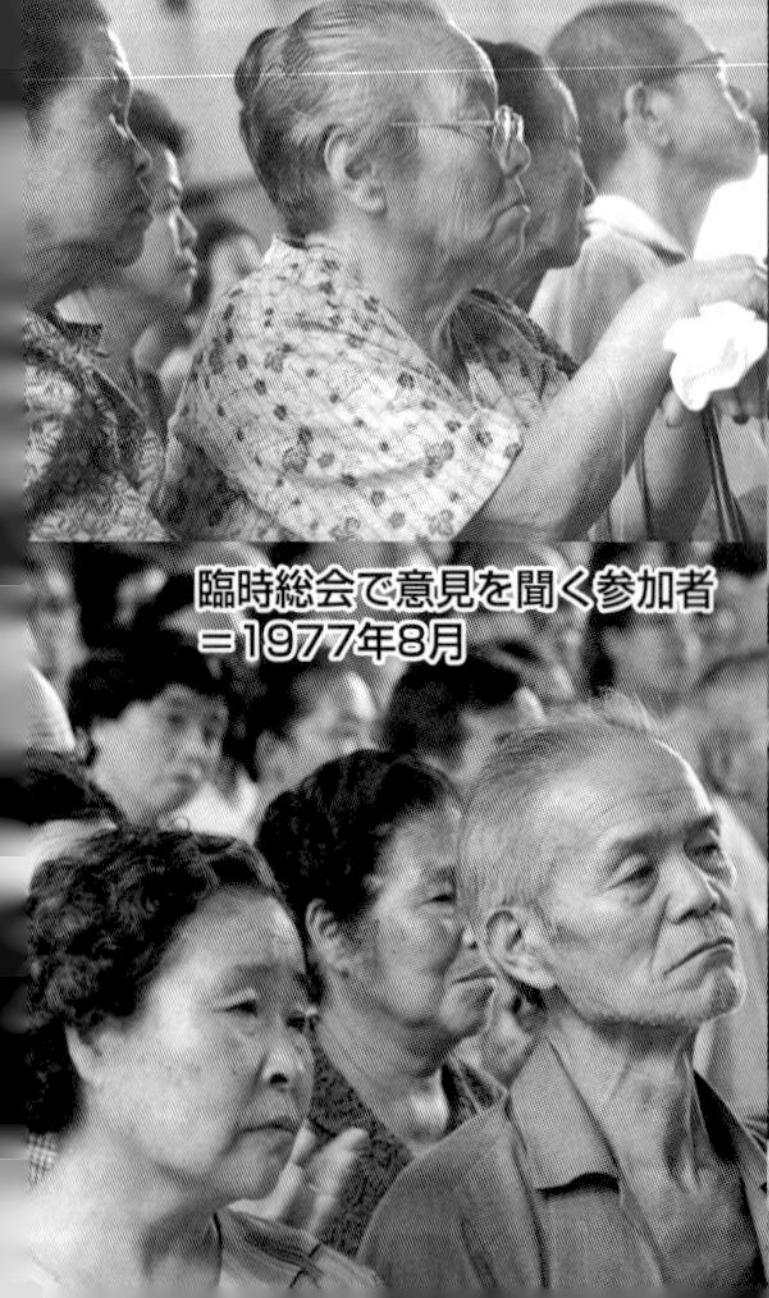

臨時総会で意見を聞く参加者
＝1977年8月

第3次提訴のときに、第1次、2次をあわせて
原告団を結成＝1985年5月

シャッターを閉じた関西電力本店前での
座り込み＝1993年4月

第2次、3次裁判結審後の
関西電力への「パラソル行動」
＝1994年7月

「手渡したいのは青い空」をみんなで歌う「共感ひろば」＝1990年9月

裁判所近くの淀屋橋駅前で
ビラを配布する患者と弁護団＝1993年4月

国、道路公団に勝利した後の
「あじさい行動」＝1995年7月

企業に勝利した第1次判決＝1991年3月

国、道路公団に勝利した第2次、3次判決＝1995年7月

企業との和解後、原告患者に一斉に頭を下げる被告10社代表＝1995年3月

国、道路公団と和解後、原告、支援者へ報告に向かう＝1998年7月

あおぞら苑の前の記念碑を囲んで喜ぶ
宮本憲一氏（右）と森脇君雄氏＝2006年10月

朝日新聞社主催の
「第8回明日への環境賞」受賞
＝2007年4月

西淀川公害を語る

公害と闘い環境再生をめざして

西淀川公害患者と家族の会　編

本の泉社

はじめに

二一世紀は環境の世紀といわれています。

地球温暖化など地球規模の環境、自然破壊に対する防止策の遅れや「足元の公害」といわれる国内の公害問題への対策の不十分さが、いま改めて問われています。公害健康被害補償法の改悪で公害指定地域解除、新規認定患者は認めないという方向が打ち出されたころから、政府、財界、一部報道機関は「もう公害はなくなった」と強調してきました。その見方は今日まで基本的には変わっていません。本当にそうでしょうか。確かに六〇年代から七〇年代にかけて、石油製品を燃料にして生じた硫黄酸化物による大気汚染は大幅に改善され、青空も戻りました。企業の公害防止対策が功を奏していることもありますが、呼吸器系の専門医が増え、医薬品の改良や医療機器の改善によるところが大きいといえるのです。しかし、現実は自動車排ガスによる窒素酸化物や微小粒子状物質（ＰＭ２・５）による大気汚染は一段と深刻になっています。実際、重症患者は減少しても、ぜんそくなど呼吸器疾患の患者は今も増えつづけています。大気汚染は決して克服された訳ではありません。

かつて大阪は「煙の都」と呼ばれ、工場から排出される多量の煙が経済的繁栄の象徴とされてきました。その煙の下では子どもやお年寄り、やがて成人までが気管支ぜんそくや慢性気管支炎に冒され、多くの公害患者が苦しみながら亡くなっていきました。生きている患者も〝死んだ方が楽〟という地獄の苦しみを味わってきました。公害による被害は、患者の健康を破壊するだけでなく、家族も含めて人間としての生活をことごとく奪い去ってしまいます。そうした中、公害病認定患者による「西淀川公害患者と家族の会」を結成し、「これだけ苦しい目にあわせている公害企業は許せない」と、一九七八（昭和五三）年四月に加害企業一〇社と国、道路公団を相手に提訴しました。当初は、誰に相談しても「負ける」といわれていたにもかかわらず、私たちには必要かつ切迫した選択でした。

一四年後には加害企業に勝訴し、それから四年後に企業との間で歴史的和解を果たしました。さらに国、道路公団に勝訴し、そして九八（平成一〇）年七月に和解が成立してすべての裁判が終結しました。実に二〇年を要しました。そして今、企業との和解金の一部を有効活用して設立した財団法人「公害地域再生センター」（あおぞら財団）が、子や孫に手渡すべき西淀川のまちづくりや公害患者の生活改善のための活動を一〇年にわたって行ってきました。大野川緑陰道路や各地の公園には緑が生い茂り、大阪市内の中でも住みやすくなってきています。マンションが各地に建設され、当時の大気汚染公害を知らない人たちも増えています。西淀川も時代とともに変わりつつあります。

西淀川など大阪湾最北部の工業地帯の大気汚染公害は、一地域の問題をはるかに越えた日本の歩んできた道そのものであり、日本の負の縮図でもありました。七二（昭和四七）年に設立した患者会の最高会員数は二八〇〇人（一五歳以下の子どもが半数）でしたが、今は四〇〇人で年配者の半数以上は亡くなっています。また、存命の患者自身も高齢化してきています。このため、私たちは提訴から三〇年を期して、『西淀川公害を語る　公害と闘い環境再生をめざして』を上梓することにしました。その出版目的は公害にかかわってきた人間の営みを記録するだけにとどめず、過去の教訓から現在の環境問題を見据え、そして未来への展望に結びつけていくためです。西淀川の公害環境問題の過去を振り返りながら——西淀川とはどういうまちだったのか、それが重化学工業の進出によってどうなったのか、そこで慣れ親しんでくらしてきた住民はどうなっていったのか、企業や行政はどう対応したのか、そして、いのちを削って起ちあがった公害患者と支援した住民、医師、弁護士、学者・研究者、諸団体の人たちによる長期にわたるたたかい等々——人間が人間らしく生きていくためにたたかった壮大な人間ドラマを後世に残すことによって、公害環境問題を考えてもらいたいのです。

いま、北九州では六〇、七〇年代の西淀川区のように光化学スモッグが続発し、小学校の運動会が中止になっています。光化学スモッグは四国地方にも広がり、やがて西日本全体や東日本にも広がっていくと予想されています。中国からの〝もらい公害〟が要因だとの見方もあります。残念ながらこのままでは今後、形の違った深刻な大気汚染に苦しむことになるでしょう。さらに、地球温暖化問題も〝待ったなし〟の深刻な状況を呈しています。だからこそ、日本を含むアジアの国や世界の人びとのために、私たちの筆舌に尽くし難い経験を伝え、公害とのたたかいのすべてを生かしてほしいと願っています。

「本書」では現在、西淀川公害患者と家族の会会長の森脇君雄が「語り部」となって、ここに登場する人たちの物語をお伝えしたいと思います。

「本書」を公害とたたかい、その根絶のために運動してきたすべての方がたに捧げます。

二〇〇八年三月

西淀川公害患者と家族の会

目次

はじめに……3
序章　あおぞら苑開設……13
・公害闘争の一里塚……15
・あおぞら苑の一日……18
・自宅のような雰囲気で……23
・あおぞら苑職員の抱負……26
・楽しくホットな苑をめざして……30
・吉備高原での生い立ち……31
・あこがれのタクシー労働者に……34
・苦い勝利……36
・川上貫一さんとの出会い……39
第一章　公害患者との出会い……41
・小谷信夫君との出会い……42
・四つの認定疾病の特徴……44
・南竹照代さんとの出会い……48
・家計気にして自殺未遂……51
・勉強支えに病気とたたかう……53
・「死にたない、生きたいねん」……56
・網代千佳子さんとの出会い……60
・帰宅途中に発作が・・・……62
・母親、俊子さんの意見陳述……65

第二章　公害企業の進出……69

・公害反対の原点、永大石油問題……70
・初の行政命令……73
・千北病院建設運動……75
・安心してかかれる病院めざして……77
・自分自身も公害病に……79
・公害病認定検査業務……81
・外島への公害企業進出阻止運動……84
・大和田小学校の作文集「公害」……86
・公害国会の光と影……95

第三章　西淀川の歴史と高度成長時代……99

・西淀川の原風景……100
・工場にとって恵まれた立地条件……102
・「煙の都」の復活　鉄鋼、重化学工場が次つぎ操業……104
・高度成長時代と西淀川……107
・一日も住みたくない地域……109

第四章　患者会の結成と公健法制定……113

・公害患者と家族の会結成へ……114
・公害被害者は生きる灯火《ともしび》、励ましと助け合いで生き抜く……117
・四日市公害訴訟判決の意義とは……122
・対大阪市交渉で初の成果……124
・公害健康被害補償法の制定……129
・橋本道夫元環境庁大気保全局長と対談……134

第五章　企業一〇社と国、道路公団を提訴……137
・訴訟準備で青法協に相談……138
・関西電力との交渉開始……139
・公健法は訴訟を妨げない……143
・「裁判して勝てるんか」……148
・「被害者が先頭に立つんや」……149
・被告企業一〇社と国、道路公団を選ぶ……153
・提訴決めた臨時総会……156
・大阪地裁へ第一次提訴……159
・因果関係否定論への反撃……162
・弁護団の知恵「六つの組織」……163

第六章　臨調行革と公健法改悪とのたたかい……171
・二酸化窒素の基準緩和……172
・環境庁幹部も認める誤った緩和……175
・公健法改悪への策動……177
・臨時行政調査会とのたたかい……183
・「関東軍参謀は引っ込め！」……186
・四度書き直させた答申案……188
・公健法改悪の中公審答申……193
・たたかう体制づくり強化……195
・緊急総決起行動の提起……198
・公健法改悪案通過……202
・「ちっちゃな子が死ぬんやぞ」……205
・大島義夫副会長の死……209
・実藤雍徳副会長の死……210

第七章　裁判長期化と広がる支援……213
・長期化する裁判……214
・ニセ患者扱いが原告の怒り呼ぶ……216
・広がる支援の輪……219
・患者の必死の訴えが世論動かす……222
・しろきた市民生協の支援活動……229
・「おじいさん、やっと横になれたね」……233
・雪の結審行動……236
・「共感ひろば」でさらに広がる
　支援の輪……240
・消費者団体全体の運動へ発展……245

第八章　大阪地裁判決と企業との和解……249
・首の皮一枚の勝利……252
・六〇〇〇人による「なのはな行動」……255
・泊まり込み体制で関電交渉……257
・逃げ出した大阪ガス幹部……260
・地球サミットで
　「公害は終わっていない」と訴え……262
・関西電力包囲作戦……264
・関電株主総会で患者の訴え……266
・阪神淡路大震災と被告企業……271
・企業と極秘の和解交渉……273
・三対三の交渉……277
・関電との一対一の交渉……280
・被告企業の謝罪……284
・大阪地裁、高裁で和解……287

第九章　国、阪神高速道路公団と和解……293
・国、道路公団にも勝った……294
・阪神高速道路公団が謝罪……300
・国、道路公団との和解……302
・二一年のたたかいに終止符……306
・東京大気汚染訴訟でも和解成立……312
・浜田耕助会長の遺志を継いで……315

第十章　新生・西淀川めざして……321
・公害地域再生センターとは……322
・まちの再開発ではなく再生を……324
・住民、企業、行政の〝協働行動〟で……326
・あおぞら財団設立……331
・とり戻しつつある自然環境……334
・公害環境問題のセンターとして世界へ発信……350

・西淀川公害の略年表……355
・参考文献……362
あとがき……364

序章　あおぞら苑開設

公害と闘い
環境再生の
夢を

滋賀大学前学長
宮本憲一

塞がれた灰色の空　昼間からライトをつけて走るクルマ。一九六〇年代から七〇年代にかけて「公害」という言葉さえ知らない住民が次々と病気になり、公害病認定患者は七〇〇〇人を超えた。かつてこの地は日本一公害激甚地といわれ、大気汚染による〝緩慢な殺人〟が進行した。「手渡したいのは青い空」。一九七八年、住民はやむにやまれず裁判に訴えた。工場とクルマによる複合大気汚染を裁く裁判は、二〇年を経て勝利和解した。人情あふれるこのまちに、にぎわいと穏やかなくらし、自然豊かな風景をとりもどすためのたたかいは続く。

二〇〇六年一〇月一日
原告団長　森脇君雄

＊公害闘争の一里塚

ＪＲ大阪環状線の西九条駅で、尼崎行きの阪神電車・西大阪線に乗ると、四駅目で出来島駅に着きます。駅の側を流れる神崎川とその向こうの左門殿川《さもんど》を渡ると兵庫県尼崎市です。駅から商店や住宅地を歩いて五分ほどの西淀川区大和田五丁目に、デイサービスセンター（通所介護施設）「あおぞら苑」があります。薄い黄土色の壁に白っぽいアルミ板をあしらったツートンカラーのモダンな二階建てです。建物には、九〇センチ大の檜板に行書体の筆字で、「あおぞら苑」と表示されています。玄関前の一メートル四方の御影石には「公害と闘い環境再生の夢を　滋賀大学前学長　宮本憲一」と彫られた記念碑が建立されています。二〇〇六（平成一八）年一〇月一日にオープンしました。あおぞら苑は、公害とのたたかいの一里塚であり、現在の到達点でもあるのです。

あおぞら苑の前で手前から森脇君雄、永野千代子、村松昭夫の各氏

出来島周辺といえば、六九（昭和四四）年に出来島団地近くの工場から排出される高濃度の亜硫酸ガスで、団地内のアサガオが一夜にして枯れるできごとがありました。それが西淀川区の大気汚染公害反対の運動に発展していった歴史があります。問題の工場は今はなく、すっかり周辺の様相も変わってしまいました。時おり人や車が行きかう程度で、当時を知る者から見れば、隔世の感があります。その公害運動の原点ともいうまちに、奇しくも三七年後に、あおぞら苑が建設されたのも歴史の巡りあわせといえるかも知れません。

あおぞら苑の建設は、いわゆる一般の介護施設とは趣きが異なります。

「西淀川公害患者と家族の会」（患者会）が企業一〇社、国と阪神高速道路公団を相手にたたかった西淀川公害裁判は、七八（昭和五三）年以降四次にわたる提訴を行いました。一三年後の九一（平成三）年三月には被告企業との勝利和解。さらに九八（平成一〇）年七月の国、道路公団に勝利和解するまで二〇年を費やしました。裁判闘争の大きな目的は、被害者救済と「青い空を取り戻す」ことにありました。青い空を取り戻すことは、公害のまちからの再生であ

通所介護施設「あおぞら苑」＝西淀川区大和田

り、それを具体化するのが企業との和解後に設立した財団法人「公害地域再生センター」（愛称、あおぞら財団）です。その時の企業との和解金約四〇億円のうち、二五億円が患者への損害賠償、一五億円がまちづくりおよび生活改善など患者のいろんな問題を処理するのに使うため、二つに分けました。

あおぞら財団とその活動の詳細については後述しますが、生活改善費用の中から五〇〇〇万円であおぞら苑の用地を取得し、運営主体として設立したＮＰＯ法人「西淀川福祉・健康ネットワーク」に寄付しました。その上で、建築費や開設の準備費用約五〇〇〇万円をかけて開設しました。公害患者らが企業との和解金をもとにデイサービスセンターをつくるのは全国で初めてとなります。

歴史的な裁判も、企業に勝利してからすでに一〇年以上たちました。原告を中心とした公害病患者も高齢化し、体が弱ってくると出かけるのも億劫になりがちです。夫に先立たれたり、子どもたちが独立して、一人暮らしの患者が増えています。当然、話し相手も少なくなってきます。このため、患者会ではリハビリを兼ねて、将来安心して老後が暮らせるようにと福祉施設の建設を二年前の〇四（平成一六）年に決めました。在宅で生活されている方や介護支援を必要とする方に、日帰りで利用できる入浴や食事、機能訓練などのサービスを提供する施設です。公害患者さんらが自由に行ったり来たり、お風呂に入ったり、みんなでおしゃべりしたり、食事をしたりという憩いの場でもあります。もちろん、公害患者だけでなく一般のお年寄りも安心して利用できます。

一〇月一日からのオープンを前にした九月二一日、あおぞら苑と大気汚染公害とのたたかいを記した記念碑のお披露目会が開かれました。お祝いに集まった患者や支援者、報道陣を前に、私は西淀川公害患者と家族の会会長として「宮本先生の碑文とともに、二〇〇〇人以上が亡くなった公害の歴史的たたかいと意義、これからどうするか、という思いを込めて碑文を書くことができて嬉しい思いです。高齢化した患者が長生きできる施設にし、西淀川の名所として残していきたいと思っています」と挨拶しました。

患者会副会長の北村ヨシエさん（八二）は「生きていてよかった。自由に行ったり来たりする場所があるのは嬉しい」と笑顔で述べ、同じく副会長の岡前千代子さん（八六）も「懐かしい顔に会える。それが何よりです」と喜んでくれました。

＊あおぞら苑の一日

オープンから二カ月たった一二月初旬のあおぞら苑の一日を見てみましょう――。

開所時間は土、日を除く午前九時半から午後四時半まで。利用人数は一日最大一五人です。施設長は元西淀川公害患者と家族の会事務局長の辰巳致《いたる》君（三六）、生活相談員・社会福祉主事・介護福祉士の大野幸子さん（五八）、看護師の酒井晴美さん（三二）、調理担当で二級の介護資格を持つ北條洋子さん（五八）の四人で運営しています。

午前八時半には出勤し、職員全員がその日の利用者の顔ぶれやあらかじめ入手している健康状態の資料、食事、入浴、レクリエーション、送迎時間などを打ち合わせます。車による送迎担当は辰巳君です。その日の利用者のつごうに合わせ、自宅へ迎えに行ったり、診察を受けた患者が待っている姫島診療所に迎えに行きます。およそ、九時半から一〇時半頃までに利用者を苑に迎えます。

この日の利用者は六人。女性ばかりで七〇、八〇歳代の人たちです。一階にはゆったりしたソファーを設置したリビングがありますが、床より一段高くなった実質八畳の和室の方が人気があります。楽に座れる長方形の掘コタツがあり、疲れたら横になれるからです。利用者の一番の楽しみは、こたつを囲んでみんなとおしゃべりすること。日頃、一人で生活している方が多いので、週一、二回のあおぞら苑での屈託のない仲間との語り合いが待ち遠しいのです。

「坊主めくりは、いつやっても楽しいなぁ」

生活相談員の大野さんも加わって、百人一首を使った坊主めくりに、興じていました。

「なんや、また坊主か」

「わあ、お姫さん」

一枚めくるごとに、わあわあ、きゃあきゃあ、と賑やかなこと。まるで童心に返ったようです。

「このお姫さん、うちに似てるわ。シワないし……」

「何いうてんねん。あつかましい」

疲れると、しばし休憩。横になる人もいれば、雑談している人もいます。

話題は健康のことになりがちです。それぞれ体調には気を遣っています。週のうち、二回、三回と診療所に行く人もいます。

患者会副会長の塚口アキヱさん（八八）は毎週火曜日、姫島診療所で点滴を受けたあと、あおぞら苑に来ます。塚口さんは以前から大気汚染公害患者の生きざまを話す「語り部」活動をしてきました。「語り部」は二〇人余りいます。小学校から中学、高校、大学、団体、地域と、みんなで分担しながら、自らの体験を語ってきました。

「空は真っ赤。煙突の煙で太陽も見えん。赤ん坊の顔が黒くなり、洗濯ものも真っ黒になったり、真っ赤になったり、その度に洗い直さなあかんかった。窓を閉めていても一〇分ぐらいで畳はざらざらになり、一日に何回も掃除せなあかん。軒下の樋なんか錆びて、穴があいてすぐボロボロになってまう。空気の汚れで霧みたいになって、見通しもできんときもあった。空気を汚した連中は謝りもせん。このままでは治まらん」

静まり返った教室で子どもたちを前に話しかけます。韓国の女性司法修習生が訪れ、塚口さんの話を聞いて泣きだしてしまったという話もあります。

塚口さんは一九（大正八）年に西淀川区大野で生まれました。女五人姉妹の二番目です。七六年（昭和五一年）に慢性気管支炎で公害病の認定をされています。夜九時ころになると、痰取り用に水とティッシュペーパーとごみ箱を枕元に置いて、喉がヒーヒーいわないように、横になって寝ます。およそ二時間おきに痰と咳が出るので、起き上がったり、座ったりして朝方を迎えています。ひどいときは、一時間おきに起きるのでほとんど眠ることができません。

歩くのがつらく、三〇〇メートル以上は歩けません。ある日、娘と一緒に買い物に行ったとき、「お母ちゃんはだんだん後ろへ下がってしまう」といわれ、歩くのが遅くなっていることに気がつきました。孫にも「おばあちゃん、のろいなぁ」と、いわれたことがあります。その娘二人も認定患者。夫で元漁師の役松さんは慢性気管支炎の認定患者です。

「お互い、せきとのどがゼーゼーする音で『寝られへん』いうて、けんかばかりしてました」

塚口さんの人生は、体力のある間は働き続け、罹患後は病気に悩まされ続けてきました。役松さんや家族との楽しい思い出もほとんどありませんでした。役松さんは八七（昭和六二）年一一月二二日、痰が出にくくなり、「苦しい」といいながら午前二時、三時まで耐えていました。その後、静かになって寝ていましたが、朝、塚口さんが目を覚ましたときには亡くなっていました。七四歳でした。今では役松さんとの口論が懐かしく感じるようになっています。

塚口さんには語り部活動で忘れられない思い出があります。それは、ある中学校で慢性気管支炎の苦しみを聞いていた生徒に「みんな早く亡くなっていくのに、おばあちゃん、何で元気なん」と質問されたことでした。

そのとき、塚口さんは腕をまくって点滴の跡を見せ、「毎朝、診療所の車に乗せてもろうて、吸入と点滴、注射をしてもらい、大勢の人に守ってもらっているからですがな」と答えています。

あおぞら苑でも周りの公害患者に、そのときの話をよくしています。「普通やったら、『まだお迎えがけえへんから、生かしてもらってます』とか、『幸い、まだ元気やから』っていうやん。そやけど、そんなんでは語り部は務まらんわ。点滴で穴のあいた腕見せたら、みんなじっと見てる。それで子どもらは納得するんや。語り部は子や孫が安心して西淀で暮らせるようにするためにやってんねんから」

塚口さんは第一次原告のリーダー格です。一三年間の地裁での一〇一回の裁判すべてに出席しています。三回の意見陳述もありました。副会長を引き受けているのも、動ける人が少なくなっていく中で自分がしっかりして引っ張っていかなければという思いがあるからです。

＊自宅のような雰囲気で

あおぞら苑施設長の辰巳君は、苑の運営について、

「真っ白な状態でのスタートでしょう。土地捜し、家捜しから始まって一年余りして、ようやく見つけました。最初は将来の見通しがたたないんで、どうなるんかと、不安もプレッシャーもかなりありましたね。オープン時は一カ月七人程度の利用者でしたが、二カ月後には一四、五人になりました。私たちの努力はもちろん、利用者さんの口コミが大きいと思っています」

普通、デイサービスセンターといえば病院に併設されたようなものが多く、テーブルは合板、食事の茶碗、湯飲み等はプラスチックが相場です。あおぞら苑は木製の大きな食卓に、椅子も木製革張り、茶碗、皿、湯飲み等食器は瀬戸物です。自宅と変わらない家庭的なものにし、味気なさを極力排しています。

「リハビリ用具やベッドはもちろんありますが、利用者さんの目的はおしゃべりしたり、みんなと一緒に食事をしたり、岩風呂に入りたい、というので来られる方が多いんです。だからリラックスできる和室を造ったのはよかったと思います」

見ていると、足腰の弱った北村ヨシエさん（八二）は、和室からはってトイレに行きました。職員は床より一段高くなった和室からフローリングの床に下りる時に介助するだけ。生活相談員の大野さんは「一人でできるものは一人でやりたいのでしょう。自宅でもはって体を移動させておられると思います。スリッパをずっとはいて椅子に座ってる必要がないし、ここは自宅と同じような造りをしているのがいいと思います」といいます。

一二時前になると、食卓で昼御飯の準備が始まりました。

調理担当の北條さんが二階の調理室でこしらえ、小型の昇降機で一階に降ろします。お膳にはご飯、味噌汁、ごまあえ、サバの味噌煮、大根と柿のなます、煮つけ等が並び、梅干しや漬物の白菜、食後の果物等が食卓の真ん中に置かれています。一食五〇〇円です。利用者は掘りコタツを囲んで食べていました。

「家に帰ると、ポツンと一人座って食べてるけど、やっぱり、食事はみんなと一緒に食べる方がおいしいわ」

「ほんまにそうや。子どものころ、思いだすなぁ」

ひとしきり食事の話をした後は、話題は世間話へと移っていきました。

職員は食事の状況や顔色を見ながら、健康チェックをしていきます。食事に関する会話には注意をしています。食欲で体調の目安がつくからです。みんなが食べおわるのを待って、

「○○さん、あまり食べてないけど、どうかした？」

「うん、お腹の調子、ようないみたい」

「冷やさん方がええから、ミカン食べるのやめとき」

「そうする」

「残したの持って帰る？　おいしいから包んどくね」

「はい、ありがとう」

食後、しばらくしてから体温、脈拍、血圧などを測定し、体調のチェックを行います。午後二時すぎから順次、お風呂に入ります。ゆったりとできる岩風呂、一人用のバスなどがあります。お風呂は必ず、職員が付き添って介助します。体の調子によっては半身浴の場合があります。

お風呂からあがってくると、リビングのソファーでジュースやお茶を飲み、一服します。和菓子も出ます。ソファーの前にはカラオケセットがあり、マイクを握る人もでてきます。風呂待ちの人も和室からソファーの方に移動してきました。なじみの曲なら自然とみんなで歌ったりしています。人気は氷川きよしです。

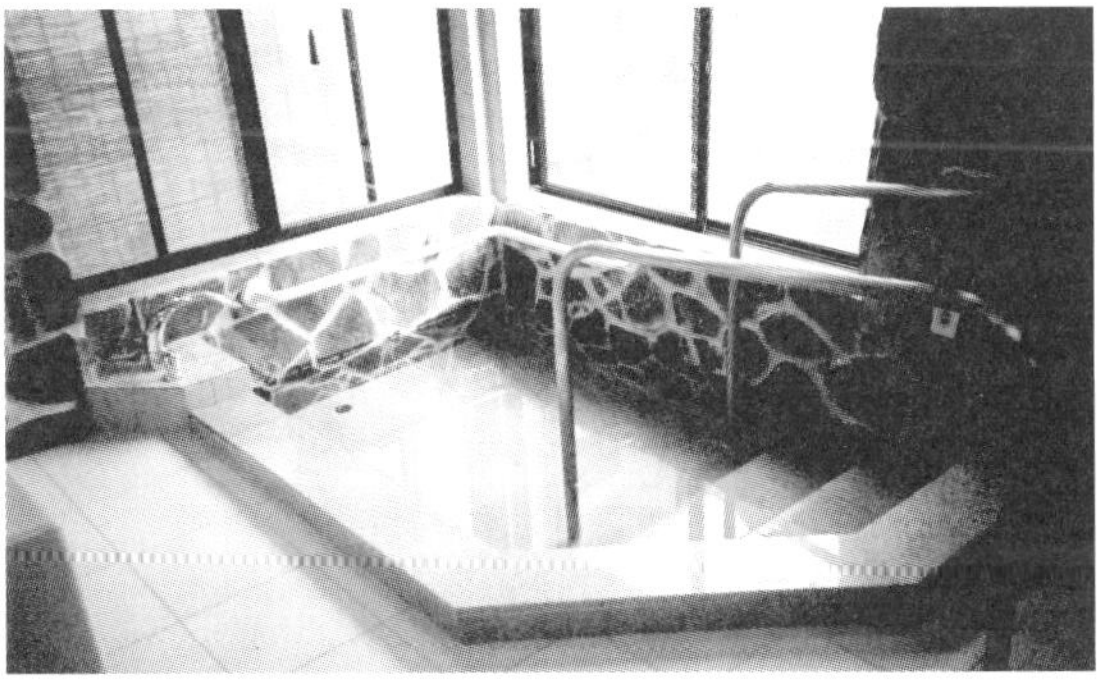

人気のある岩風呂

一段落したところで、辰巳君が「きょうは嬉しいお知らせがあります。岡前千代子さんがあした、八七歳の誕生日を迎えられます。一日早いですが、みんなで岡前さんのお誕生日のお祝いをしましょう」と呼びかけました。全員で拍手とともに、「ハッピー　バースデー　ツ　ユー」を歌い、花束を贈呈。「ありがとう、ありがとうございます」と岡前さん。派手さこそありませんが、心のこもったお祝いでした。

レクリエーションは、ゲームや体操、歌を歌ったりして笑顔と元気がでるように工夫しています。趣味の活動もあおぞら苑の前の畑で野菜や花を育てたり、囲碁・将棋などの、やりたいことを自由にできるようにしています。あおぞら苑に行けば楽しく元気になる、また気楽に利用しようという気になってもらえるようにするのが、職員の願いであり、目標となっています。利用者の塚口さんはいいます。

「年寄り一人が家にいたら、死ぬことしか考えへん。けど、一週間に一回、ここにくると気がまぎれまんがな」

「死ぬなんていうてんと、私らがついてるから長生きしよう」。職員から励ましの声が聞かれました。

＊あおぞら苑職員の抱負

あおぞら苑の職員に感想を聞いてみました。

生活相談員の大野さんは、介護の先生の勧めで勤めることになりました。遠方の箕面市から通勤しています。「恥ずかしながら、西淀川の公害については、よく知りませんでした。そんなん、あったかなという程度で……。だから、利用される患者さんの身の上話や戦時中の話などを聞いていると、大変な時代を生き抜いてこられたんだなぁと思います。自分自身が老いていく上でも参考になりますね」

看護師の酒井さんは大阪市内の病院勤めから転職してきました。看護歴一〇年以上のベテランです。「介護は未経験でしたが、裁判や患者会の話などを聞くと、すごい人たちだなぁと思いました。ここの造りは自分の家のように落ちつける場所だし、病院ではこういうのはできませんね。勉強になります。ここで楽しく老後が過ごせればいいなぁ、と思います」

調理担当の北條さんは「野菜や魚、煮ものが喜ばれますね。ご飯もおいしいお米を使っているので、評判はいいです。お年寄りが多いから食事の分量はそう多くありませんが、栄養のバランスに気をつけ、あとは利用者の顔ぶれで好き嫌いを判断して献立を決めていきます」といいます。「お年寄りだから細かく刻んだり、柔らかいものをと考えがちですが、そういうものは

お風呂からあがり、みんなで岡前千代子さん（左から二人目）の誕生日を祝う

ご自宅で食べておられるので、むしろ、豚カツとかカレーなんかの方が人気があります。『わぁ、きょうはカレーや』といって、子どもみたいに喜んでおられます」。衛生には人一倍気をつけ、手を何度も洗っています。

北條さん自身、気管支ぜんそく患者です。二〇歳で結婚し、神戸市から西淀川区にきました。引っ越して一年ほどたったころから風邪気味の症状が続き、七一（昭和四六）年に姫島病院でぜんそく性気管支炎で公害病認定されています。二二歳でした。ステロイド薬を飲んでいるため、副作用があり、体がだるくなりがちです。「私の場合、西淀から離れて空気のよいところに遊びにいったりすると、かえって悪くなるんです。違った環境に順応しにくくなっているからでしょうか。それほど公害病はデリケートなんです」

「当時は、こんなに空気が汚いなんて思ってもいませんでした。私自身、勝利和解のあとに患者会に入会しましたが、この人たちの命がけのたたかいで、西淀の空気もよくなったんだと実感しています」

患者会では姫島支部長補佐です。あおぞら苑でもいつ小発作が起きても対応できるように吸入器と薬を常備して仕事を続けています。

施設長の辰巳君は患者会に就職する前はキャバクラ、ホテルのボーイ、旅行会社の添乗員などの仕事をしてきました。添乗員になったのは、安く温泉に入れるという思いがありました。一〇年ほど前、添乗員で北陸地方を案内している時、駐車場で患者会の転地療養旅行に偶然出会いました。

「この不景気にバス五台で旅行か。ようやりよる。責任者に会って話聞いとくのも悪ないなぁ」

辰巳君はその時、そう思ったといいます。聞けば生粋の西淀川区生まれ。ところが、公害のことはほとんど関心がなく、知りませんでした。話を聞いていると、実は父親をよく知っていました。「えっ、あの大阪市議の辰巳さんの息子さんか」ということになり、毎年、春と秋にバスで一泊旅行に出かけ、温泉に入って患者が英気を養う転地療養の話をしました。親しくなってから、辰巳君は患者会の事務所に遊びに来るようになりました。

ころあいを見て、「西淀のまちづくり運動に参加せえへんか?」と切り出すと、まちづくりと家の建設を勘違いして「オレ、大工と違うで。そんなんようせん。運動というても、スポーツなんかよう指導せん」という答えに、もう大笑いしました。「違うがな。公害で住めんようになった西淀のまちをみんなの力でトンボや虫が帰って来るようにして、青空の下で安心して住めるようなまちにする運動やがな」と説明し、やっと納得してもらいました。

当時の思い出を辰巳君が語ってくれました。

「『おじいさんの苦しみを和らげるため殺して、自分も死のうと何度思うたことか』『子や孫にこの苦しみをさせたくないので裁判してるんや』といった公害患者の話や訴えを聞く中で、患者さんが僕らのために頑ばってるのに、このままでええんかな、と思うようになっていった。人間いつかは死ぬ。大事なのはどう生きていくかなんや」と思うようになっていきました。

九六（平成八）年三月にあおぞら財団事務局に入りました。周囲からは「天性の明るさとやさしさを持つ人」といわれ、八月に西淀川公害患者と家族の会事務局に異動。二〇〇〇（平成一二）年から二〇〇六年九月まで同患者会事務局長を務めました。「イタちゃん」の愛称で呼ばれています。

＊楽しくホットな苑をめざして

あおぞら苑は利用者さんに楽しく、元気が出るように過ごしていただけることを念頭にやってきました。が、苑として利用者をどう確保していくか、どういう特徴を打ち出していくか、これから本格的な運営と健全な経営をみんなで考えていかなければなりません。スタートしてから半年ほどたった二〇〇七年五月に訪ねると、一〇人の利用者がいました。今では一日平均一〇人を越えています。辰巳君は「一日一三、四人にはしたい。利益が出るようになりますから」といいます。アルバイトも男女各一人ずつ雇いました。

「採算が合うようになってきたのは、ケアマネージャーの方がたが、あおぞら苑を勧めてくれますし、利用者さんが口コミで『お風呂や食事がええ。落ちつけるし、雰囲気がええ』といって宣伝してくれているのが大きいです。当たり前のことですが、みんな、それぞれの人生を歩んできたベテランの人たちですから、扱いは同じようにはいきません。要は利用者さんを大事にすることです。『きょうはデイケアに行く日か』と義務的に思うより、ちょっと化粧して、おしゃれして、行くのが楽しみ、と思うのとでは大きな差が出てきます。みなさん、ここでは自分の家のようにくつろいで、おしゃべりして、裸足で歩いて好きなことをしてはりますね」

「責任は重いけどやりがいのある仕事です」という辰巳君は、利用者を自宅まで送り、職員も順次、帰宅の途についてからも、一人で事務所のパソコンに向かっていました。

＊吉備高原での生い立ち

ここで、この本の「語り部」であり、現代風にいえばナビゲーター（行き先案内人）である私こと、森脇君雄について、簡単な自己紹介をしておきたいと思います。

私は岡山県上房《じょうぼう》郡上有漢《かみうかん》村で三五（昭和一〇）年七月に生まれました。岡山駅から倉敷を経て、鳥取・米子方面に行くJR伯備線に乗ると、特急なら三〇分余で備中高梁《びっちゅうたかはし》駅に着きます。備中の小京都と呼ばれる高梁市は、日本一高い山城、備中松山城の城下町です。武家屋敷が並び、落ち着いた町並みが続いています。文化財も豊かです。有漢《うかん》川に沿って約二〇キロメートルほど山に入ると、吉備高原に位置している有漢地域に着きます。

何か大陸風な有漢という地名の由来は、中学校の恩師で現在は郷土史研究家の蛭田禎男先生（八八）によると、平安時代に書かれた『和名抄』に「賀夜郡有漢郷訓宇万」とあり、「有漢郷は宇万と読む」ということで、「宇」が「有」に「万」が「漢」になって「有漢」になったという説。また、地名情報資料室主宰の楠原佑介先生（岡山県出身）によると、有は宇の類似音としてあてはめられたもので、「宇」には大きいという意味があり、「漢」は谷間を意味する「甲斐」が訛った可能性が高く、「宇甲斐」が変遷した「有漢」には「大きな谷間」という意味があったのではないか、といいます。大正時代には女子教育の必要性から学費無料で「日本一の教育村」「無税無徴収の村」として新聞、雑誌で全国に紹介されたことがありました。

無形文化財指定の備中神楽

生まれ育ったのは大石地区という標高五〇〇メートルの所で、集落は一六戸。天気のよい日の朝は、眼下一面に白い雲海がたなびき、遥か後方に中国山地、そして大山《だいせん》や蒜山《ひるぜん》の山々が浮かんでいます。春は蝶々、夏はトンボが舞い、セミの声が響きわたっています。水田の稲が青から黄金色になっていくさまは、何ともいえません。冬は寒くても空気が澄んでいるので、星が夜空にいっぱいだし、夜に懐中電灯を空に向けると塵やホコリがないため、光の帯ができません。戦後の新制高校を卒業するまで、周りの豊かな自然環境の中で育ちました。周囲から「ふわっとして何を考えているのか分からない」と評されるのは子どものころの環境のせいだと思っています。

四五（昭和二〇）年八月一五日の終戦の日、小学校で重大放送があるというので、母親と一緒に終戦を告げる玉音放送を聞きました。四年生のときでした。雑音でラジオの放送内容がよく聞き取れませんでした。直立不動の人、座って泣いている人がいました。母は帰りがけに小さな声で「お父さんが帰って来るよ」といったのを覚えています。その年の一〇月、家の前の柿の木から落ちて骨折し、一年二カ月も学校を休むことになってしまいました。五年生の一二月から再通学しましたが、勉強について行けず遊んでばかりの生活になっていきました。遊び仲間は農家を継いだり、大工・左官、集団就職と進路を決めていましたが、私は何も考えていなかったので、高梁町にあった私立の日新高校に入学しました。大石地区から高校生が出たのは初めてでした。二〇キロメートルの自転車通学で行きは坂を下っていくので軽快でしたが、帰りは二時間がかりの上り道で、おかげで足腰が鍛えられました。

五六（昭和三一）年に上有漢村と有漢村が合併し、有漢町となりました。人口二七〇〇人ほどの小さな町です。町の中央部の常山公園には石の風ぐるまがあります。小中学校の同窓で、三期一二年有漢町長をしていた加藤孝之さん（七二）が中心となって企

金光寺跡に立つ重要文化財「六面石幢」

画したもので、「風を集めるまち、高原のオアシス」として、石の風ぐるまは町のシンボルになっています。重そうな石の風ぐるまがクルクル軽快に回るのは、見ていても楽しいものです。

有漢町はその後、〇四（平成一六）年に川上郡成羽町、川上町、備中町との対等合併により、現在は高梁市になりました。人口は三万六七〇〇人になっています。帰省すれば必ずといっていいぐらい訪ねるのは、加藤孝之さん宅と恩師の蛭田先生宅です。私は加藤さんに町役場に勤めていた友人の妹を紹介され、六一（昭和三六）年に結婚しました。

＊あこがれのタクシー労働者に

五四（昭和二九）年に高校をなんとか卒業しました。三年前の朝鮮戦争の特需景気と打って変わって、景気が最悪となって就職先はほとんどなく、自分で捜すしかありませんでした。地元に残るつもりはなかったので、先輩に誘われて尾張一ノ宮でしばらく働き、その後、夢に描いていた東京に行くことにしました。東京に着いたもののあてがなく、名前だけ知っていた浅草に行きました。夕方になったので安宿探しをしなければならなくなりました。浅草から吾妻橋を渡り、吾妻二丁目の交差点付近まで来ると、小さな旅館が並んでいました。当時、普通なら一泊一五〇〇円ぐらいだったでしょうか。手持ちの全財産は五〇〇〇円ほどしかなく、三〇〇〇円の「あずま荘」という連れ込み宿を見つけ、頼み込んで泊めてもらいました。

手持ちがなくなってしまったので宿の主人に相談すると、「宿賃はあと払いでいいよ」と、いってくれました。下町の人情というか、まだそういうよさが残っている時代でした。就職先の食品製造会社には、敷地内に自動車教習所がありました。入社後すぐに営業に回されたので、運転免許が必要となり、夜は自動車教習所に通うのが日課となりました。運転免許も自動二輪、特殊免許などを取得できたのが後に役立ちました。フラフープが大流行したり、五九（昭和三四）年には皇太子・美智子さんの結婚があり、テレビが急速に普及していきました。

住み込み生活をしていたので独立したい、という気持ちが強くなり、五年いた東京に見切りをつけて大阪で就職することにしました。城東区でパン・ケーキ屋さんの運転手をした後、運転手仲間の友だち三人と一緒に大淀区にあった三全タクシーに入社しました。タクシー運転手は一種のあこがれでしたし、独り者の気楽さがあったのです。三全タクシーは、社長が馬車引きからのたたき上げで毎朝、運転手に日報を渡しながら「お前ら運転手は牛のよだれのように精を出して働け」と、水揚げばかり求めていました。「鬼の三全」と陰口をたたかれていました。

例えば、大阪駅の正面出口を占拠し、地方から来た乗客の荷物をひったくってタクシーの中に持ち込み、無理やりに乗せて走る。行く先を聞いてメーターも倒さず猛スピードで走り、降りる時に通常の二倍以上をふっかける、いわゆる〝雲助タクシー〟〝神風タクシ

タクシー労働者時代の森脇君雄さん

ー〃でした。まだ大阪の地理もろくに分からず、水揚げが低いのでオヤジから怒鳴られるのが日課でした。昼食が不規則となり、長時間乗務のために体にも変調をきたしてくるほどでした。

そのころから「どうして運転手は長時間、重労働で働かなければならないのか」という疑問がごく自然に湧いてきました。客待ちしている同僚の運転手にいうと、「お前はアカか」といわれ、その運転手と口論になってしまいました。翌日、オヤジに呼ばれ、肩をたたきながら「一日休め。疲れてるんだろ」と、急に優しい態度で接してきました。労働組合はあったものの、書記長は大阪同盟に引き抜かれ、委員長は運送業を始めるためにやめて行きました。残った組合員は行き場がなくなり、私も一一人の仲間と一緒に三全をやめ、福島区の大都交通に入社しました。

＊苦い勝利

大都交通は労組が全自交の中でも強く、固定給が高いなど労働条件は申し分ありませんでした。三全とは大違いでした。水揚げはいつもトップクラスでした。会社は一一人を利用して新車を与えるなど、他の組合員との間に差をつけ出しました。労組幹部には一一人は会社の回し者、〝組合潰し〃に写っていたようで、信用されていませんでした。

春闘や年末一時金闘争など労働者と経営者との間で、労働条件をめぐるたたかいが激しくなるにつれ、会社の身売り（企業譲渡）話がうわさされるようになってきました。タクシー会社の身売りは珍しいことではありません。経営者が事業に魅力を失った場合とか、経営が行き詰まったりすると、あっさり身売りしていました。もともと中小零細業者が多く、たいした資本力がなくても陸運局に営業申請すれば認可してもらえたため、行き詰まると身売りということになります。そういう経営者には、何台かの車と認可に見合う車庫と設備があればよいという甘い考えがありました。肝心の営業車は月賦で調達できるし、燃料費は手形で繰り延べ払いができるため、操業しながら経営を確立していけばよいという考えが業界を支配していました。

身売りに走る経営者は、行き詰まりの原因を労働者の働きが悪いせいにし、身売りに際しては労働者を解雇して、ナンバープレート代だけの取り引きにすることが売る側の条件になっていました。労働者にとっては首を切られるか、切られなくても新しい会社でこれまでの労働条件と大差なく働けるかどうかが問題になってきます。たいていの場合、条件は低下してしまうのが相場でした。

六四（昭和三九）年から六六年の三年間は、大都交通の千日争議に明け暮れました。長期にわたる企業閉鎖に対する労働争議の結果、経営者は無責任にも雲隠れしてしまい、勇ましく檄を飛ばしていた労組幹部もやがて、いろんな理由をいい出してたたかいから離れていきました。一三〇人いた組合員は三〇人になってしまいました。このとき私は書記長に選ばれ、組合専従になりました。これが人生の変わり目になったと思います。組合員は、車庫を利用しての貸しガレージや車修理、パートをしながら争議を支え、生活していました。貸しガレージは争議を支援する人たちの協力によって三〇台もの車を預かり、地域のタクシー会社は車の定期検査の一切を依頼してくるなど、組合員だけでは仕事のやりくりがつかないほどでした。組合事務所と宿泊部屋以外は貸し会議室として開放したので、地域の政党、労組、サークルの人たちが利用しました。夕方になると一日の勤めを終えた青年たちが集まっては語りあって交流したり、歌ったり、ダンスをしたりしていました。

こんな時、大阪市が区画整理事業で車庫の一部を買い上げ、道路を拡張する計画を進めてきました。また、阪神電鉄の野田阪神駅西側の高層化が始まり、労組事務所の立ち退き問題が発生し、はからずも経営者、大阪市、労組の三者で交渉となりました。先行きのことを考えるとここが勝負どころ、ということで大阪市から立ち退き料、経営者からは迷惑料と詫び証文をとり、解決しました。解決集会には三〇〇人の仲間が集まりましたが、〝苦い勝利〟ともいうべきもので、心から喜べませんでした。この争議を始めた執行部の顔はなく、どちらかといえば争議に消極的な人たちが最後まで残り、たたかい抜いたこと。大阪の中でも職場環境のよい、強い労組でありながら大勢の良心的な人たちを苦しめ、大阪の労働組合運動を発展させていく上で十分に尽くせなかったことが悔いとして残りました。

家でも変化がありました。六三（昭和三八）年に長女・香季が誕生しました。西淀川区柏里のアパートは子どもができたら住めない条件になっていたので、豊中市大黒町で見つけた四畳半と三畳の文化住宅に移りました。その後、仕事の関係でまた西淀川区に戻りました。長男・仁は六七（昭和四二）年に西淀川区の姫島病院で誕生しました。名付け親は沓脱タケ子大阪市議会議員（後、参院議員）がなってくれました。

＊川上貫一さんとの出会い

大都交通の組合員は争議中のためアルバイトをして食っていかねばならず、選挙のときはプロの運転手として各選挙事務所から引っ張りだこでした。選挙期間中はその選対に雇われていました。その中である組合員が日本共産党から衆院選に出ていた川上貫一さんの選対に行くのが嫌だといい出し、要員を交代させましたが、その組合員も同じことをいい出しました。どうも川上さんは信号で待たされるのが嫌なようで、組合員は注文がきついのを避けたかったようです。川上選対の仕事を引き受けるからには、事前に地図で道をよく検討してスイスイと走れるようにしておく必要がありました。仕方なく、私が断るつもりで行くと、一日だけということなので運転することになりました。城東区の仮住まいに送っていった時、「今日は安心して車に乗ることができました。明日もぜひお願いします」と頭を下げられ、つい「はい」と答えてしまいました。

川上さんは目を患っておられ、治療中だったので人の顔がよく見えないため、真冬なのに候補者カーのフロントガラスをはずして車を走らせ、「後ろの窓を閉めれば寒くない」といって、選挙民に訴えていました。大阪府庁の幹部をしていたこともあって、話に具体的な数字を入れて分かりやすく話すなど、その演説は人を引きつけていました。人の話もよく聞いていました。そのころはまだ、選挙の立候補者による立会演説会があり、川上さんは他党の演説を熱心に聞いていました。公明党の浅井美幸氏が初め

川上貫一さんのレリーフと記念碑＝西淀病院

て立候補したときでしたが、浅井氏の演説を聞いた川上さんが「君の演説はよかったよ」と誉めました。浅井氏はベテランの川上さんに誉められ、両手で握手して喜んでいました。こんな川上のじいさんが好きになり、結局、最後まで運転手を続けました。そして、みごとに衆院議員に当選しました。

川上さんは趣味で墨絵を描かれ、一度拝見したことがあります。「田舎の風景」を描かれましたが、墨のついた筆を口でほぐしながら書くので、口やその周りが真っ黒になり、はいつくばるように描く姿は国会議員ではなく、芸術家そのものでした。川上さんの記念碑は西淀病院の敷地内にあり、今も多くの人に守られています。

私は、その後「西淀川公害患者と家族の会」の事務局長となり、浜田耕助会長が亡くなられて以後は会長を引き継いでいます。

第一章　公害患者との出会い

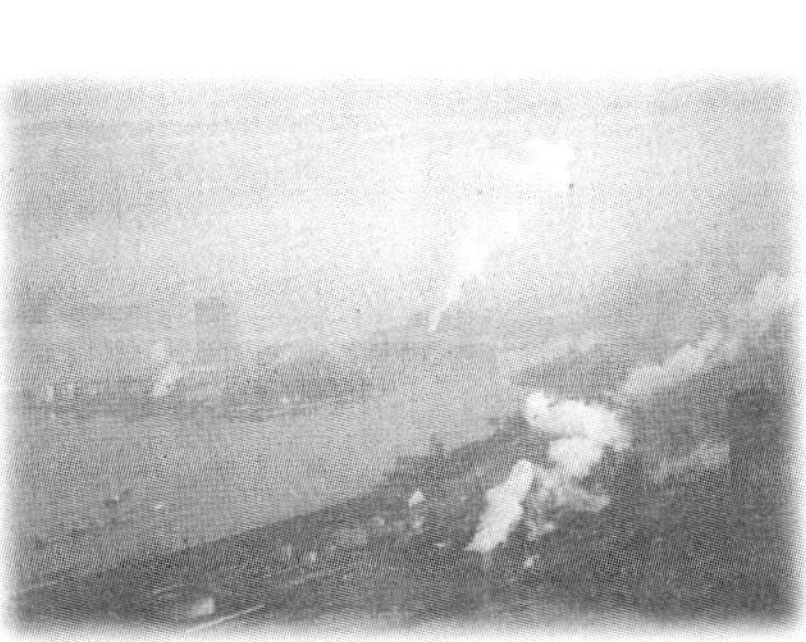

＊小谷信夫君との出会い

六七（昭和四二）年に大都交通の労働争議が解決すると同時に、就職先の声がかかりました。財団法人「淀川勤労者厚生協会」（淀協）です。仕事はオルガナイザー（組織者）として西淀川区の大和田地域に新しい病院を作ることと「大和田健康を守る会」の拡大をはかることでした。毎日、淀協本部に出勤し大和田地域に行きますが、暇で時間をもて遊んでいました。仕方ないのでバットとボールを持って大和田南公園に行って、そこで遊んでいる子どもたちとソフトボールをしていました。

子どもたちと遊んでいたとき、一人だけ仲間はずれになっている子どもがいました。

「あの子も入れたれや」

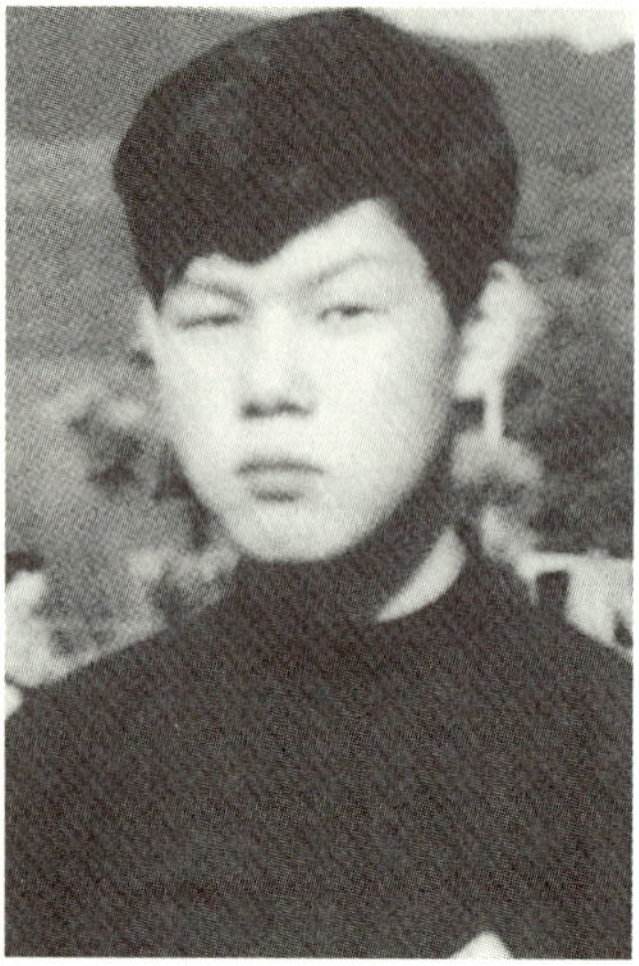

小谷信夫君

「あかん、あかん。あいつ、ぜんそくやねん」

「そんなこといわんと、みんなにアイスキャンデーやるから、一回だけ打たしたれや」

青白い顔をしてベンチに座っていた七歳ぐらいの男の子を呼んで、

「打たしたるから、一緒にソフトやろや」

というと、にっこり笑ってバットを持ち、バッターボックスに入りましたが、バットはボールにかすりもしないで三振でした。それでも本人はうれしそうでした。遊びも終わり、汗びっしょりになって「ああ、のどが渇いたなぁ」とひとりごとをいっていると、その子が私の袖を引っ張って公園の側にある自宅へ連れて行き、タオルと水を出してくれました。座って水を飲みながら畳を見ると、猫が爪で畳を引っかいたようなあとがついていました。よく見ると、黒い点々のようなものが線を引いたようについているし、赤い血のようなものもありました。それにしてもすごいな、と思って母親に尋ねてみました。

「なんですか、これ。猫？」

「この子がぜんそくで苦しんで爪で掻きむしったあとです」

「……」

「黒いのはだいぶ前の血。赤いのは最近の血ですねん。発作が始まると爪で掻きむしるので、指と爪の間から血が出てきて……。狂ったようになります。いつも、この子を背負って近くの病院を駆け回ってます」

これが小谷信夫君（当時七歳）との出会いでした。

もう、ガーンときました。病院建設の重要さが分かりました。この子のような患者を出さないために運動をしていかなければ……と腹が固まった感じでした。その後、小谷君宅を何回か訪ねました。赤い血の付いたあとは、あちこちにあり、『あぁ、昨日はここで発作を起こしたのか。この前はあっちの畳やったな』と、信夫君の夜の苦しみのあとをたどることができました。

信夫君は五六（昭和三一）年五月に西淀川区大和田で生まれました。六歳になって幼稚園に行き始めたころ、息をすると、のどがゼーゼーなったり、咳や痰が出始めました。ひどい発作におそわれたのは七歳になった小学校一年の九月です。それで気管支ぜんそくであることが分かりました。発作が一番ひどかったのは、小学校三、四年のころで、一日平均五、六回発作が起きていました。医者が一日五回ぐらい往診に来ることも珍しくありませんでした。あるとき、母親の花子さんが擦り切れてボロボロになったランニングシャツを見せてくれました。這いつくばって必死に発作を耐える子どもの背中をさすっているうちに、擦り切れてしまったと話していました。

その後の信夫君は、小・中学校もろくに通学できず、体育の授業も医者からストップがかかっていました。中学三年の修学旅行だけは薬を持参して参加しました。高校進学はあきらめ、ミシンの部品を製造する会社に勤めましたが、ぜんそくのため欠勤が多く、二カ月で自主退職しました。その後、スナックでバーテンをしたりしましたが、どこも長く勤めることができませんでした。信夫君は第一次原告になっています。二〇〇六（平成八）年五〇歳で死亡したと聞きました。

＊四つの認定疾病の特徴

公害健康被害補償法（公健法）で認めている第一種の大気汚染による公害病は、気管支ぜんそく、慢性気管支炎、肺気腫、ぜんそく性気管支炎の四種類があります。それぞれがどういう特徴を持った病気なのかを、西淀病院の金谷邦夫医師の「大気汚染と健康被害」（『手渡したいのは青い空』）で概要を紹介します。

・気管支ぜんそく

ぜんそくという場合、心臓ぜんそくもあるので厳密には気管支ぜんそくと呼んでいます。ぜんそくは息をするのに喘ぐという状態を表しており、その原因が気管支にあることからつけられています。ぜんそくの人の気管支は、各種の刺激に対して普通の人の気管支よりも数十倍から数百倍敏感に反応するという、「気道の過敏性」を基礎に持っており、刺激により気管支のれん縮（けいれん）が起こり、狭くなるため、「発作的」に呼吸困難が起きる状態をさしています。「ぜんそく発作」は治療により、ときには自然に元に戻ります。これがぜんそくの一つの特徴で、「可逆性」といわれています。しかし、発作が起きると肺の働き（呼吸機能）は正常の人の半分や四分の一にも減って、そのために呼吸困難が起き、動くこともしゃべることもできず、横に寝ることもできなくなります。

発作はしばしば夜間強くなりやすい傾向があるため、横になれず、ふとんをかかえこんだり、テーブルにもたれかかったままの姿勢で一晩過ごしたりすることがあります。また、発作がひどくなると全身にビッショリ汗が出、さらに気道の狭窄が起きますと、窒息状態に近くなり、酸素不足のため、唇や指先が紫色（チアノーゼ）になります。その状態が急速に起きたり、長く続くと意識障害が起き、もうろうとした状態になります。医学的には極めて危険な状態であり、タイミングよく人工呼吸管理ができないときは、窒息死する危険性があります。

ぜんそくの薬は大なり小なり、何らかの副作用を持っているものが多く、患者さんにとって苦痛になるところです。発作を繰り返している間に、「気道の過敏性」が進み、一年中ぜんそく発作が起こるようになっていきます。小児の場合は成長とともに気管支の内径も大きくなって六から七割は改善していきますが、成人の場合は成長しないために、小児に比べて治りにくいといえます。

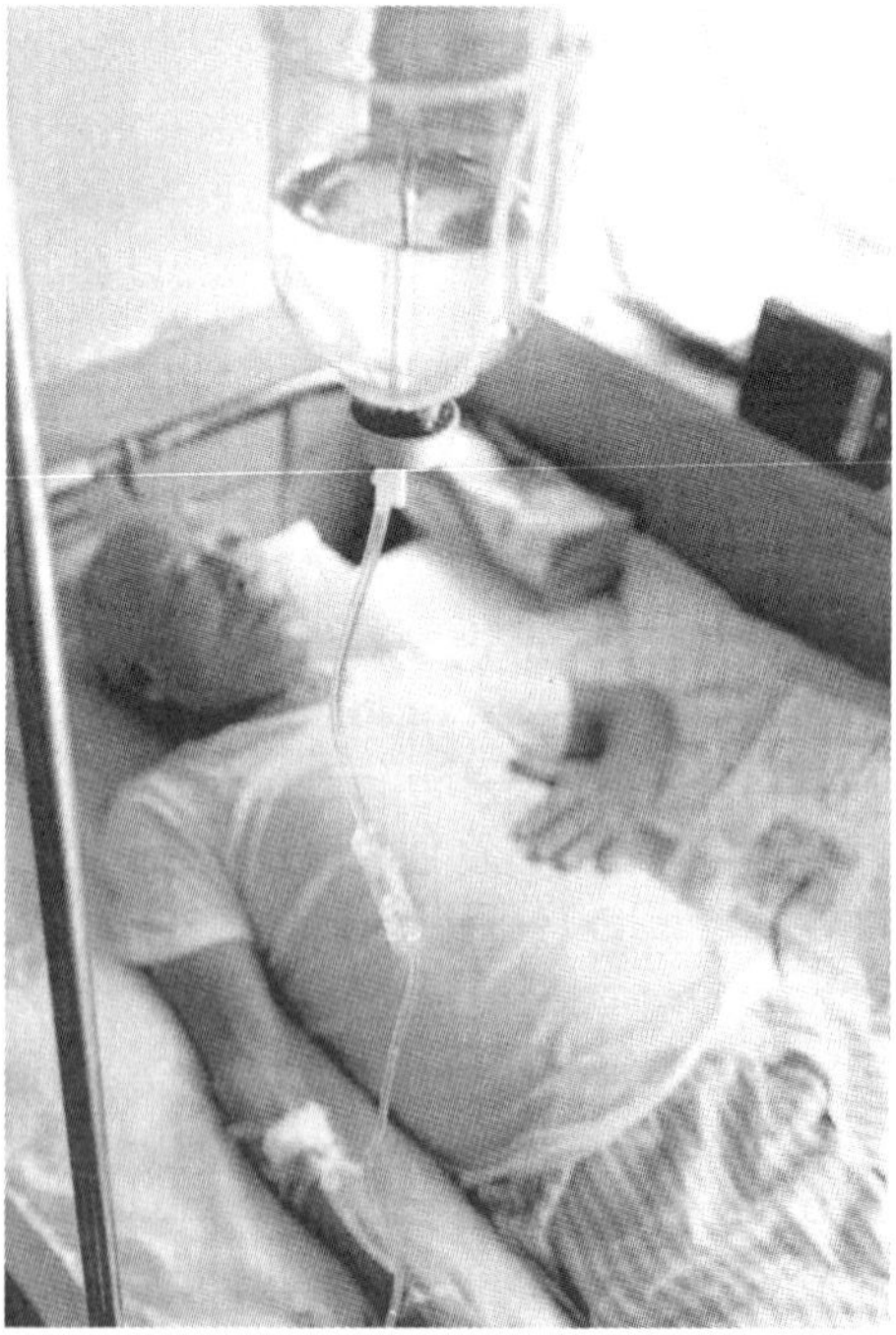

点滴を受ける公害患者＝姫島病院

・慢性気管支炎

病変の場は気管支ぜんそくと同じ気管支に存在します。慢性気管支炎の患者は、気管支表面（粘膜）が腫れており、痰が気道にくっついています。ひどくなると、気管支の奥の方（末梢の細かい気管支）からわき出るように痰が出てきます。主要な病像は痰の喀出、すなわち気管支の粘膜腺の分泌過剰にあります。粘膜の腫脹は気管支を刺激するため、咳を引き起こし、さらに呼吸困難を引き起こすこともあります。

・肺気腫

前述の二つの疾病に比べ、病気の場所はもっと末梢の部分になります。気管支が細気管支になり、さらに呼吸細気管支となった先に、ぶどうの房のようになった肺胞という酸素と炭酸ガスが交換される場所があります。この肺胞は極めて小さい袋状になっていて、その断面は丁度スポンジのように見えます。肺気腫はこの小さい肺胞と肺胞の壁が種々の原因によって破壊され、大きな袋状になっていきます。酸素と炭酸ガスはこの肺胞の表面で交換されますが、破壊されて大きくなった肺胞のガス交換能力は正常のものに比して落ちてきます。正常の肺胞の表面積の合計はテニスコート半面ぐらいあるといわていますが、肺気腫はこの面積が減ってくるわけです。従って、労作時に息切れを感じる形で呼吸困難が起きます。病気が進むと、身支度をするだけでも息切れがし、肩までつかって入浴もできなくなってきます。さらに会話が困難になり、一日中酸素吸入をしないと血液中の酸素濃度を高められなくなってきます。

・ぜんそく性気管支炎

ぜんそく性気管支炎は主に乳幼児で発病し、多くは小学校に入学するころには症状は軽快します。ぜんそく性気管支炎の定義は、小児科や呼吸器科の医師の間でいろんな意見があり、確定していません。多くのところで合意されているのは、反復性の気管支炎やぜんそくの前段階など多様なレベルのものを含んでいること、そのため、一部は成長につれて改善するものから、一部は小児ぜんそくに発展するものなど、さまざまな経過をたどるとされています。

＊南竹照代さんとの出会い

八一（昭和五六）年八月二日、二四歳で亡くなった南竹照代さんについては、強烈といってもいい印象が残っています。若い公害患者の苦しみと奥深い心の傷を見せつけられた思いすらします。照代さんは小谷君と同じ校区で、学校の先生からぜんそくで苦しんでいる子どもの話を聞いたことが知るきっかけとなりました。短い人生の大半が入院生活となった照代さんは、病室に人が見舞いにくるのを嫌がりました。

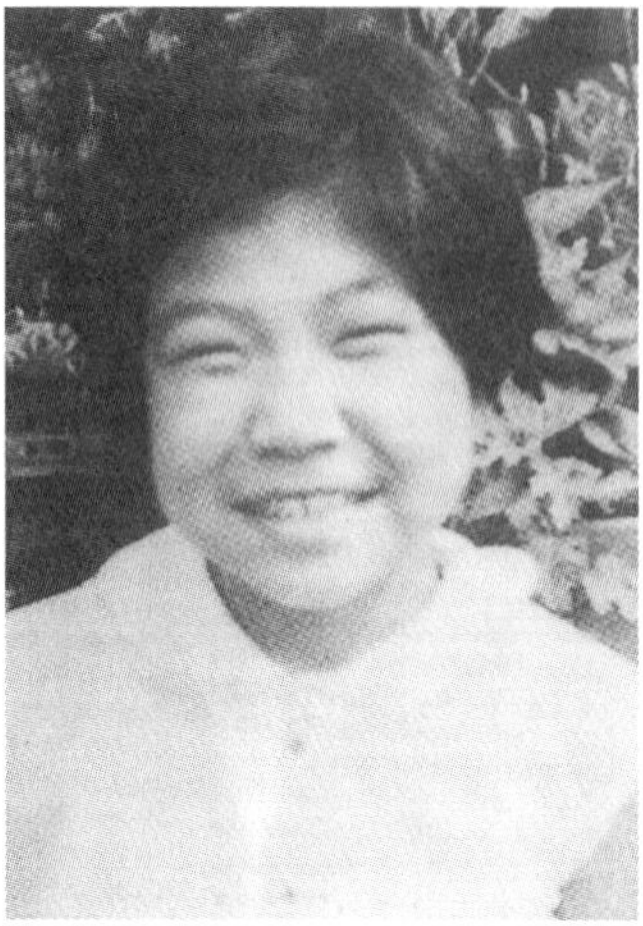
南竹照代さん

「部屋の空気が減って、私が吸えなくなる」というのです。照代さんの病名は「気管支ぜんそく」です。

前述したように、気管支ぜんそくの患者は肺の働きは正常な人に比べて半分から四分の一ぐらいになってしまうため、空気を吸うよりも吐けなくなり、従って吸うことができなくなります。

照代さんは五六（昭和三一）年一〇月二八日、鹿児島県串木野市で生まれました。大工職人をしていた養父の秀夫さん（〇二年、八六歳で死亡）の仕事の関係で、六二（昭和三七）年三月に西淀川区大和田に引っ越してきました。空気のきれいな串木野と違い、そのころの西淀川は周辺の工場から排出される煙で、もやがかかったような状態でした。小学校に入学した照代さんは一年余りたった小学二年生ころから咳込みはじめ、食事も満足にとれなくなっていきました。近くの診療所に紹介された病院に行くと、診断は「気管支ぜんそく」でした。すぐに入院することになりますが、それから中学、高校と死ぬまで入退院を繰り返しました。公害健康被害補償法（公健法）による認定では、照代さんは七四年から気管支ぜんそく一級、七六（昭和五一）年から特級、七八年から亡くなる八一（昭和五六）年までは一級でした。

母親の田鶴子さん（七八）は、こう語っています。

「団地は六畳二間、お父さん、おばあちゃん、照代、弟の信隆、私の五人が住んでましたから、照代の発作が起きると家族全員が起こされてしまいます。大工職の父親は寝られんかったら翌日の仕事にさしつかえるので『寝られへんやろ！　働いてるもんの身になってみぃ』といって怒鳴ることもありました。そんなとき、照代は発作に苦しみながら『お父ちゃん。ごめんな、ごめんな』というて謝っていました」

発作がひどくなると食べ物を全部吐いてしまい、吐くものがなくなると黄色い胃液が出てきます。そのうち、名前を呼んでも反応せず、ヒーヒー、ゼーゼーと息をしながら、うわごとのように「頭が痛い」

といって壁やベッドの鉄枠に頭を打ちつけて暴れまわりました。病院のベッドにくくりつけられて、注射をしてもらうと二、三時間で正気に戻ります。わめきながら暴れまわったことはまったく覚えていならしく、シーツを汚したのを見て、「また洗濯代がいるな」といっていたといいます。

田鶴子さんは別の病院で配膳係の仕事をしていました。照代さんの入院が長びくと、夜は病院で付き添い、そこから勤め先に出かけます。早出の時は午前四時には出かけたそうです。照代さんは母親がついていると安心からか発作も少なめですが、「明日は早出や」というと、よく発作が起きました。発作には精神的な影響も大きいのです。田鶴子さんが出かけるときに病室を振り返ると、照代さんの病室だけ電気がついており、後ろ髪を引かれるような気持ちで職場へ向かったといいます。

田鶴子さんは大阪市大正区に生まれ、終戦後に香川県、鹿児島県に移り住み、夫の仕事の関係で西淀川区に居住するようになりました。七〇（昭和四五）年ころから咳、痰が出だし、目立って悪化し出したのは七四（昭和四九）年からでした。病院で慢性気管支炎と診断され、公害病三級に認定されています。

「照代が亡くなる前の数年間、私は子どもの看病のあい間に注射を打ってもらい、薬を飲

照代さんの生きざまを語る母親田鶴子さん

んでましたね。毎日、病院と職場の往復で〝着たきり雀〟でした。当時は、服装なんかに構ってる余裕なんてありませんでした」

自分自身、咳や痰が出て苦しくなっても我慢してきたために、今に至るまで体の調子はよくなっていません。

＊家計気にして自殺未遂

照代さんの発作が起きると往診を頼みます。平均週二回、一日で朝と夜の二回往診という日もありました。入院すれば差額ベッド代が大きな負担となりました。他の人が咳の音で睡眠妨害にならないようにするためと酸素吸入装置付きのベッドが必要なためです。公害病認定患者には七〇（昭和四五）年から医療特別措置法で医療費が、七四（昭和四九）年からは公健法により医療費と生活補償が支給されるようになりました。田鶴子さんの給料のすべてをつぎ込んでも、家計は回らなくなっていました。秀夫さんの軍人恩給まで前借りしました。

照代さんはそのこと苦にして、中学二年生のときに自殺未遂をしています。夜になっても帰って来ないので、家族で探し回っていましたが、夜遅くなってから帰って来て、そのまま玄関の上がりかまちに、へなへなと座り込んでしまいました。

「どないしたんや」

「どこへ行ってたんや」

「川に入ったけど、死に切れんかった」

しばらく、誰も声が出ませんでした。病院費用を苦にしてのことでした。

「あほやなぁ、照代はお金のことなんか心配せんでもええ。病気を治すことだけ考えてたらええんや」

通りいっぺんのことしかいえませんでした。病院では請求書は患者本人に渡されます。照代さんは以前から病院への未払いを気にしており、請求書の束を田鶴子さんに見せながら「お父さんには見せられへんな」といったといいます。それ以来、田鶴子さんは病院に頼んで請求書は照代さんに直接渡さないようにしてもらいました。田鶴子さん自身「何が辛いことかといえば、公害病で人の多いところに出られないこと、夜に眠れないこと、経済的に苦しいことです」と語っています。


照代さんは満足に学校に行くことさえできませんでした。少しでも体調がよさそうなときは行くようにしていましたが、通学途中で発作を起こして道端にうずくまっているのを近所の人が見つけ、家に連れて帰ってもらうこともしばしばでした。学校にいっても保健室から田鶴子さんの勤務先に電話がかかることも多く、その度に迎えに行きました。遅刻、早退もなしで授業を受けられたのは数えるほどしかありませんでした。

「通学用のかばんの底は擦り切れていました。体に力が入らなくてかばんが持てず、引きずって行ったのでしょう。痰がでるためナイロン袋を片手に持ちながら、かばんを引きずっている照代の姿は、みなさん、よくご存じでした。先生との懇談の際に、『照代さんは体が第一だから宿題はしてこなくていい、といっているのに宿題をしてくる。お母さんからも本人にいって下さい』といわれたことがありました。テストのときなんか、友だちにノートを借りて勉強する。ところが、その勉強で無理がたたって、テストの日に学校に行けない。そんな朝はベッドで黙って泣いていました」

秀夫さんも「あの体で、とにかくよう勉強しとりました。病院でもしてました。信隆（弟）が病院に付き添いでいったら、テストの点数を聞いて『あんたは毎日学校にいってんのに、何でそんな点やねん』ときつくいわれて、『病院に行くの嫌や』っていうんですわ。一度、『無理せんと学校休め』っていうたら、プイとふくれて口きかんかったこともありました。なんか、将来は税理士になりたい、というてました」と語っていたことを覚えています。

＊勉強支えに病気とたたかう

体の調子はよくありませんでした。照代さんは学校に行きたがり、高校進学を強く希望しました。学校や勉強が好きということもありましたが、病気とたたかう力にしていたのだと思います。中学校の担任は「病気で（高校には）行かれへんやろ」といって、願書をなかなか書いてくれませんでしたが、照代さんの熱意に押し切られ、福島女子商業高校に願書を締め切り間際に提出しました。

合格発表は掲示板に一斉に名前を張り出すのと違って、一人ひとり名前を呼んで封書を手渡す方法でした。なかなか名前を呼んでもらえませんでしたが、最後の方になってやっと呼ばれました。田鶴子さんは「照代は封書の合格通知を見て大喜びしてました」といいます。

しかし、田鶴子さんは複雑な気持ちでした。小・中学校への通学状況から見ても、どの程度高校に通学できるか予測できたからです。心配した通り、遅刻や早退を含めて通学できたのは三分の一ぐらいでした。

いじめも結構ありました。照代さんの日記には挨拶しても無視されたり、体育の授業中に財布を盗んだと疑いをかけられたり、掃除を一人でやらされたりしたことが綴られていました。

「『あんた、公害病やいうてるけど、国からただでお金もらってるんやろ』といわれ、階段から突き落とされて、けがをして泣いていたことがありました。その後、照代が入院したときに、親しい友だちが突き落とした子を病院に連れてきて、照代が両腕に点滴を受けている姿を見せたんです。その子はびっくりして『ごめんなさい、ごめんなさい』と謝ってました」

「つらくても、照代が学校をやめるといわなかったのは、学校に行きたい、友だちと会いたい、と思うことで自分を励ましてたんだと思います。病気さえしてなかったら、普通の人間やと思いたかったんでしょう。健気な子でした」

田鶴子さんは、そういいながら目頭をハンカチで抑えていました。

病気、そして自分自身とたたかいながら通学した高校でしたが、結局、一年留年することになりました。友だちのノートを借りて勉強し、追試に追試を重ねて進級していきました。このころ、ぜんそく症状はさらにひどくなっており、四年目は出席日数が足りなくなり、卒業が危ぶまれる状況でした。学校では何度も職員会議を開いて、卒業を認めるか否かを協議しました。最終的には校長の判断で特別に卒業を認めてもらうことになりました。一人だけの卒業式は入院先の千舟病院の病室で行われました。教頭、担任の先生、実務の職員、友だち一人の四人が出席して行われ、教頭先生から卒業証書が手渡されました。

高校を卒業すると、今度は「大学に行きたい」といい出しました。父親に「大学に行かせてほしい、お願いだからおとうさん、行かせて。短大でもええから行かせて」と何度もいっていたといいます。秀夫さんは「体がようなったら、なんぼでも行かしたる。だから、まず体をなおせ」といい聞かせていました。それでも短大の受験資料をベッドの下に隠していたのを看護婦さんに見つかり、親に叱られたこともありました。

「あんまり勉強せんと、頭使わんかったら、もうちょっと長生きできたかも……。けど、卒業したことで心の支えがなくなってしもたんで、病状が悪なっていったのかもしれません」

＊「死にたない、生きたいねん」

　卒業後、照代さんはテレビを買い、病室で見るようになっていました。二〇歳のとき、成人式の模様をニュースで見たのでしょう。訪ねてきた田鶴子さんに「成人式の日に着物を着せてくれへんかったなぁ」といったといいます。田鶴子さんにはそのときの言葉が今でも頭から離れません。卒業してから身につけていたものは、パジャマや発作のときに汗や吐き出したものを拭き取るタオル、下着だけでした。照代さんに対する尋問が病室で行われた際に、田鶴子さんから成人式の着物のことを聞いた弁護士が後に着物をプレゼントしています。が、結局、袖を通すことはありませんでした。

　照代さんは日記のほか、ノートの切れはしやメモ用紙などにきれいな字で、そのときの心境や病状をこまめに書き残しています。日記やノートの切れはしに書いた心境などが浪速区浪速

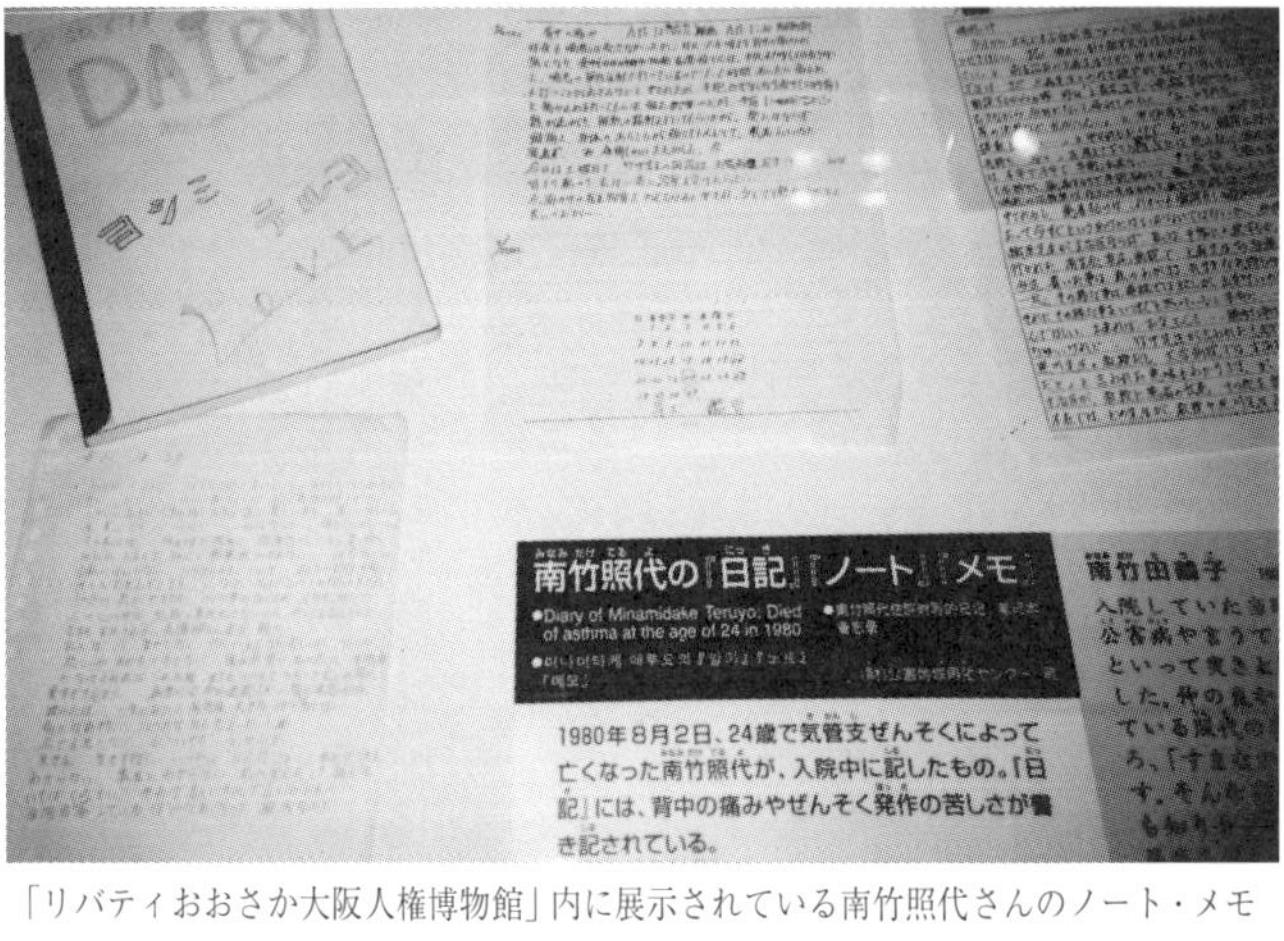

「リバティおおさか大阪人権博物館」内に展示されている南竹照代さんのノート・メモ

西の「リバティおおさか大阪人権博物館」内の「公害被害者コーナー」に展示されています。
二二歳の七八（昭和五三）年一一月二九日に書いた当時の心境は（全文）――

S53・11・29

私にはできない、生きて生き抜く事はできない。本当にできないような気がして気がして……。今が一番苦しい時、悲しい時なのかもしれない。くやしい思いがする時、だから常に楽しい事を、楽しい思い出を少しでもつくろう、つくらねばと努力してきたけれど、もう私には限度よ、限度なのよ。字を書く時も指がふるえて、ちゃんと鉛筆がにぎれない。どんななぐさめも私にはいらない、いらないわよ。いっそ、「あんたのような半病人で役立たず死んでしまえ」となぜ、みんなはいってくれないのかしら。その方が気がやすまる。つくり事のなぐさめ、はげましはいや……。人の心の中は見抜く事ができないから、何とでもいえるのよ。先生も、主任さんも、看護婦さん達も、親も……。私には生きていく、それがどんなに苦しいか、つらいか、悲しいか、わかるはずもない、誰もがみんなが、私の為に一生懸命になってくれればくれる程、とてもつらくて、つらくてむしろ荷が重すぎてしまう……。できれば今日退院したい。みんなに迷惑かけたからには……。一生において病気ほど大きなつまづきはない。私にはできない。いつか自ら死をえらぶわ。今でも死にたい。もういやだ、いやだよ。生きる、生きていく。いったいどんなこと。私には何もわからない。本当にわからない。私が死んだとて、誰もないてはくれまい。それでいい、それでいいのよネ……。自問自答しているばかな私なのよ、照代なのよ……。

照代さんは病状が進行するにつれ、死期が迫ってきていることを感じるようになっていました。生きていることの苦しみと死への恐怖、何もかもどうすることもできないことへの苛立ちと絶望が、読む者の心を締めつけます。簡単に自らの命を絶ってしまう若者が多い世の中ですが、照代さんのような生きざまを知れば、あるいは自殺を思いとどまった人たちもいたのではないか、と考えさせられました。

「お母ちゃん、死にたない。生きたい、生きたいねん」

照代さんはその後、田鶴子さんの顔を見ながら懇願するように訴えていました。

八一（昭和五六）年八月二日。その日。田鶴子さんは午前一〇時すぎ、「家に帰って氷を取ってくるから」といって病室を出ようとしました。熱が続いていて、のどが渇くので、水と氷をほしがるからです。照代さんは「う

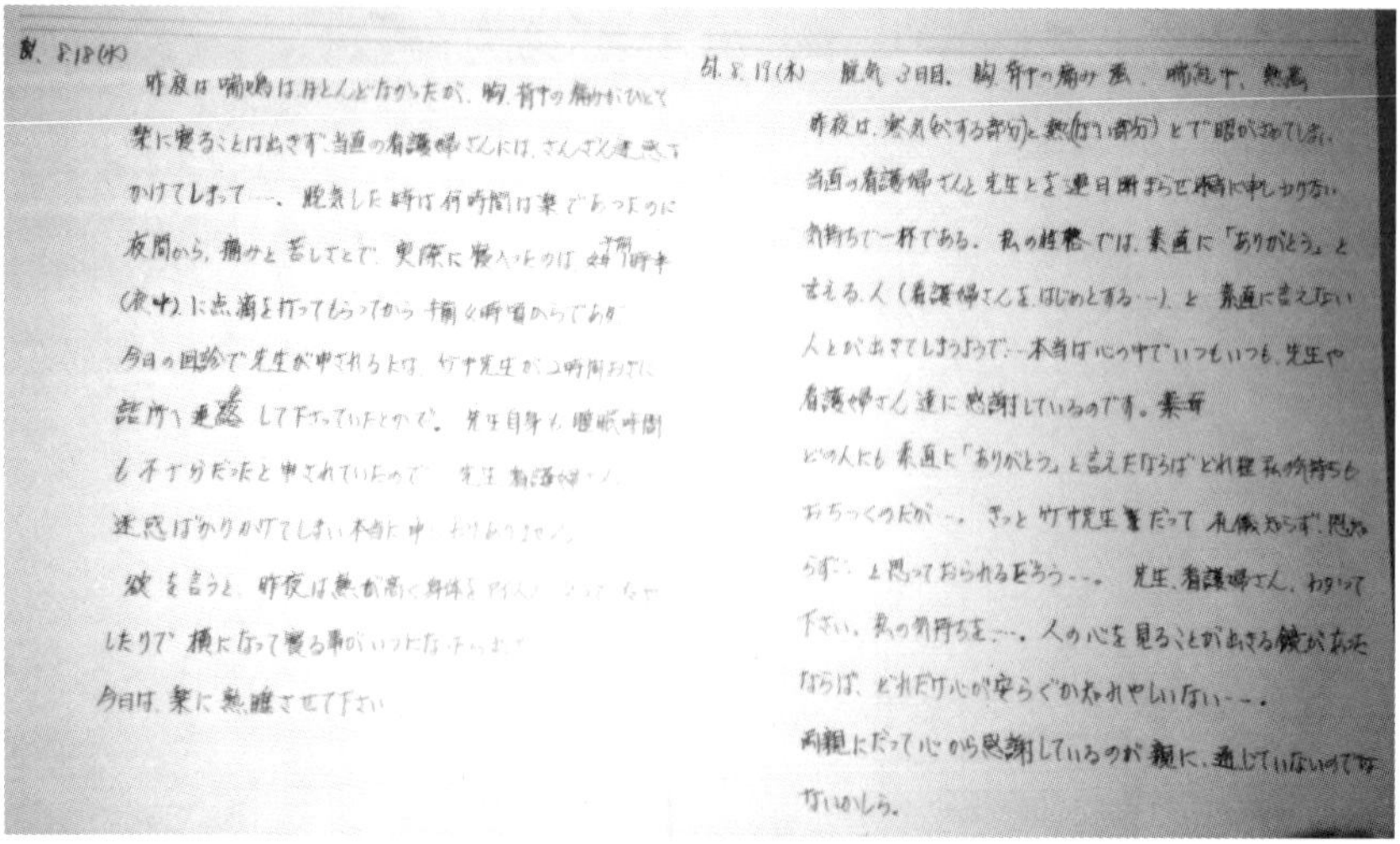

8.18(水)
昨夜は喘鳴はほとんどなかったが、胸、背中の痛みがひどく
楽に寝ることはできず、当直の看護婦さんには、さんざん迷惑を
かけてしまって……。脱気した時は何時間は楽であったのに
夜間から、痛みと苦しさとで、実際に寝入ったのは
に点滴を打ってもらってから
今日の回診で先生が申されるには、竹中先生が
詰所へ連絡して下さっていたとかで、先生自身も睡眠時間
も不十分だったと申されていたので、先生、看護婦さん、
迷惑ばかりかけてしまい本当に申しわけありません。
欲を言うと、昨夜は熱が高く身体を
したりで横になって寝る事が
今日は、楽に熟睡させて下さい

8.17(木)　脱気3日目。胸、背中の痛み
昨夜は、寒気(がする部分)と熱(ほてり部分)とで眼がさめてしまい、
当直の看護婦さんと先生とを
気持ちで一杯である。私の性格では、素直に「ありがとう」と
言える人(看護婦さんをはじめとする……)と素直に言えない
人とができてしまうようで……本当は心の中でいつもいつも、先生や
看護婦さん達に感謝しているのです。
どの人にも素直に「ありがとう」と言えたならばどれ程私の気持ちも
おちつくのだが……。きっと竹中先生達だって礼儀知らず、恩知
らず……と思っておられるだろう……。先生、看護婦さん、わかって
下さい、私の気持ちを……。人の心を見ることができる鏡があった
ならば、どれだけ心が安らぐかしれやしない……。
両親にだって心から感謝しているのが親に、通じていないのでは
ないかしら。

南竹照代さんが書いた日記＝リバティおおさか大阪人権博物館

ん」と返事したといいます。それが親子の最後のやりとりになってしまいました。

一一時すぎ、病院の担当医から「容態が変わったから、すぐに来て」と電話がありました。急いで駆けつけると、照代さんには酸素マスクがかけられ、心臓マッサージが行われていました。それから一時間のちの午後零時一七分に呼吸が停止しました。

「夕方、照代を家に連れて帰って寝かせ、花柄のゆかたを着せたら背が高く、大きかったのには驚きました。いつも背中を丸めて発作をこらえている姿しか印象にないもんで、こんなに大きなってたんか、と初めて思いました。小さい女の子を連れた若い女の人を見ると、今もはっとして、あの子のことが思い浮かんできます。あの子はいったい何のために生まれてきたんですやろ。何の楽しみがあったんですやろ」

照代さんは、自分を苦しめた気管支ぜんそくの原因については、何も語っていません。鹿児島・串木野から大阪・西淀川に来て、工場の煙による空気の汚さには気がついていても、それが自分自身の病気の原因だとは、よく知らないまま亡くなっています。田鶴子さんは「工場の煙のせいというのは聞いていましたけど、とにかく娘の体を治してやりたい、という思いと看病で頭の中がいっぱいでした」といいます。田鶴子さんは、照代さんの死を無駄にしないため、第二次原告団の一員として裁判所に通いました。照代さんの原告番号は一次二九番でした。

＊網代千佳子さんとの出会い

もう一人は二〇歳で阪神電車の尼崎駅の公衆トイレで亡くなった網代千佳子さんです。前述の南竹照代さんと中学、高校とも同じです。学年は千佳子さんの方が二年上のため、二人の間に交流はなかったようです。千佳子さんについても照代さん同様に、学校の先生から聞いて知りました。

網代千佳子さん

公健法の二級認定患者だった千佳子さんは、五五（昭和三〇）年一月二四日に西淀川区の大和田で生まれました。自宅から約五〇〇メートル西には、大型トラックなどの車が数珠つなぎに走る阪神間の幹線・国道43号線があります。その向こうの海側には大気汚染の被告企業となった中山鋼業、古河鉱業、合同製鉄などの工場が広がっていました。小谷信夫君、南竹照代さん、網代千佳子さんの三人は、いずれも大和田地区に住んでいました。

千佳子さんにぜんそくの兆しが出てきたのは、小学校三年ころからです。風邪をひきやすくなっていました。四年生ころにはぜんそくの発作が出始め、入院もするようになりました。呼吸が困難になり、肩を上にあげて息をするようにしますが、吐き出す力が弱くて吐き出せなくなっていきました。肺をゴム風船に例えると、ある程度ふくらんだ風船は弾力があり、大きくしたり、小さくしたりできますが、しぼんでしまった風船は弾力がなく、ふくらましたり、小さくしたり簡単にできません。

気管支ぜんそくの患者の発作は、たいてい寝るころや朝方に起きています。季節の変わり目や雨が降る前、梅雨どき、風のない日などです。雨の予想については「天気予報よりよく当たる」ほどで、患者同士で体の調子と気象との関係が話題になっていました。

母親の俊子さんによると、千佳子さんの吐き出す痰は粘り気が強く、のり状に引っ張って、絹糸のように切れにくかったといいます。気管の中もねばねばで、洗面器で受けながら指やガーゼを入れて引き出すこともしばしばでした。苦しくてもがいて吐き出すため、パジャマやふとんなどを汚します。気管支を広げるネオフィリンを打ったり、いろんなことをして吐き出させていました。ネオフィリンを打つと、四、五日の間、副作用でグタっとなり、食欲もなくなって骨と皮だけのようになっていました。

発作が止まらず、どうしょうもないと、父親の英雄さんが千佳子さんを背負い、俊子さんが背中をさすりながら診療所への道を急いだといいます。千佳子さん自身は苦しくて死ぬ思いをしていますが、両親、姉、兄の家族も大変でした。俊子さんからは「私が替われるものなら替わってやりたい。もう、不憫で私が生きてる限りはどんなことでもしてやりたい」という言葉を何度も聞きました。

高校は福島女子商業高校に進学しました。ぜんそくの発作が始まりそうになれば、早いめに薬を飲んで調整できるようになりました。しかし、よくなった訳ではありません。在学中に専門学校に通って電話交換手の資格を取り、そのおかげで大阪市東区にある国際ホテルに就職できました。通勤は大和田六丁目の自宅から阪神西大阪線の出来島駅に行き、いったん大阪市内とは逆方向の兵庫県の尼崎駅に出て、阪神電車の本線で大阪・梅田駅に行き、地下街を通って地下鉄谷町線で谷町四丁目の職場に通っていました。所要時間は小一時間ですが、通勤ラッシュと人込みの多い地下街を抜けて行く通勤ルートは、ぜんそく患者にとっては大変でした。それでも千佳子さんは亡くなる日まで皆勤を通しています。

両親は千佳子さんの病気を治したい一心で、阪大病院や済生会病院、尼崎県立病院などに連れて行って検査を受けさせ、漢方薬がよいと聞くと遠くまで買いに出かけ、食事にも気を遣い、大根を蜂蜜につけたものが喉によいと聞けば作って食べさせ、休みの日には空気のよいところへ連れていくなど、あらゆる努力を惜しみませんでした。

＊帰宅途中に発作が・・・

七五（昭和五〇）年五月二四日。午前九時の出勤時間に間にあうように出かけた千佳子さんは、その日の仕事をこなし、帰宅の途についていました。梅田駅から乗車して尼崎駅に着き、進行方向のホームの階段を下りて、通常なら左側のトイレの前を通って西大阪線のホームに上がります。ところが発作が起きていたため、千佳子さんは女子トイレに駆け込んで発作に耐えていました。死亡時間が午後七時五八分となっていました。救急車で尼崎市東難波町の安藤病院に運ばれており、搬送中に亡くなった模様です。

千佳子さんは清掃作業員に発見されたとき、バッグから身分証明書を出して自宅に電話をしてくれるように頼んでいます。トイレの前にある駅事務所から駅員らが駆けつけたときには、水で濡れた床タイルの上でひっくり返っていたといいます。千佳子さんがどの程度の時間、トイレで発作に耐えていたのかは分かりません。

現場を見に行ったことがあります。結果論にすぎませんが、もしトイレに入らず駅事務所に駆け込んでいたら救急車の要請を早めることができたかも知れません。しかし、若い千佳子さんにとっては醜態を知らない人に見せたくなかっただろうし、あるいはそのうち、発作が治まるのではという思いがあったのかも知れません。そのときの判断がその後の運命を左右したかどうか、今となっては知る由もありません。余りに短く苦難の一生に千佳子さんの無念さを思わずにはいられませんでした。成人式のための晴れ着を一式買い揃えていましたが、着ることはなく、晴れ着はお棺の中に入れて送り出すことになってしまいました。

そのときの様子を母親の俊子さんは大阪地裁で証言しています。

「五月二四日は土曜日でした。私、部長刑事のテレビ見よったんですねん。そしたらジャーンと電話がかかってきて『尼崎駅の駅長室ですけど、うちにこうこうしたんおりますねん。すぐ来て下さい』。それで用意しよったです。そしたらまた、電話があったんですねん。『救急車で安藤病院に運びましたという……』。すぐに安藤病院に電話かけて、『私が行くまでに、こうこういう処置をしないとぜんそくの発作は治まらないから、ネオフィリンを打って下さい』いうて。そやけど先生は『ハイハイ』というただけでした。それで、息子と二人で2号線を車で走って安藤病院に行ったんですねん。そしたら『千佳子の部屋どこですか』いうても、みんな黙っておられるんで、おかしいなぁ、と思っておったんです。そしたら顔にハンカチ着せて寝かしてありましたんで、本当にびっくりするやら、何ともいえない気持ちでした」

普通、発作は急激にくるものではなく、予兆のようなものがあり、だんだんひどくなっていきます。公害患者の多くは千佳子さんの発作について、「多分、電車の中で起きていた」と見ています。千佳子さんはとにかく早く自宅に帰りつこうと思い、尼崎駅に着くまで耐えていたのかも知れません。通い慣れたコースなので、駅のトイレの場所も知っていました。それでトイレに入り、発作が静まるまで耐えようとしていたと思われます。死因は気管支ぜんそくの重積発作。重積とは発作がとまらないためによるちっ息死です。

俊子さんは千佳子さんの葬儀を済ませた後、阪神尼崎駅や安藤病院へ何度も行き、どういう状態で亡くなったのかの確認しています。しかし、娘の悲惨な最後を聞くたびにショックを受け、家に帰ると放心した状況になっていました。このため、聞いてきたことを忘れてしまい、同じことを何度も確かめに行っています。最後には夫の英雄さんに頼んで、一緒に聞きに行っています。病気が少しでもよくなり、ぜんそくの苦しみを和らげるために、ありとあらゆる努力をしてきただけに、娘の死を受け入れ難く、その最後を納得する形で見届けたかったのかも知れません。病魔とたたかい、苦しんできた娘を思う母親の不憫さを感じずにはおれませんでした。

俊子さんは人に千佳子さんのことで慰められると、殴られたように頭が痛くなり、人に会うのも嫌になっていきました。簿記や茶道、洋裁を習って気を紛らわすようにしていましたが、夜になると千佳子さんのことを思い出して寝られない日々を何度も過ごすようになっていきました。

＊母親、俊子さんの意見陳述

七八（昭和五三）年七月二六日、西淀川公害訴訟の第一回口頭弁論で意見陳述をした網代俊子さんは要旨次のように訴えました。

娘が死亡してまる三年三カ月が経過しました。

一日とて忘れることのできない、一生涯忘れることのできない大悲劇です。元気に出勤し、勤務を終えてその帰り道、もう少しで家に帰れるものを、尼崎駅にてぜんそくの発作にこの世の人ではなくなったのです。

朝、笑顔で出かけた娘が変わり果てた姿となり、どんなにかぜんそく、発作がきつかったことか、親にも会えず、医師に診察を受ける間もないままに救急車内にてちっ息死しました。

私が急いで駆けつけたときは白いハンカチを顔にかけられ、変わり果てた姿、のどが五センチ丸くらい、真っ黒くちっ息の跡が残っていました。ぜんそくの重積発作によるちっ息死です。

こんなむごいことってあるでしょうか。被告企業のみなさんも、判事さんも、お子さんたちがおられるでしょう。自分自身の立場に立って考えて下さい。

一瞬のできごとに尼崎駅構内の洗面所で倒れ、親に会う時間もなく、口もきけず、空気を吸うこともできずに、のどを締めつけられ、死に至らせたその当時の娘の残念な気持ちを察する時、その時、どんなに苦しかっただろうと考える時、公害をまき散らし、あのような病気にさせた被告企業をどんなに恨んでも、私の心の中は晴れません。公害をまき散らす企業の行為こそ凶器を使用しない殺人者

第一次提訴で千佳子さんの遺影を持つ母親俊子さん
＝1978年4月

です。公害こそ目に見えない大犯罪です。

　公害のために尊い命を奪われ、私の家庭をどん底に沈めたのです。

　千佳子も人並みに元気に生まれたのに、幼い時にぜんそくになり、夜になるのが恐ろしい。夜一一時ころ海より吹く風の悪臭で、のどはヒュンヒュン、肩で息をし、顔は青ざめ、額はあぶら汗、唇の色は死人のようになり、発作のために苦しみ、背中をさするもの、洗面器を受けるもの、服もふとんも吐き出したもので汚し、枕を三つくらい重ねてもたれるように座らせ、指を口の中に入れて絹糸のような痰を引っ張り出し、長く長く粘って切れません。吸った息を吐くことができないので生死をさまようあり様。家族全部一睡もできず、父親がおんぶして病院へ行く。夜間はなかなか起きてくれない。その間に夜間診療中止でしょう。朝まで苦しみ続け、何度となく入院酸素吸入したことか。ネオフィリンを打ったら副作用で骨皮になるほどやせ衰える。病弱な娘ほどいとおしく命がけで看病してきました。

　私にとって何にもかえがたい宝物を一瞬の間に奪われたんです。無茶をいうようですが、娘を私の腕に戻してほしいのです。電車に乗っても、道を歩いていてもスタイルのよいさっそうと歩いている娘さんを見たら、知らず知らずに後ろを追いかけて歩いている私です。難波の近くを歩いていた時、後ろ姿のパンタロン、髪の形、かけているハンドバッグまでよく似た娘さんを見つけ、気がついた時はその娘さんの後を追いかけ、難波の駅まで来ていました。ひょいと振り返った娘さんの顔、その顔がわが娘でないと意識をした私は、その場にうずくまって泣いてしまいました。一度と難波にもどこにも出まい、と本気で思いました。

夕方になると、「お母ちゃん、ただいま」と帰ってくるように現在でも思います。

昼間はどうにか人前で笑い、冗談もいってますが、夜ふとんをかぶり、娘の無念な気持ちを思い出すと、朝まで寝つかれないことはしばしばです。父親は今でも毎日、娘の好きなものを買ってきては黙って仏壇の前に置いてます。泣いている私を見てひどく怒ることがあります。「泣くな。お前らは家にいて泣いているだけだが、わしら朝に晩に電車の中で年頃の娘さんを見ても、男として泣くに泣けんのだぞ……」

私はこの原稿を書くのに何日もかかりました。書いては涙が出て中断し、恥ずかしいのでトイレの中で泣く。家の中では娘のことはふれない毎日です。思い出したり、話したりすることで気が狂うのです。気がつくととんでもないところを歩いていたりしています。

しかし、黙っていることはもっとつらい。仏になって口もきけない娘のために、私が原告に立ち、娘の無念を晴らしてやらねば、あまりにもかわいそうすぎます。

裁判官様にお願いします。

一日も早く、一刻も早く判決して下さい。

この苦しみから救って下さい。お願いします。

第二章　公害企業の進出

＊公害反対の原点、永大石油問題

六〇年代半ばから七〇（昭和四五）年にかけて、大気汚染公害反対の住民運動が活発になっていきます。西淀川では七〇年に「西淀川から公害をなくす市民の会」ができ、さらに七一年の「大阪から公害をなくす会」の結成につながっていきます。その「西淀川から公害をなくす市民の会」の前身が「永大石油公害をなくす会」でした。

永大石油鉱業は五八（昭和三三）年に西淀川区大和田西五―五〇に建設された廃油再生工場です。国道43号線沿いにあり、同工場の一〇〇メートル先には、その一年前に建設された公団出来島団地がありました。永大石油は廃油に硫酸を混ぜて炊き、ピッチオイルなどを生産していました。工場から排出される亜硫酸ガスは、主に原料を約二メートル×六メートルのパン（鉄製の釜）で熱するときと製品を乾燥させるときに出ます。高濃度の亜硫酸ガスのひどい臭いで目が刺激され、痛くなります。

永大石油に対する周辺住民の苦情は創業以来から続いていました。団地内に駐輪している自転車はどれも真っ赤にさびていました。六九（昭和四四）年七月、その煙によって出来島団地に植えてある朝顔が一夜にして全部枯れてしまい、大騒ぎになりました。飛んでいる雀も落ちて死んでいるのが何羽も発見されました。それらがきっかけで、出来島地域の町会、ＰＴＡ、新日本婦人の会が中心になり、公害反対運動に火がつきました。私としては初めて公害問題に取り組みました。

当時の「朝日新聞」によると、大阪市衛生局が工場から約五〇〇メートル離れた市立淀中学校の亜硫酸ガス測定値は〇・四ｐｐｍ。約一五〇メートルの大和田交差点付近になると、限度一ｐｐｍに達する汚染を確認しています。同年の一一月には住民団体が六〇〇〇人の署名を集めて大阪市に工場移転を迫りました。そのときの陳情書には「このまま放置するなら暴動にもなりかねない」とあり、被害のすごさを物語っています。

朝顔が枯れる少し前、公団に住む人たちと一緒に永大石油に抗議に行き、永田隆敏社長に会いました。このときの社長の台詞《せりふ》は「わしにはこの臭いは、うなぎの蒲焼と同じ臭い」といい切り、住民代表を追い返しました。今でもそのときのことをはっきり覚えています。現在では、そんな

煙を噴きあげる西淀川区内の工場
＝1960年６月28日付「朝日新聞・大阪版」より

言葉を吐けばマスコミに書きたてられてしまうでしょう。考えられないことを堂々といってました。その後も交渉に行くと、「お前らは営業妨害にきているのか」と一喝して、煮えている油を撒き散らし、交渉にもなりませんでした。

地域住民は「永大石油から公害をなくす会」（尾崎静雄会長）を結成し、事務局をその年の一〇月に大和田六丁目に開院した千北《せんぼく》病院に置き、運動を進めていくことになりました。住民は対策会議を開きながら、ビラ配りや工場との交渉に行って、その経過内容を患者や住民に知らせて、運動を広げていきました。大阪府も亜硫酸ガスの測定調査に乗り出しますが拒否される始末。隣りの自動車修理工場の二階を借りて敷地外調査をして、ガスの濃度改善を申し入れますが、永田社長は頑として聞こうとしませんでした。

永大石油の跡地を現地調査するあおぞら財団の人たち＝2006年11月

＊初の行政命令

大阪府は一一月に府事業場公害防止条例にもとづき、初の改善命令を出しています。これに対し、永大石油は「独自の改善計画を進めており、命令には従えない」と命令書の受け取りを拒否しました。永大石油のいう独自の改善対策とは従来の煙突をこわし、直径一・六メートル、高さ三六メートルの新しい煙突に変えるというもので、「会社としてはこの工事で公害を完全に防止できると信じている」とまでいっていました。さすがに府も、内容証明付きの速達で「九〇日以内に公害を発生させない対策を講じよ」と督促し、応じないときは公聴会にかけて一時操業停止にするという、これまた初の行政命令を出しました。

大阪府の大気係の技術者だった吉田誠宏さんは当時を振り返っていいます。

「当時は経済との調和ということで、企業での生産活動が優先される状況でした。操業停止なんてことは考えられない時代でした。排ガス処理装置を付けるにも操業を停止してまでやるのか、というような状況でしたから。初めは測定許可を出してもらえないから、隣の自動車修理工場の二階で敷地外調査でやるしかない。しかし、それでは永大との因果関係が立証できないから、工場の周りを囲っているスレートに道路側から穴を開けて、測定したりしました。住民の方は早く測定結果を出してもらって工場移転の行政指導に活用してもらうために催促するし、永大側は測定に協力してくれない。現場の測定者は板挟みみたいな状態でした。ようやく測定できるようになり、廃油を入れてあるパンから出ている湯気を測定しようと思っても、『じゃまだから測定するな』といわれるし、作業員は臭いから風上から作業するんだけど、こちらは風下でやらされる。だから自分たちの身を守るために息を止めてやるしかない。そのため、何回も測定しなければなりませんでした。とにかく、工場の協力で測定をやらせていただく、という感じでした。そんな状況だったんです」

大阪府が亜硫酸ガスの濃度を測定した結果、基準では工場敷地境界線上で一・五ｐｐｍなのに、永大石油の場合は二二回の測定中一八回は四・三五～六・〇九ｐｐｍもありました。

永大石油公害問題は七〇年六月に、移転を条件に大阪市に九八〇〇万円で売却する、ということで決着しました。八月には「永大石油の公害をなくす会」を発展解消させ、「西淀川から公害をなくす市民の会」を発足させて、西淀川区全体が公害に積極的に取り組んでいく体制に移行しました。

永大石油に立ち入り検査をする大阪府・市の公害担当者＝1960年11月21日付「朝日新聞・大阪版」より

＊千北病院建設運動

西淀川全体の公害闘争への発展には、永大石油の公害反対闘争とともに、もう一つ運動がありました。千北《せんぼく》病院の建設運動です。千北の名前は近くの大和田地域と佃地域の間を流れる神崎川に架かる千北橋からとっています。淀川勤労者厚生協会（淀協）は「大和田地域に西淀病院や姫島病院のような民主的な『私たちの病院』がほしい」という地域の要求に応えていく必要がありました。当初は地域の「健康を守る会」の健康管理をしていくために、総合内科的な診療所があれば守る会の運動も発展していくのではないか、という思いが出発点でした。

最初は「夢みたいな話」だとか「そんなん実現でけへん」という声が圧倒的でした。「健康診断してくれるのはええけど、病気見つかったら診療所程度ではあかん。治すためには病院に行かなあかんがな。そんなら二〇〇〇円はかかる。二〇〇〇円もかかるんやったら、何かうまいもん食ってる方がええわ」というような意見もありました。要するに無理だということです。

しかし、診療所は切実な要求でした。「とにかく取り組んでみよう」という話になっていきました。まず、土地探しです。最初は大和田六丁目の淀中学校の前の角に、一坪一〇万円の土地がありました。ところが、病院建設運動をしていた健康を守る会の田平鴨志さん宅の隣りにも空き地があり、こちらも一坪一〇万円でした。土地は田平さんの隣りの方が広く、「診療所」の夢が一挙に「病院建設」へと現実化されていきました。

「淀協」の当初計画だった「大和田診療所　工期三カ月」は変更され、本格的に取り組むための千北病院建設実行委員会を発足させて、総額六〇〇〇万円の資金集めを六九（昭和四四）年一月一〇日から始めました。二月一六日にはのべ一〇〇人が集まって起工式が行われました。九月二五日には病院認可。そして一〇月一三日に千北病院開院式が行われ、地域の病院としての第一歩を踏み出しました。

千北病院はオープンしたものの、建設前後にはかなりの困難がありました。一つは西淀川区医師会大和田・出来島班が建設に反対し、署名行動を行って起工式前に臨時総会を開いて反対決議をしてしまいました。これについては淀協と医師会が話し合いをすれば一致点が出てくるはずであり、病院建設は地域の医師会の利益にもなるはずだ、ということで話し合いの設定をしていくことになりました。六九年二月八日に正式の話し合いが行われましたが、そのときは一致せず、長い時間をかけてようやく合意に達しました。

その当時、西淀川区の医師会長をしていた那須力さんは「区医師会が民医連の千北診療所建設反対の連判状を持ってきました。私は自由開業制だから、と判を押さず、医師会総会でもそう主張して建設反対をつぶしたため、その後始末の責任をとらされる形で医師会長に復帰しました」と述べています。

淀協自身の中でも医師、看護婦、その他職員の体制をどうするかで意見がまとまらず、何度も全体集会を開いたり、開院後も人事問題で論議を重ねました。とくに医師体制は深刻な問題として残りました。

＊安心してかかれる病院めざして

もう一つは患者集めです。初日はいっぱいになるほど大勢の人たちが診察に来ましたが、翌日から誰一人こないありさまでした。これではやっていけないので、初代院長の木村昭医師（西淀病院副院長）が大和田健康を守る会の遠藤信行会長と書記の私を電話で呼び集め、緊急の対策会議を開きました。最初、院長は私に「森脇、お前ここにすわって患者の呼び込みをやれ」という指示で、受付けに座って病院建設に協力的な人たちに電話をかけまくる一方、道行くお年寄りに検診をすすめたりしました。

千北病院建設運動を手伝った竹内寿美子さん

公害患者で大和田に住んでいた竹内寿美子さん（当時三九歳）が私たちの仕事を手伝ってくれました。竹内さんは夫の弘吉さんと子ども二人の一家全員が公害病の認定を受けていました。子どもを医者に診察してもらってもよくならない、といってよく泣いていました。千北病院の先生から「空気が悪いから病気になるんや。あんたのせいやない。きれいな空気にしようと思ったら、みんなで力あわさんときれいにならん。一人より二人、二人より三人の方が強い。泣いてても病気はならへん、といわれた」といっていました。

竹内さんは夫の勤務先の関係で六一（昭和三六）年に名古屋市から西淀川区に転居してきました。竹内さんは出産以外に寝込むことはないほど健康でした。が、引っ越してきて六年たった六七（昭和四二）年ころから風邪をひくことが多くなり、咳、痰がしつこく、喉が絞められるような感じの咳がいつまでも続きました。咳は昼夜の別なく続き、痰はなかなか切れませんでした。七九（昭和五四）年になるころには、ヒューン、ヒューンとぜんそく発作がでるようになり、月平均七回は軽中度の発作、年三、四回は重症の発作に見舞われるようになっていました。

夜中に発作が起きると、窒息してしまうような恐怖感に陥り、横になったり、起き上がったり、タンスにもたれたり、腰を浮かせるように反り返ったり、横になって海老のように体を丸めたり、ふとんを抱え込んで前かがみになるなど、あらゆる動作を繰り返して苦しみを耐えていました。一晩中、ひたすら朝の来るの待って、朝になると夫に付き添われてタクシーで病院に行きました。一家全員が公害病に蝕まれ、一生治らない体になってしまいました。「苦しむ長女の姿を見て『この子の首を絞めて自分も死んでしまったら、どんなに楽だろう』と思うこともしばしばでした」

二年後に長男が誕生します。生後まもなくぜんそく発作がでる体になってしまいました。幼児二人とも公害病で苦しみ、頻繁に病院通いをしなければならないときは、寝不足や心労で、乳母車を押しながら寝てしまうことさえありました。弘吉さんも七二（昭和四七）年に公害病の認定を受けており、七六（昭和五一）年から働くことができなくなっていました。一家の収入源が途絶え、家計の苦しさが追い討ちをかけるようになっていました。弘吉さんは裁判での勝利とその後の勝利和解を見ることなく、九四（平成六）年に五八歳で亡くなりました。

が、世の中から公害をなくさなければ、また子どものためにもと思い、被告企業との交渉や裁判を傍聴するなど、がんばり続けています。

＊自分自身も公害病に

千北病院を軌道に乗せるための最初の行動は、やはり地域への働きかけです。考えついたのが老人の無料検診。老人検診を大和田の市営住宅の集会所で行うと、老人たちが並び、その中から精密検査が必要な人たちを千北病院に送りました。済生会病院の産婦人科と協力して、日本で初めての入院助産制度を導入しました。お腹の大きな女性を見つけると、「いつ、生まれるんですか」と聞いて回って、来院者を集めました。「検診は無料だから」と説明して、一日一五、六人は集めたでしょうか。

永大石油公害闘争も住民の人たちとともにたたかいました。病院の一室を事務局に提供して運動を支えました。やがて「大和田に住んどったら、どこか悪うなっている」という生活環境を変えていくたたかいが、医師と患者、住民を結びつけ、公害闘争を発展させていきました。それは病院の経営難を打開していくことにもつながっていきました。

私自身も千北病院建設運動が本格化する六九（昭和四四）年ころから気管支ぜんそく患者になっていました。柏里三丁目のアパートに住んでいたころで、家で発作が起き、三〇〇メートルほど離れた医院に行くのに四〇分はかかりました。歩き続けるのがつらくて立ち止まったり、しゃがみこんだりしなければならないので、目の前に医院があってもたどりつけない。注射を打ってもらって、発作が治まると、帰り道はたった六分。昼間はじっと寝ていても、夜の一〇時ころになるとまた発作が起きる。夏も冬もやかんにお湯をわかして呼吸を楽にしました。

発作が起きると横に寝ている妻を起こしてしまうのもつらいので、お互いの足をひもで結んでおき、足を引っ張って知らせました。咳が一度出るとコン、コンと連続して出てくるので、非常につらくなります。それで、できるだけ咳を抑えて間隔を空けるようにするのがコツでした。それでも仰向いて寝られないので、机やこたつに寄りかかるしかなく、一晩中眠れない日もありました。後年、二級に認定されました。

ぜんそくの苦しみは丁度、バケツの中に水をいっぱい張り、その中に顔をつけ、苦しくなって顔を上げると、健康な人は息を大きく吸い込み、もとのように呼吸ができますが、ぜんそく患者は大きく息を吸い込めないので、息ができない苦しい状態が続き、咳が出てきます。そのつらさ、苦しさは当事者でなければわかりません。ぜんそく患者は全国津々浦々にいますが、一地域で多くの人たちが発生・発病するのは、大気の汚れが原因であることは間違いありません。

＊公害病認定検査業務

千北病院が開院してから三カ月後の七〇（昭和四五）年二月、院内に「西淀川区医師会指定公害検査センター」を設立し、業務を開始しました。七五年六月には、姫島地域に医師会立の西淀川公害医療センターが設立され、双方で公害病認定にかかわる検査業務を担当することになり、公害病患者のために大きな貢献をしていくことになります。区医師会は申請患者の認定可否は、医師の診断を尊重することを国に認めさせます。そのため、西淀川区では「公害に係る健康被害に関する特別措置法」が施行された七〇年二月一日から、環境行政が著しく後退する七七（昭和五二）年までの間に認定申請者の九九・九％（保留三人）が認定され、千北病院の公害検査センターは医師会の西淀川公害医療センター開所までの五年間に三三六二人の検査を実施しています。千北病院と医師会は公害被害者救済にとって大きな役割を果たしたといってよいと思います。

西淀川区医師会が千北病院に設けた検査センター

千北病院の公害検査センターの開設に伴って西淀病院から田中千代恵臨床検査技師が赴任してきました。田中技師がまず始めたことは七一（昭和四六）年に保育所幼児を対象とした公害の健康調査でした。硫黄酸化物や窒素酸化物、浮遊粉塵などが混じった空気を吸っていると、誰でも気管支や肺の奥が侵されます。とくに抵抗力の弱い子どもやお年寄りが発病しているからです。幼児の中では、一六項目（図参照）ある症状のうち、十二番目の「三カ月も続かないが、セキがよく出ますか」の問いに、四三・九％が「はい」と答え、次いで「扁桃腺が腫れ、よく熱がでますか」が三五・五％となっています。

お年寄りの肺機能検査から被害状況をみると、七五（昭和五〇）年に千北病院で一般老人検診を行ったとき、二〇六人が肺機能検査を受けました。その結果、五一人に異常が見られました。四人に一人の割合です。ところが、公害病の認定をうけていたのは二一人だけでした。まだ、公害病への認識が住民に十分浸透していなかったからでしょう。

西淀川区は当時、スモッグが出ると車は昼間でもライトを照らし、それでも三〇メートル先までしか見えない状況でした。小学校ではスモッグがひどいため、運動会を途中で中止し、改めて別の日に再開するということもありました。大阪市も西淀川区を特別対策区として七〇（昭和四五）年六月から公害特別機動隊を入れて、企業の立ち入り調査や夜間パトロール、水質汚濁防止対策、騒音振動防止対策などで積極的に活動し、大野川の埋め立て、神崎川の汚染対策を行いました。

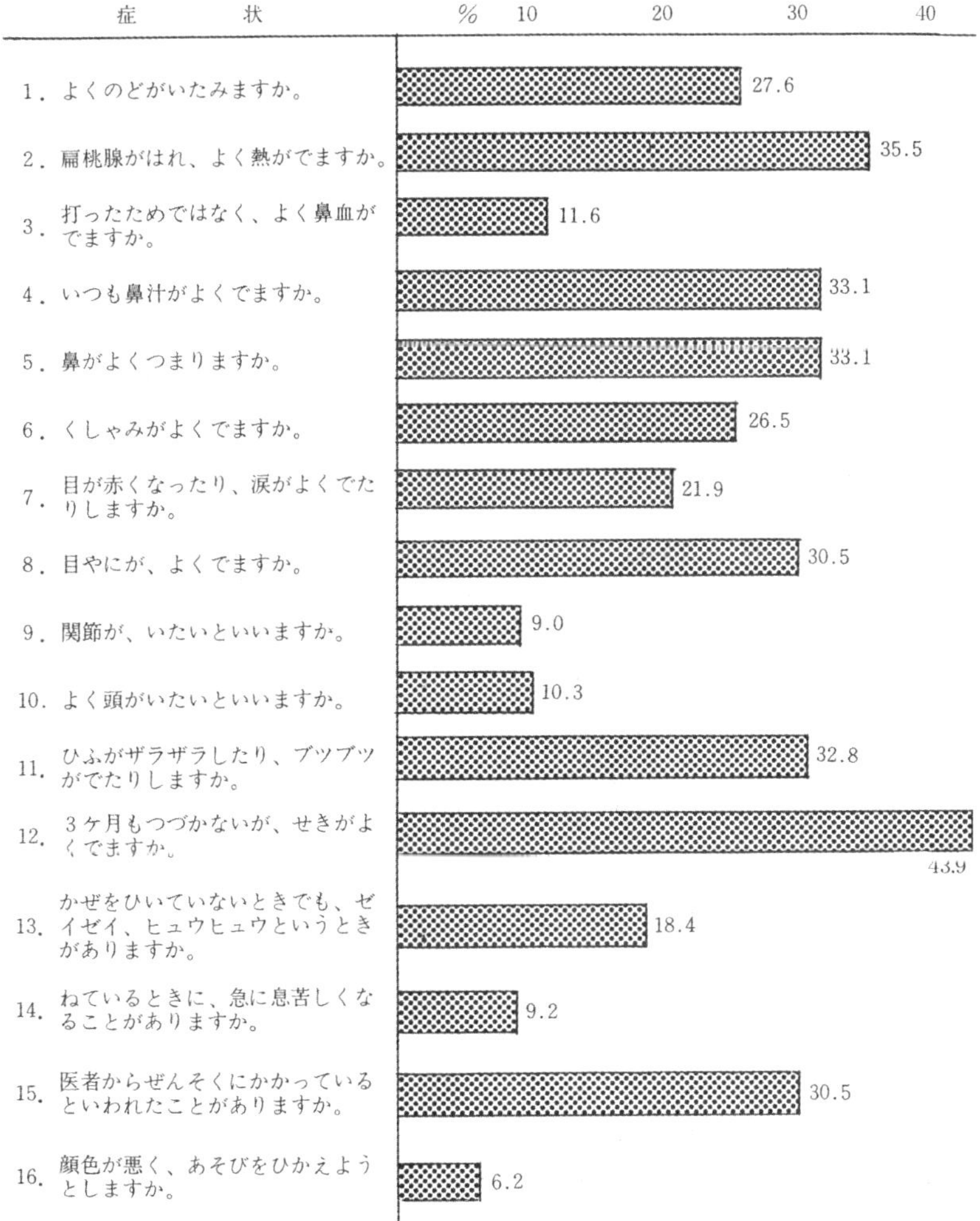
症　　　状
%　10　20　30　40
1．よくのどがいたみますか。
27.6
2．扁桃腺がはれ、よく熱がでますか。
35.5
3．打ったためではなく、よく鼻血がでますか。
11.6
4．いつも鼻汁がよくでますか。
33.1
5．鼻がよくつまりますか。
33.1
6．くしゃみがよくでますか。
26.5
7．目が赤くなったり、涙がよくでたりしますか。
21.9
8．目やにが、よくでますか。
30.5
9．関節が、いたいといいますか。
9.0
10．よく頭がいたいといいますか。
10.3
11．ひふがザラザラしたり、ブツブツがでたりしますか。
32.8
12．３ケ月もつづかないが、せきがよくでますか。
43.9
13．かぜをひいていないときでも、ゼイゼイ、ヒュウヒュウというときがありますか。
18.4
14．ねているときに、急に息苦しくなることがありますか。
9.2
15．医者からぜんそくにかかっているといわれたことがありますか。
30.5
16．顔色が悪く、あそびをひかえようとしますか。
6.2

注　1．調査対象は、西淀川区保育所幼児６才以下全員について行った。
　　2．アンケートの回収率96.3%　456名
　　3．回答は、「はい」「いいえ」の形式で症状の重復回答で行った。
　　4．回答17の認定は45．2.1 実施の特別措置法によるもので、１年間の認定数である。

＊外島への公害企業進出阻止運動

このころ、区内の外島埋め立て地域への公害企業進出反対運動が盛り上がっていました。外島は西淀川区の西端、神崎川と中島川の両河口の間に位置しています。明治時代にハンセン病患者を収容した外島保養院があったことは後で紹介しますが、地盤沈下の進行とともに室戸台風、枕崎台風、ジェーン台風等で海没していました。六三（昭和三八）年から大谷重工業が埋め立てに着手し、五年後には海面から四メートルの陸地が復活しました。しかし、大谷重工業が倒産したため再建者グループが引き継ぎ、三井物産、日商岩井、日通など七社が外島共同開発株式会社をつくり、管理運営にあたりました。七〇年七月には大阪市、同八月には大阪府がともに外島埋め立て地を工業地区に指定しました。ところが、大阪市は直前の六月に広域公害企業の移転・立地制限の方針を打ち出しており、外島地区の工業地区指定は区民の強い批判を受けることになりました。

大阪市は道路や公園などを都市計画にもとづいて整備し、公害対策には積極的に取り組むことを表明しますが、進出予定企業二九社中五社が重油を使用し、亜硫酸ガスを多量に排出する公害工場でした。なかでも大阪有機化成は大淀区でコールタールからナフタリンなどの化学薬品を製造する過程で、悪臭、悪煙をまき散らし、保健所が六六年から五回にわたって改善勧告をしていた企業でした。外島問題は国会や府・市議会でも取り上げられましたが、参院で橋本龍太郎建設相（当時）は「外島は工業用地としての目的で埋め立てを許したもので、政令を変えることは考えていない」と答弁しています。府議会では田中副知事が「一般論として公害企業には分譲しない」と答えています。

七〇年一一月二五日、自民党を除く全政党（社会、共産、公明、民社）と総評西淀川地協、同盟田淵電機労組、中島水道・大野川緑地化推進委員会、西淀川生活と健康を守る会、西淀川から公害をなくす市民の会が共闘組織として「西淀川公害追放推進委員会」を結成しました。当時、西淀川では公害健康被害救済特別措置法による公害認定患者が一二〇〇人を超えていました。共闘組織は「企業公害は犯罪である。公害を発生源で防止し、人間優

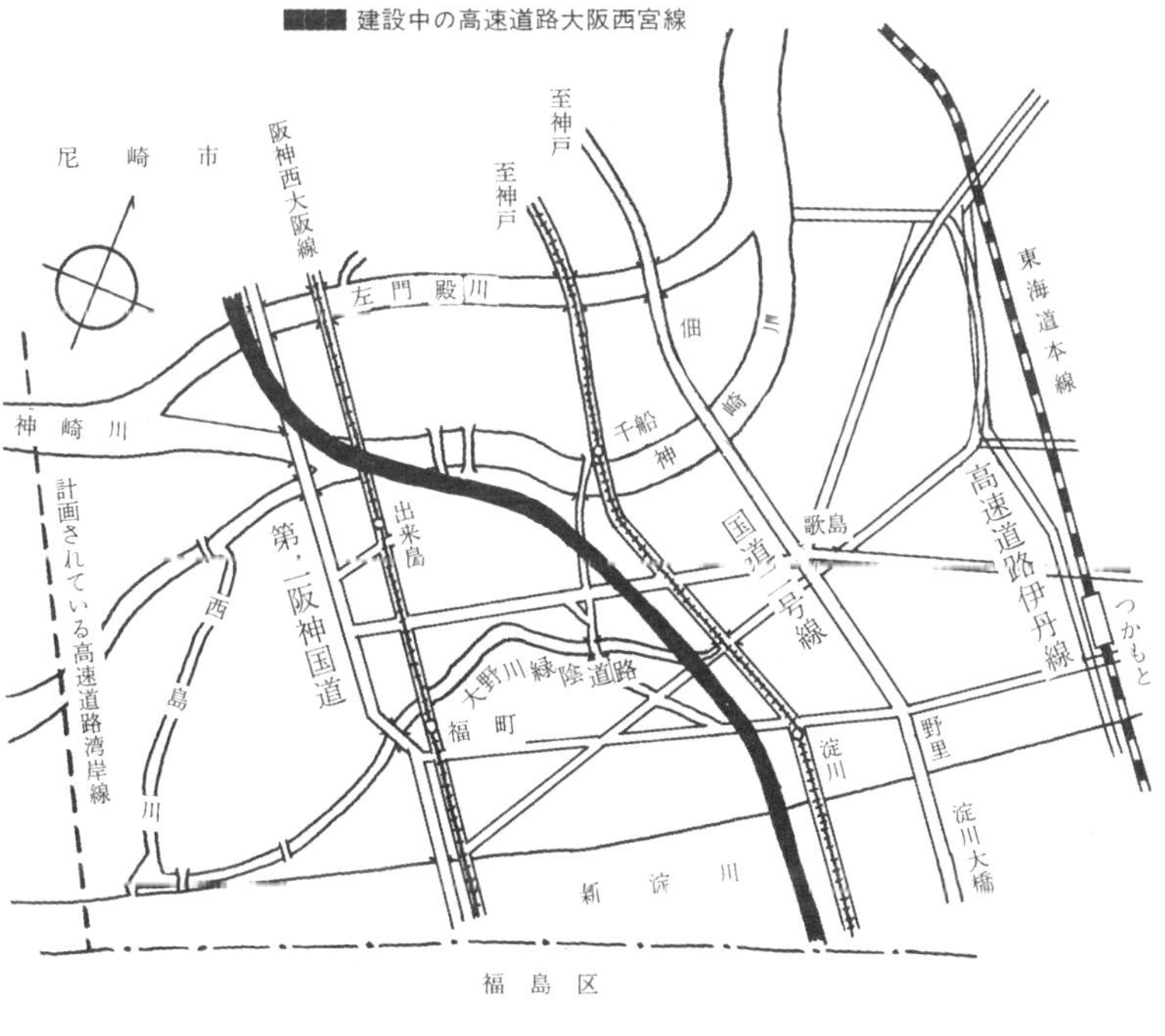

先を貫くためには住民運動を強めるしかない」という認識で一致していました。保守陣営も「やらなあかん」ということで、日赤奉仕団が公害追放委員会を結成して、区民全体がたち上がる状況になっていました。

一二月一六日夕には、千船東の松の内公園で一七〇〇人を集めた「公害追放、外島への工場進出反対、西淀川区民総決起集会」を開いて、区内をデモ行進しました。大成功でした。西淀川から公害をなくす会はその後、大阪から公害をなくす会準備会加盟の一六団体代表を工場誘致の進む外島に案内したり、府・市交渉を繰り返し行う一方、大阪市の建築確認も受けていないまま操業していた三豊工業に抗議したり、不十分な公害防止設備しかしていない中山鋼業に抗議し、改善方を申し入れたりしました。こうした運動が翌七一年二月十七日には「大阪から公害をなくす会」結成へとつながり、公害反対運動を発展させていきます。

＊大和田小学校の作文集「公害」

忘れてならないのは、西淀川の幅広い運動を支えていた小学校の教育です。学校の先生の果たした役割はものすごく大きく、各小学校の公害教育が私たちの運動の前段階にあったといえます。その中でここでは大和田小学校の作文集一「公害」（七一〈昭和四六〉年二月）と作文集二「公害」（同一二月発行）

で子どもたちが書いた作文のいくつかを紹介したいと思います。それに、臼本文四郎校長の「まえがき」（作文集一）にすごく感動したので全文を紹介します。（作文集は、あおぞら財団付属の〔西淀川・公害と環境資料館〕に展示しています）

文集「公害」によせて

学校長　臼本文四郎

西淀側の空は低く、重い。近くのはずの六甲の山なみが見えるのは月のうち幾日あろうか。灰色のくすんだ街に腐ったようなどんよりした空気が覆いかぶさっているのが公害地西淀川の毎日である。

公害は産業の排泄物と考えることができる。排泄物は汚いもの、それを多くの人の住む街へ何の気兼ねもなくまき散らしてきた。この遠慮のない公害の出しっぱなしが許されていたのは自然の浄化力を頼っていたからである。しかし、大自然の浄化力にも限度があった。今やその限界を越えて公害はますますひどくなり、それが蓄積されるように

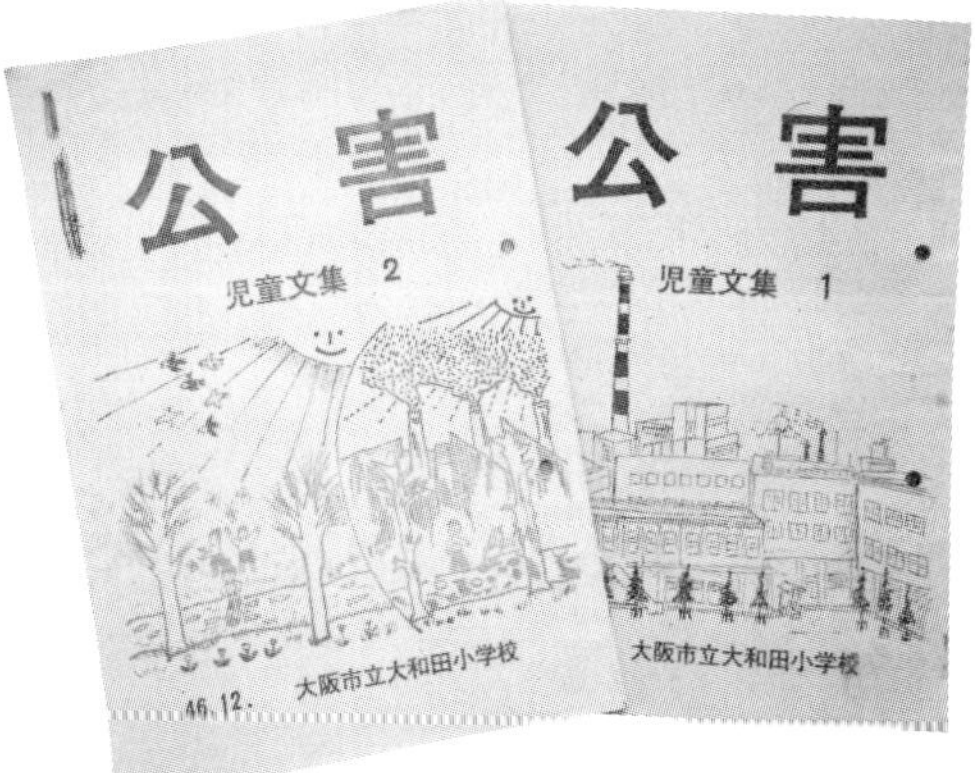

大和田小学校の子どもたちの作文集「公害」

なってきたのである。産業の廃棄物はきたないというものから恐ろしい物と変わってきた。それは私たちの健康をむしばみ、生活環境を破壊するまでに進んできたのだ。そうして今では私たちの生存をおびやかすまでになってきた。この恐るべき公害の最大の被害者は抵抗力の弱い子どもたちや老人である。

西淀川の子どもたちが、公害により如何に健康を害し、心をゆがめられていることか。ここに公害になやみ苦しむ大和田小学校の子どもたちの切実な叫び、おさえきれない憤り、公害をなくしたいいじらしい希（こいねが）いがある、それがこの作文集である。これを書いた者の中には、ぜんそくを病む子がいる。あの発作時の苦しみを公害への憤りとして書いている。田舎へ行ってきれいな空気をおいしいと感じる子、空の澄んだかつての居住地をなつかしむ子がいる、工場の子が公害を出すことに矛盾を感じながら生産と公害の関係を考え悩んでいる。今日の行政のあり方、社会の大人たちに不満を感じ、子どもなりに真剣に無公害の街をつくろうと考えている。これら子どもたちの作文は、公害に手ぬるい施策しかしていない現存の社会や大人たちへ反省をうながし抗議しているものと考えられます。

私たちはこれらの子どもたちの訴えを謙虚に聞いてやらねばならない。そうして、あの児童憲章にある「児童はよい環境のなかで育てられる」「すべての児童はよい遊び場と文化財を用意され、悪い環境から守られる」の宣言が、空文にならないよう努力してやらねばならないと思う。

一年

大さかの空は、はいいろだ。

スモッグで　いっぱいだ。

いなかの　にいちゃんが　きたとき、

「きょうは、天気かくもりか、どっちか」

と、きいた。

おかあさんが、

「もちろん天気よ」

と、こたえた。

「へえー、夕がたみたいやなあ」

と、いった。

「これが、とかいのそらだ」

と、ぼくが　いった。

一年

せんせい、
こうがいが　あるよ。

せんせい、
きたない　くうきが　ある。
せんせい、
こうがいの　まちが　ある。
せんせい、
おとの　こうがいが　ある。
せんせい、
こうがいびょうの　人が　いる。
せんせい、
こうがいが　たくさん　ある。
せんせい、
にほんの　まちは　こうがいだらけ。
せんせい、
ひどい　くうきが　ある。
せんせい、
おおわだが　いちばん　ひどいね。

二年

公がいは、いつも　ぼくらを　くるしめています。
お金もうけのために、なん人もの人が　死んで、
つみのない　子どもも　びょうきに　なったりします。
ぼくも、公がいで、ひふびょうに　なっています。
冬になると、手に　ひびわれができ　いたみます。
大すきな野球も、できないし、からだじゅうが、
かゆくなってきて　おちついて　べんきょうができないし、
冬になると　えんぴつも　もてなくなります。
みんなを　見ると、うらやましく思います。
いくら　お金もうけでも、人の命には　かえられません。
公がいでも、いろいろあります。
スモッグ、ヘドロ、はいきガス、そう音などです。
スモッグなどを　出してる工場などの　社長やえらい人は、
空気のいいところで　すんでいます。
もっと、人を　たいせつにしてください。
どんなへんな人でも、人間は、人間です。

三年

家のちかくの千北びょういんは、公害びょういんです。
毎日たくさんの人が、きゅうにゅうというものを、しにきます。
おじいさんやおばあさん、子ども、おとななど、千北びょういんでは
どの人も、くるしそうに、せきこんでいます。
千北びょういんでは、公害てちょうというものを、つくっています。
わたしも一月七日に公害のしんせいをうけました。
あとは公害てちょうをもらうだけです。
わたしは、公害てちょうが早くほしいと思う。
そのわけは、お金がいらなくなるからです。
公害のしんせいをうけると、毎日、きゅうにゅうに行かねばなりません。
きゅうにゅうとは、きかいをつかって、のどに、くすりをいれるものです。
きゅうにゅうしたあとは、たいへん気持ちがいい。
でも、じかんがたつと、またきもちがわるくなる。
なぜ、公害なんかできるのかなあ、と思うとかなしくなってきます。
むかし、おとうさんたちが、かんざき川でおよいだ
というたびに、うらやましくなってきます。

およげなくてもいいから、水のすんだ、きれいな川に
なってほしいと、いつも思います。
さとうそうりだいじんは、何をやっているのかなあ、と思います。

四年

きょうも、また、
スモッグで、よごれた町の空。
また、あすも、あさっても、
くりかえされるのだろう。
公害、公害……
聞きあきた、このことば。
ああ、あの美しい青空が　みたい。
私たちに青空を、美しい空気を、
むねいっぱい　すいこみ、
きれいな緑の　なみ木道や
すみきった青空の下で、遊びたい。
いつになれば、新せんな空気が
すえるのだろうか。

この公害のために、苦しまなければならないのは
いつまで、いつまでなの。
わたしの気持ちは、くらくなる。

四年

そう音公害、なまり公害、いろいろあるが、
今、ぼくたちが、なやまされているのが、
はい色の空、スモッグ公害。
そう、空気がわるい。そのため目がいたくなる、
せきがでる。いきぐるしくなる。
そして、だんだんよわっていく。
これで、いいのか西淀川は……。
公害のために、人間がつくった工場に、
人間がくるしんでいる。
これで、いいのか西淀川は……。

臼本校長は作文集二の「まえがき」でも、次のように書いておられます。

大和田は公害のたまり場だと書いた子どもがいます。家の人、近所の人のぜんそくの苦しみを見て、なぜこうなるんだという怒り、公害は体の弱い人を殺してしまうんだとズバリ書いた子どもさえいます。（略）子どもたちの作文は、私たち大人の心を突きさすものがあり、その考えを私たちが責任をもって受け止めてやらねばならないと強く心に感じます。公害を怒り、あるいはそれを抜け出すことを考えているだけでは公害はなくなりません。それをなくす方法を一生懸命考える頼もしい子どもたちでもあるのです。煙突の煙を無害にする、工場街と住宅街をきりはなす、排気ガスの出ない電気自動車をつくる、自動車専用で隔離された高架道路をつくる……など環境改善を子どもなりに真剣に考えています。私はここに教育の場として、日本の将来に明るい希望が持てると考えます。なぜなら、このような子どもたちが、将来公害のない人間環境を作ってくれると思うからです。

＊公害国会の光と影

七〇（昭和四五）年一一月から開かれた第六四回臨時国会は、別名「公害国会」として有名です。この国会は公害対策基本法など七つの改正と水質汚濁防止法など同じく七つの新しい法案を審議して成立させたからです。三年前の六七年につくられた公害対策基本法は財界と通産省の言い分が通って「生活環境の保全については、経済の健全な発展との調和が図られるようにする」との調和条項が挿入されて骨抜きにされてしまいました。翌六八年の大気汚染防止法、騒音規制法、六九年の亜硫酸ガスの環境基準設定、ついで自動車排ガス規制、一酸化炭素規制、水質環境基準などつくられましたが、「経済との調和」による圧力によって後退し、公害はますます激化の一途をたどりました。

このため、七〇年の公害国会では公害対策基本法、大気汚染防止法、水質保全法、騒音規制法の中にある調和条項を削除せざるを得なくなっていました。しかしながら、政府は調和条項をはずしながらも第一条に「この法律は国民の健康で文化的な生活を確保するうえにおいて公害の防止がきわめて重要であることにかんがみ……」と一般的な項目をつけ加えただけで、公害防止は企業の判断にまかせてしまいました。

これらの点について、あおぞら財団がお世話になっている小山仁示関西大学文学部教授は著書『大気汚染の被害と歴史　西淀川公害』で要旨次のように指摘しています。

「『国民の健康で文化的な生活を確保するうえにおいてきわめて重要』なのは、何も公害防止策に限ったことではなく、政治の最終目標は常に『国民の健康で文化的な生活』におかれているはずである。調和条項の削除は当然、過去の過ちを反省し、これを償おうという趣旨でなければならず、公害行政の抜本的転換を意味しなければならなかった。少なくとも良好な環境を享受する権利は、国民の基本的な権利であること、それに公害防止は産業政策や企業利益に優先して実施されなければならないことが明記されるべきであった。このような不十分さは公害国会で成立した他の法律のすべてに共通するところであり、それらは経団連をパイプとする財界の圧力によるものであった」

小山教授は公害国会で一番のんびりしていたのが自動車工業界であったことにも触れています。一四の法案の中で直接打撃を受けるものがなかったからです。自動車産業があわてたのは、アメリカの上下両院協議会が自動車排ガスに含まれる一酸化炭素、炭化水素を七五年一月以降一〇%、窒素酸化物は七六年一月以降一〇%それぞれ抑えなければならない、としたマスキー法だったといいます。「アメリカの厳しい基準に目の色を変えて技術開発に取り組み始めた」

第三章　西淀川の歴史と高度成長時代

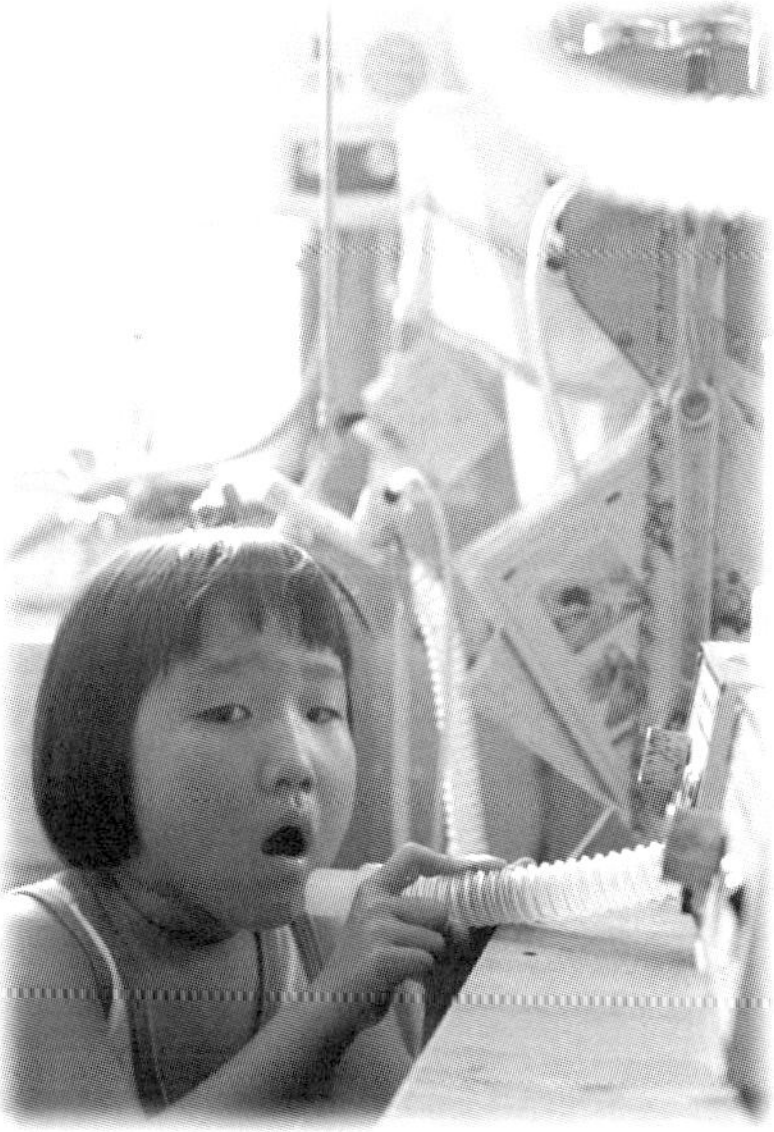

＊西淀川の原風景

〝公害のまち〟西淀川区とはどういう歴史を持ったまちだったのでしょう。西淀川の原風景を少しばかりたどってみましょう。

西淀川区は大阪市の北西端に位置し、一二五（大正一四）年四月一日に、大阪市の第二次市域拡張によって誕生します。その前は旧西成郡の一部で、鷺州町、稗島町、伝法町、福村、千船村、川北村、歌島村の七町村でした。新淀川が一八九八（明治三一）年五月から大改修工事を行ったことで、まちが開けていきました。現在の西淀川区は四三（昭和一八）年に東は東海道線、西は大阪湾、南は淀川（新淀川）、北は猪名川・左門殿川・中島川の区域で設定されています。公害発生源の工場との関係で見れば、南は此花区、北は兵庫県尼崎市に川を挟んで接しています。

地名には姫島、御幣島《みてじま》、中島、歌島、出来島など島のつく名前が多いように、いくつもの河川の中にまちが形成されています。

神崎川と左門殿川《さもんど》に囲まれた佃は、天正年間（一五七三〜九二年）に徳川家康が漁民に船を貸りた返礼に、納税・鑑札上の特権を与えました。大坂冬の陣、夏の陣の後に、彼らを江戸に招いて浅草川下流の鉄砲州周辺の開拓をさせています。その場所が漁民の出身地をとって佃島になったといわれています。ここで作られた保存用の塩漬けが佃煮の始まりとされていますが、元は大坂の佃周辺の川で取った貝を塩漬けにしていた技法が伝わったものです。

小山仁示教授によると、〇七（明治四〇）年三月公布のらい予防法と内務省令にもとづいて、東京、青森、大阪、香川、熊本の五府県にハンセン病の施設が設置されています。この時、大阪に設置されたのが「外島保養院」で、西成郡川北村（現西淀川区中島二丁目付近）の二万坪の土地でした。小山教授は「外島」の名にふさわしい『茅《ち》淳《ぬ》（大阪湾のこと）の浜辺の絶域（遠く離れた土地）』だったのである」と書いておられます。

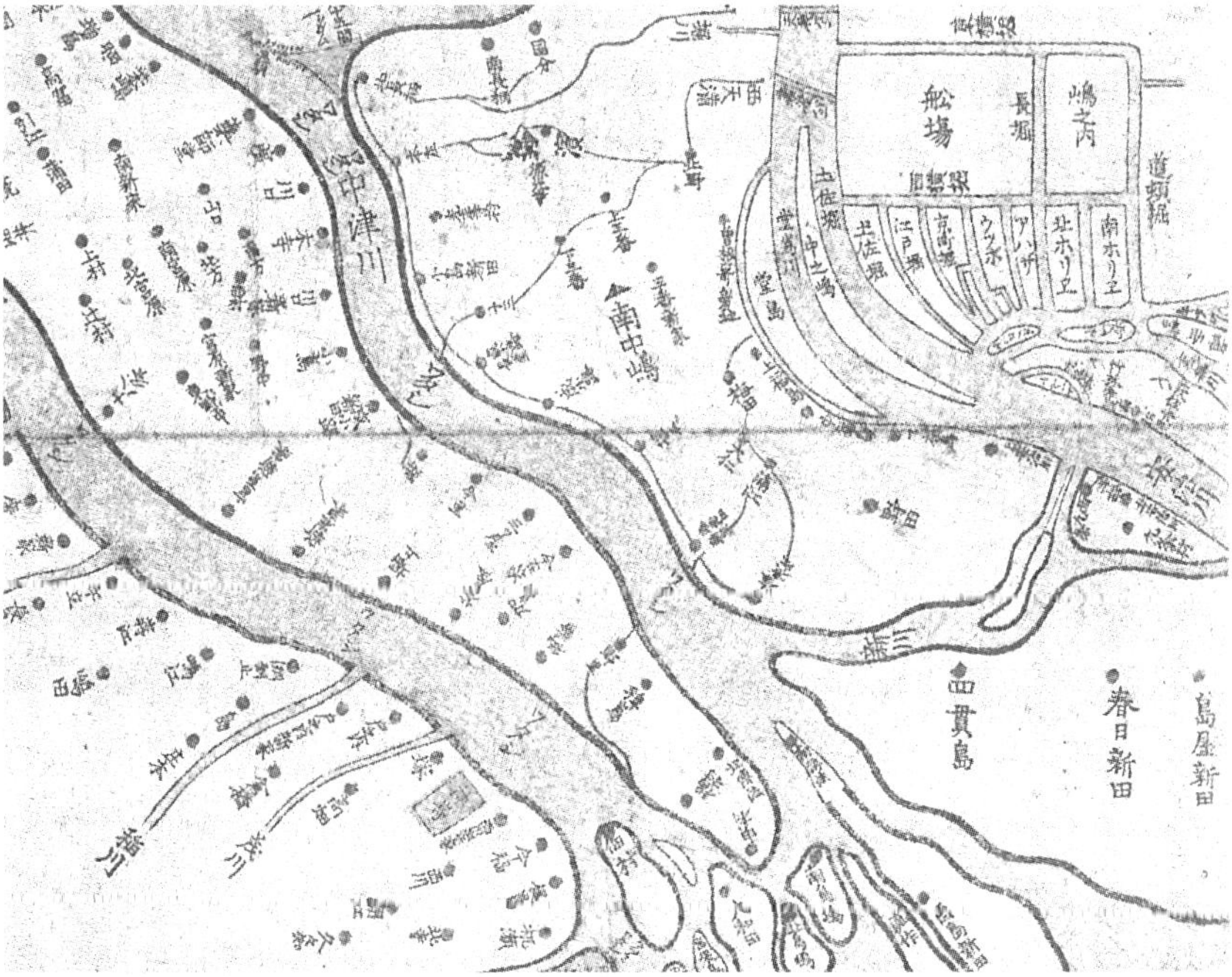

江戸時代の西淀川地図＝西淀川区史より

外島保養院の村田正太《まさたか》院長はハンセン病患者を人間として処遇し、患者の自治会活動や文化活動、スポーツを支援し、逃亡防止用の監視所を取り払い、ニーチェやカント、マルクスの書物などを揃えていたといいます。ところが、このような自治主義は当局の弾圧の対象（三三〈昭和八〉年の外島保養院事件）となり、村田院長の辞任で終止符を打っています。保養院は三四年の室戸台風で壊滅し、生き残った患者は各地に分散収容されていきました。そこで外島の患者は生活改善と自治権獲得のたたかいの中心になっていったそうです。

＊工場にとって恵まれた立地条件

二〇世紀初頭には「煙の都」といわれた大阪は、明治の中期から各種の製造工場が進出をはじめています。西成郡川北村には一八一八（明治一四）年に大阪鉄工所（後の日立造船）が進出。その後、金巾製鉄、大阪硫曹、東洋セメント、木管製造、汽車製造、大阪舎密工業の各社が進出。伝法村には浪華紡績、日本綿繰、大阪毛糸が、千船村には日本硫酸が、周辺の中津村、下福島村、西中島村、歌島村などにも工場が進出していきました。主に製鉄、機械、化学、染織などの工場群が操業していました。大正末期から昭和の初頭には工場と住宅地で一帯は飽和状態になっていました。

このうち、化学工場の日本硫酸が〇四（昭和三七）年に歌島、千船、川北の村民との間で有毒ガスによる公害問題を起こしています。これが西淀川での最初の公害問題になりました。同じ化学工場の伊藤硫曹（後の日本化学）は一七（大正六）年に福村や稗島でも住民からの立ち退き要請が出ています。その二年後には大阪精煉（後の古河鉱業）が大野町一帯に悪煙、悪水による農地、漁場への被害を出し、賠償請求されています。この件は大和田警察署長の斡旋で和解し、賠償とばい煙の防止設備を行うことで解決しています。

日本近代史を研究している大阪電気通信大学工学部人間科学研究センターの小田康徳教授の『阪神工業地帯の形成と西淀川の変貌』によると、西淀川地域は、まだ本格的な大工場が進出する立地条件ではありませんでした。むしろ此花区がその条件を満たしていました。しかし、中堅規模の工場が集積する地域としては最適だったようです。その立地条件はいくつもの川があったことです。もともと淀川の本流である大川（建設省の公式名称では「旧淀川」）、〇九（明治四〇）年に完工した新淀川（公式には「淀川」）があり、神崎川、中島川とともに大阪湾に注いでいます。工場廃水を処理しなければならない化学工場等が進出に意欲的だったのが分かります。

二六（大正一五）年には阪神国道（国道2号線）が開通し、翌年には阪神電鉄が国道を走るようになりました。西淀川、尼崎地区は大きく発展していきました。阪神伝法線（現西大阪線）は二四（大正一三）年に開通しており、国鉄東海道線（省線）も塚本駅を新設しています。尼崎と此花区の重化学工業地に挟まれた西淀川地域は、鉄道、道路、河川と橋の発達の影響を受けながら、工業都市へと大きく変貌していくことになります。

しかし、四五（昭和二〇）年三月一三日深夜から一四日にかけての大阪大空襲に続いて、六月一日、七日、一五日、二六日の四度にわたる大阪市周辺への空襲で、西淀川地域の工場群は大きな打撃を受け、終戦を迎えることになりました。

＊「煙の都」の復活　鉄鋼、重化学工場が次つぎ操業

小田康徳教授は戦後、西淀川や尼崎の大・中企業の復興は早かったといいます。尼崎では尼崎製鉄がすでに戦時中に合併していた尼崎製鋼とで尼崎製鋼所を発足させました。扶桑金属工業鋼管製造所（後の住友金属）も生産に拍車をかけ、ともに尼崎での大手鉄鋼業界の回復は順調でした。日本発送電尼崎第一、第二、尼崎東の各火力発電所は四七（昭和二二）年から四八年にかけて復旧し、五一（昭和二六）年から関西電力となります。三菱化成尼崎工場は五〇（昭和二五）年から旧姓の旭硝子尼崎工場となり、生産を開始しました。

戦後の経済を大きく前進させた筆頭は、朝鮮戦争による特需景気でした。その後の高度成長の基盤は、朝鮮戦争によってもたらされたと指摘する研究者もいます。尼崎ではさらに、大日電線、山岡内燃機、日本スピンドル、関西ペイントなどは生産が追いつかないほどであった、といわれています。特に、鉄鋼はこの時期の経済成長にとって重要な役割を果していました。

西淀川区では大阪製鋼、淀川製鋼、古河鉱業、南側の此花区では住友電工、住友金属、住友化学、日立造船、汽車製造、大阪ガスなどの巨大工場が活況を呈しています。朝鮮戦争が終わり、五五（昭和三〇）年以降になってくると、「神武景気」「岩戸景気」があり、重化学工業の比重が急速に高まっていきました。西淀川では大阪製鋼西島工場（後に大谷重工業と合併し、合同製鉄になる）が五〇（昭和二五）年に操業を再開。五七（昭和三二）年には中山鋼業出来島工場が操業。百島町の淀川製鋼が薄板の増産や圧延用ロールの生産をはじめ、尼崎、西淀、此花という一大重化学工業地帯になっていきました。

戦後経済の復興の過程は、「煙の都」の復興であり、公害の復活でもあったのです。大阪府の資料「大阪府の公害の概要」に紹介されている大阪管区気象台の調べでは、戦後の大阪のスモッグ（濃霧）年間発生数は四六（昭和二一）年が一一日、四七年が八日、四八年が一日、その後スモッグは増加して五三（昭和二八）には一九日、五四年は三一日、五五（昭和三〇）年は五四日、五六年は八八日を記録するようになりました。これが七年、八年後の六三（昭和三八）年、六四年には町中三〇メートル先までしか見えない状況になり、ぜんそく患者や慢性気管支炎の患者が続出していくことになっていきます。

こういう状況に対し、大阪府事業場公害防止条例が五〇年（昭和二五）年に公布されましたが、この条例は極めて企業側に温厚な内容でした。この条例がどの程度のものであったかと具体的にいえば、亜硫酸ガスの最高許容濃度（工場敷地境界線上の濃度）が一〇ｐｐｍという数値でした。四大公害裁判の四日市公害裁判の判決では「硫黄酸化物の濃度として〇・一ｐｐｍを越えると、健康に与える影響が問題になる」とされ、健康被害の認識基準となっています。さすがに大阪府の基準は五八（昭和三三）年には二酸化硫黄五ｐｐｍ、二酸化窒素五ｐｐｍになりましたが、これでもまったくお話にならない基準でした。根本には産業発展の妨げにならないようにする考えがあり、企業サイドに立った条例でした。六六（昭和四一）年になって、やっと二物質はともに一・五ｐｐｍになりました。

小田教授は「日本では明治時代から鉱毒や硫酸使用による対策を先人が研究しており、大正時代にはコットレル式集塵装置を工場はつけていました。浅野セメントなどはコットレル集塵機をつけたおかげで、住民からの苦情を解決し、廃業を免れた歴史があります。硫黄酸化物による公害防止対策は戦前からありました。大阪府衛生部環境衛生課は五〇（昭和二五）年から五一（昭和二六）年にかけて調査した『公害問題処理状況』を発表しています。これは府下の工場の排出物と対策を調査したもので、行政も対応をとっていたのです。それが戦後の経済復興、高度成長時代へと入っていき、人間の生活環境よりも経済発展を優先する政策に切り換えられてしまったのです。先人による公害防止対策の教訓は葬り去られ、新たに防止対策を発展させることさえしませんでした」と指摘しています。

そんな話を聞くと、要するに企業は防止対策がありながら、防止装置をつけるとコストがかかるものだから、つけないでたれ流していたことになります。まったく、それによって被害が出て同じ人間が苦しんでいても構わないという論理です。今日、問題になっている地球温暖化問題も同じです。温暖化の要因となっているCO_2（二酸化炭素）を減らすことは技術的には十分可能です。経費がかかるから実施しないだけの話です。

＊高度成長時代と西淀川

五五（昭和三〇）年前後には、日本経済は高度成長期を迎え、主要産業では巨大企業による市場支配が確立していました。鉄鋼、化学、機械、金属、電機産業、自動車等がそうで、設備投資に資金をさき、市場拡大にしのぎを削り、利益を蓄積していきました。その一方で設備投資に対する金利の負担が大きく、労働者の賃金をはじめとするコスト削減策が計られていきました。当然のごとく、利益を生み出さない公害防止には力を入れませんでした。国や自治体の規制に対しても政治力を使って緩和させる始末です。国や自治体でも「公害が出るからといって産業の発展を抑えるわけにはいかない」といった答弁が堂々と罷り通っていました。

大阪府の赤間文三知事は五九（昭和三四）年の二月定例府議会で「世界的大産業都市大阪の建設」推進のために、今後、第2阪神国道、名神高速道路、阪奈道路などの道路網と大阪・堺両港を整備し、大臨海工業地帯の造成をして重化学工業を誘致する」という大阪の高度成長政策を明らかにしています。この政策は基本的に次の左藤義詮知事に引き継がれ、実施されていきました。

関西電力尼崎発電所

これらの政策にもとづく大阪湾沿いの工業地帯の発展は、大阪、尼崎、堺など臨海都市部の公害をいっそう深刻化させていきました。五八（昭和三三）年度には、大阪府内の公害陳情申し立て件数は一〇〇〇件の大台を突破してしまいました。公害の内容は騒音、振動から粉塵、ばい煙、悪臭ガス、廃水、などで、多くは中小零細企業によるものでした。これらの中小零細企業の公害は加害者と被害者の関係が特定しやすく、行政を介して両者の話し合いで改善できるものが多かったようです。しかし、一方で広域的な複合した公害がより顕著になってきたのがこの時期の特徴でした。特に石炭から石油へのエネルギー転換に応じた亜硫酸ガスの濃度が六三（昭和三八）年を契機に増加していきました。また、自動車の激増が大気汚染の重大な発生源になっていきました。

先述した大阪管区気象台によるスモッグの年間発生日数は、五五（昭和三〇）年以降急増し、五六（昭和三一）年の八八日、六〇（昭和三五）年には一六〇日を記録しました。その後は一〇〇日から一二〇日前後を推移しています。これらは大阪全体の話であって、西淀川や此花、大正区ではスモッグのため、昼間から自動車はライトを点灯して運転している状態でした。

西淀川区史によると、五五年以降、市民の公害に関する苦情が急増し、大阪市が受理したばい煙、有毒ガス、粉塵など大気汚染に関する苦情は五八（昭和三三）年は二五六件、五九（昭和三四）年は三〇四件、六〇年は四三八件にもなっています。新聞やテレビも大気汚染の問題を頻繁に報道しました。

＊一日も住みたくない地域

六一（昭和三六）年三月九日付け「毎日新聞」朝刊は、連載「あすをどう生きる　開発は進む　その2」で「ばい煙」をとりあげています。西淀川特集といってもよく、公団出来島団地のテレビアンテナが一年でポロリと折れ、バラバラになってしまったのは亜硫酸ガスのせいで、「よくまあ、こんなところで一年も住んでいたものだ」との住民の声を紹介しています。「勤務先の関係さえなければ、一日もこんなところにおりたくない」「出来島の上空に黄色い煙が立ち込めている。あそこに帰るのかと思うと足がすくむ」といった声が紹介されています。

同じく六一年六月一五日付けの「朝日新聞」朝刊の「もの申す」欄に、出来島公団の公害について苦情を述べている投書に対して、大阪市衛生局の平山環境衛生課長は「調査の結果、おっしゃるカッ色の煙は大阪製鋼株式会社（七七〈昭和五二〉年六月から合同製鉄）から出るもので、過酸化鉄の粉を含んだもので有毒ガスは少ない」「刺激性のガスは、この付近には硫酸製造工場や酸とり扱い工場が密集していますが、それぞれの工場については多量のガス排出は認められませんでした」などと回答しています。行政はこの程度の認識でしかありませんでした。

厚生省は五五（昭和三〇）年、公害防止立法（生活環境汚染防止基準法案）の国会提出の準備に入りましたが、財界や通商産業省の反対で流産しています。公害に関する最初の法律は五八（昭和三三）年一二月の公共用水域の水質保全に関する法律と工場廃水等の規制に関するいわゆる水質二法でした。大気汚染対策としては、六二（昭和三七）年一二月、ばい煙の排出の規制等に関する法律が施行され、大阪市、堺市などが指定地域になっています。この法律も自動車の排ガス規制はなく、ザル法といわれていました。六七（昭和四二）年に公害対策基本法が成立します。この法律には「国民の健康、生活環境及び財産を公害から保護する」ことを目的としていましたが、経済との調和条項が入り、またもや骨抜きにされてしまいました。

大阪府は六一（昭和三六）年四月に商工部に公害課が設置され、六六（昭和四一）年四月に企画部公害室の設置に伴って、公害行政は移管されました。一方、大阪市は六三（昭和三八）年六月に総合計画局公害対策部を設置。六六年七月には衛生局環境衛生課に公害防止係が設置されました。七一（昭和四六）年には環境保健局を新設し、環境行政の一元化をはかっています。

西淀川区史はさらに、大阪市の行政指導によって各区のばい煙発生工場や事業場が自主的にばい煙防止会を作り、ばい煙防止月間を実施したとしています。市衛生局は六〇（昭和三五）年に市内一五カ所で降下ばい煙を、三二カ所で亜硫酸ガスの測定を実施。調査で特に問題点になったのが西淀川でした。

厚生省の委託事業として大規模な大気汚染公害調査が六四（昭和三九）年から六九（昭和四四）年にわたって実施されました。その結果は「市東南部の東住吉区平野地区は気管支炎発生率が一〇〇人中同二・四人であったのに対し、西淀川区は七・七人～九・二人で平野地区の約四倍だった」と記しています。ちなみに、西淀川区の大和田町で一〇〇人中八・二人、出来島町九・八人、佃町一〇・一人、福町一二・一人、百島町一七・一人となっています。

関西電力尼崎発電所の６本煙突＝1964年３月

西淀川に公害被害者が集中した理由は、①住宅が区内の工場の風下に位置しており、大企業の隣接工場群（尼崎）の風下にあること②鉄鋼、化学工業等の工場が集中している③事業規模の関係で、公害防止の自己規制を行う設備能力不十分で、燃料（重油）及び製造過程で使用される硫化鉄、硫酸ミストなど硫黄分が大気中に多量排出している、などがあげられます。

区内の小学校では児童が登校すると、うがいをさせたあと、すぐに空気清浄器のある教室に入れ、校庭にはできるだけ出さないようにしていました。ぜんそく発作で授業をまともに受けられない重症児童が多く、川北小学校では運動会を二日に分けて、児童の体力の消耗を極力減らさないようにしていました。

第四章　患者会の結成と公健法制定

＊公害患者と家族の会結成へ

六九（昭和四四）年一二月に公布された「公害に係る健康被害の救済に関する特別措置法」が翌七〇（昭和四五）年二月から施行され、西淀川区や川崎、尼崎、四日市、富山が大気汚染緊急対策地区に指定されました。内容的にも医療費、医療手当、介護手当が支給されましたが、生活補償や休業補償はありませんでした。

公害患者を認定する検査を委託された西淀川医師会は、公害被害者検査センターを勤労者厚生協会・千北病院におきました。受付けに私が座って検診を勧めたのは先述した通りです。

千北病院には田中千代恵臨床検査技師がいて、患者会結成に向けた話し合いを何度

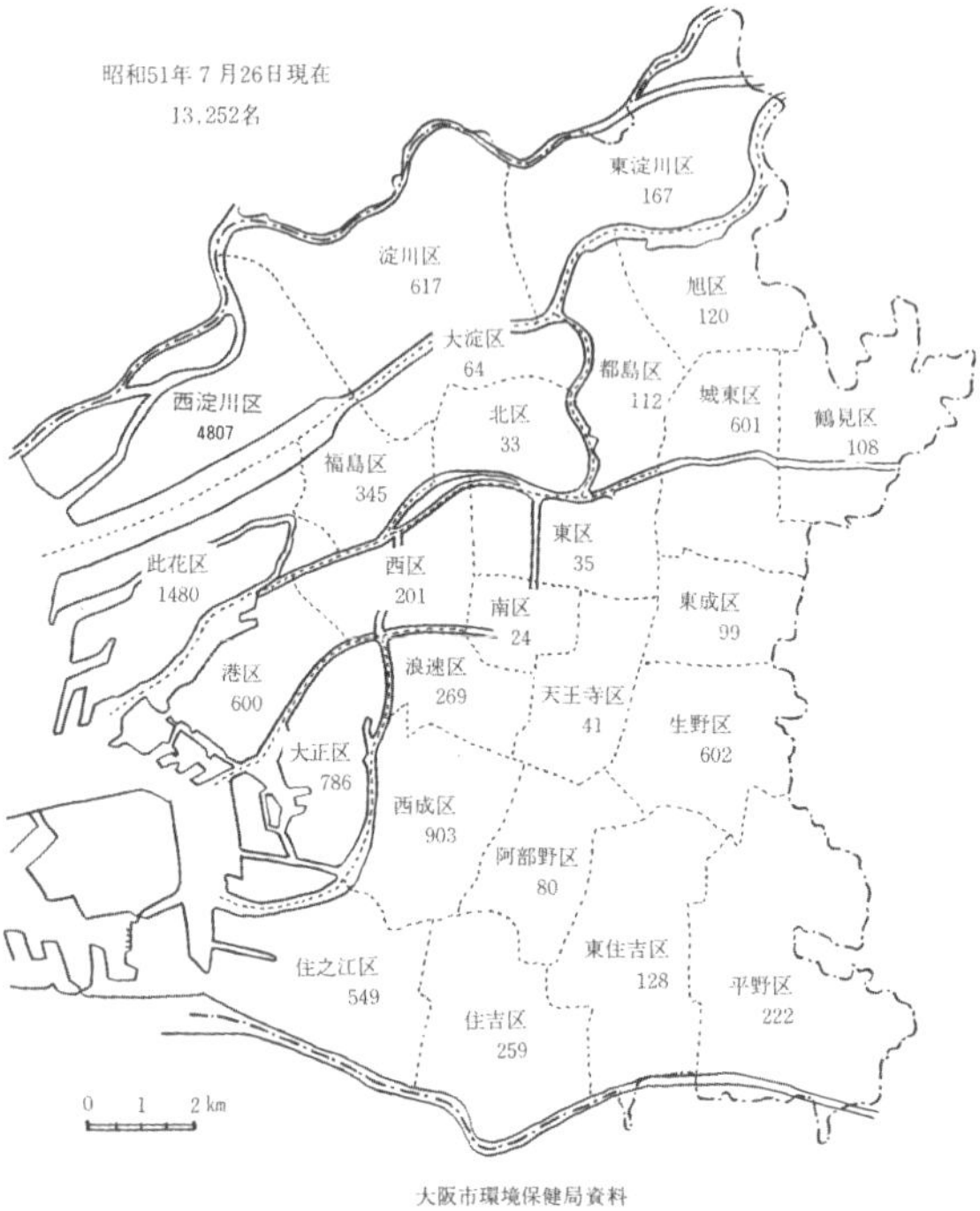

大阪市環境保健局資料

も行いました。七一（昭和四六）年暮れに大阪市立加島小学校の教諭で認定患者でもあった浜田耕助さんにも参加してもらい、認定患者の有志を集めて各地区ごとに二人ずつ世話人を選んでいきました。認定患者の名前は全部知っていたし、地域の道角ごとにマイクで会の結成を呼びかけました。およそ三〇〇カ所ぐらい訴えました。当時は「公害なくせ」との声が圧倒的で治療費の問題や被害者の救済については考えが及びませんでした。翌七二（昭和四七）年四月に世話人会を開いて準備会を立ち上げ、浜田さんが会長に、私が事務局長になって、秋には患者会を発足させることを決めました。

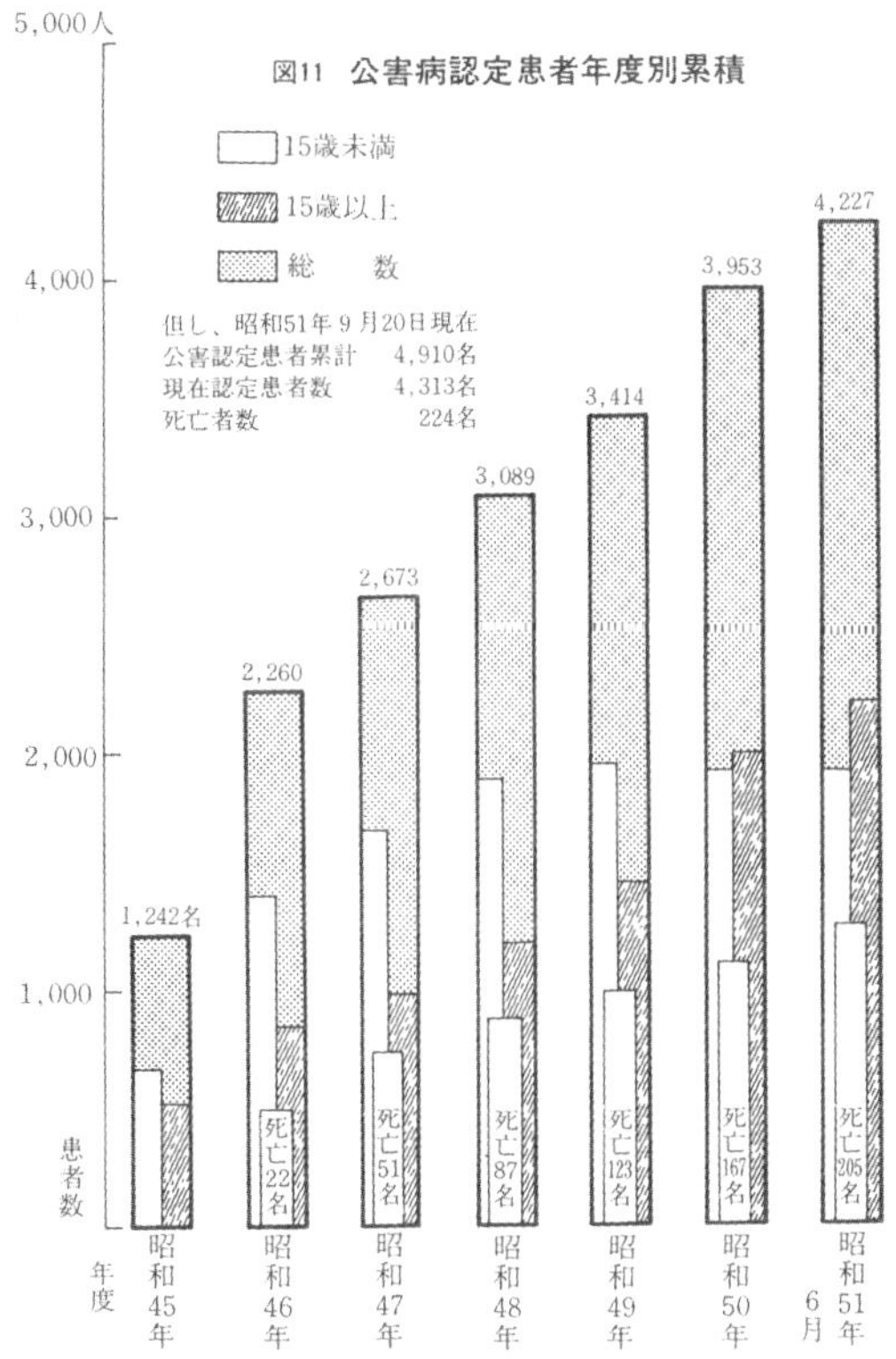

図11　公害病認定患者年度別累積

被害実態

六七（昭和四二）年九月　日に三重・四日市市の公害病患者が四日市昭和石油など六社を相手に損害賠償を求める四日市公害訴訟を起こし、七二（昭和四七）年七月二四日には原告側の訴えを全面的に認める総額八八〇〇万円の損害賠償を命じる判決が出ました。この判決は全国の大気汚染公害に悩

みんなの力で西淀川に青空と健康を

「西淀川公害患者と家族の会」結成総会を成功させよう‼

◆ 公害患者と家族の方で入会のまだの人はすぐ入会を‼

◆ 入会した人は互にさそい合つて総会に参加を‼

◆ 区民のみなさんは総会の成功と運動のご支援を‼

わたくし達西淀川の公害患者と家族は、世話人会、準備会と「会」発足のために準備をかさねて、いよ〳〵 **十月二十九日午後一時ヨリ大和田小学校** で結成会を開くはこびになりました。

結成総会では、運動えの第一歩として、次のわたくし達の当面の要求を話し合います。

一、企業と行政は、四日市裁判の判決の立場に立て

二、いおう酸化物、チッソ酸化物、光化学スモッグ の身体に対する安全な基準を一日も早くきめ、規制と具体的対策をたてて早く空気をきれいにせよ

三、公害患者に被害補償を行え

　イ 死亡者に対する補償　ロ 生活補償　ハ 損害補償　ニ 移転補償

　ホ 公害患者の六十%をしめる子供の被害に対して充分な補償などの補償要求に対し、企業と行政は積極的に交渉に応ぜよ

四、救済の諸制限をなくし、企業と行政は救済を拡充せよ

五、公害の増大するおそれのあるものはやめよ

　イ 外島地域の企業団地の指定取消

　ロ 航空燃料基地と輸送パイプライン計画の中止

　ハ 公害防止対策のない高速道路の建設中止

六、淀川神崎川の水を早くきれいにせよ

七、住民に企業内立入り調査の権限を認めよ

八、公害患者の子供に予防接種を実施せよ

わたくし『西淀川公害患者と家族の会』の結成総会の成功と以上の要求を進めていく運動は西淀川や大阪全体の公害をなくしていく上に大きく貢献するものと考えています。

◆ みんなの力で成功させましょう‼

「西淀川公害患者と家族の会」準備会

西淀川公害患者と家族の会への入会呼びかけのビラ＝1972年10月

む被害者を勇気づけました。四日市訴訟判決の意義については後述しますが、被害者救済の思想はまだ、患者たちには希薄でした。会を結成する前から四日市判決は頭の中にありました。いつかは国や企業とたたかわねばならないだろう、と。しかし、結成前に患者さんに話すのはまだ時期尚早と思っていました。

四日市判決から三カ月後の一〇月二九日、大和田小学校講堂で西淀川医師会の協力を得て、「西淀川公害患者と家族の会」を結成しました。結成大会への呼びかけのビラ（西淀川区千舟一の一の一にある、あおぞらビルの「西淀川・公害と環境資料館」に展示）は、「西淀川公害患者と家族の会」準備会

名で「みんなの力で西淀川に青空と健康を　『西淀川公害患者と家族の会』結成総会を成功させよう！」という見出しで、「公害患者と家族の方で入会がまだの人はすぐ入会を」「入会した人は互いにさそい合って総会に参加を」「区民のみなさんは総会の成功と運動のご支援を」と呼びかけています。当時の認定患者は二六五二人（うち死亡四二人）。結成に賛同したのは四一二世帯で、当日の参加者は二五〇人でした。

＊公害被害者は生きる灯火《ともしび》、励ましと助け合いで生き抜く

患者会結成では西淀川医師会の協力がありました。「患者の立場にたって診療する」ということで、公害患者の認定や患者を組織するうえで相談に乗ってもらったり、随分協力していただきました。結成総会会場の立て看板は千北病院で作りました。それを一級認定患者の辻博さんが、途中で何回も休憩しながら会場まで運びました。私はその後ろを両手に荷物を持って歩いていました。何人かが辻さんが立て看板を持つのを見かねて交代しようと声をかけましたが、本人は頑として運び続けました。それを見ていて、「症状のひどい人ほど動くもんだな」と思いました。

なぜでしょう？

「苦しみは自分だけでいい。子や孫にそんな思いをさせたくない」という願いでやるから、結果として死ぬまで生涯としての運動になっていくのです。灯火を消さないために周りは運動します。それは被害

者をどう守っていくかということにつながっていきます。灯火を消さない運動のためにも、被害者を組織していくことが大事です。被害者というのは、仲間を守っていく〝生きる灯火〟であり、運動をしていく上での灯火なのです。被害者が加わっていない運動は、被害をなくすためにというより政治的要求で動き、被害の深刻さから過激になりやすい傾向があります。被害者をきちんと掘り起こし、救済し、さらなる被害者を出さないような環境をつくっていくという位置づけが大切だと思います。運動はしんどいものですが、被害のひどさ、深刻さをとことん訴えて、周りを巻き込んで社会の認識を変えていく先頭に被害者が立たなければ、被害の本当の実態は伝わりません。

辻さんは早く亡くなり、原告団に名前を連ねていませんが、その後の運動で辻さんのような方がたが次つぎと現れ、患者会の核となって支えています。現在の患者会の役員は三代目と四代目にあたります。

西淀川公害患者と家族の会の結成総会＝1972年10月

結成総会会場は熱気に満ちていました。認定患者はそれまでバラバラに生きてきましたが、これからは力を合わせ、ともに生き抜こうという決意がそれぞれの会員の表情に表れていました。患者が結束し、被害者としての権利を守り、被害をもたらした企業の責任を追及するのが会結成の大きな目的でした。患者会の組織は四日市、川崎、尼崎についで四番目となります。大阪府ではその後、堺、住之江、此花区などで患者会が組織されていきました。

西淀川公害患者と家族の会の目的は、簡潔、平易に次のようにうたっています。

「公害患者が互いに励まし合い、助け合い、よい医療を要求していくとともに、いのちとくらしを守っていくことを目的とします」

この目的は今も修正していません。

会長には大和田在住で淀川区加島小学校教諭の浜田耕助さん（四四）、副会長に柏里で印刷業を営んでいた大島義夫さん（六二）と福町でメタル加工業を営んでいた実藤雍徳《じつどうやすのり》さん（四一）の二人、事務局長は健康を守る会事務局長で千北病院職員の私、森脇君雄（三七）が選ばれました。事務局員には大和田の竹内寿美子さん（四二）が入りました。会長、副会長の三人は一貫して会の指導を続け、それぞれ死去するまで責任をまっとうしました。お互い悪口は一切いわないようにしました。

浜田会長は信念を通す人でした。患者会の象徴的な存在で、患者会の「顔」となりました。会長の誠実でまじめな態度は全国の患者会代表としての風格があり、小学校の父母たちの信頼も厚いものがありました。会長として運動体の代表としてどこへ出てもきちっと筋を通す人だったので以後、公式の場では会長が対応し、行政や企業との交渉や実務は事務局長が担当しました。人の世話をいとわずにやっていた実藤さん、裁判賛成の積極派だった大島さんも会長をもり立て、絶妙の連携を保ちました。

総会の議案では当時の西淀川の公害の現状を次のように分析しています。

「空気は今でも汚れがひどく、健康に害を与えています。私たちの公害の原因となっている硫黄酸化物は、以前に比べて低くなってきていますが、身体に安全だといわれている濃度に比べると二倍以上の汚れになっています。硫黄酸化物より害が多いとさえいわれている窒素酸化物は、最近では安全値より四倍になっています。とくに窒素酸化物は取り締まりも除去装置もなく、まったく野放しの状態にあります。光化学スモッグの発生は年々増え、今年は昨年の二倍三〇〇〇人以上の被害が出ています。この原因は自動車の排ガスと工場から出すガスのためです」

総会で採択された決議文は被害の実相を述べた上で「今、この苦しみ、この不安、この生活の圧迫、そしてこの憤りを持って集まり、『公害患者と家族の会』を結成しました。私たちは一日も早く病気を治し、明るい家庭を取り戻し、生命と健康、くらしを守る環境の中で生活できることを願っているのです」と述べ、行政と加害企業に公害被害者の救済と企業の汚染物質排出規制など六項目にわたって求めています。

このころは「公害」という言葉が一般に定着し、水俣病やイタイイタイ病のように地域的な公害ではなく、大気汚染は全国の上空を覆っていたため、公害といえば一般的には大気汚染を指していました。光化学スモッグは公害の代名詞のような言葉になり、健康な人でも光化学スモッグ注意報が出た日は外出をできるだけ控えたものでした。自動車の排ガスと道路対策も急務になっていました。現状分析では、「公害源となる危険な高速道路」として次のように述べています。

「西淀川区に新しい高速道路の計画が立てられ、すでに阪神、西宮線は着々と準備が進められ、湾岸線及び西淀川線を縦断する高速道路も計画されています。これらの高速道路ができあがると、西淀川は二本の阪神国道、高速道路の池田線、西宮線、湾岸線、縦断線と道路に囲まれ、排気ガスの溜まり場になります。高速道路による被害調査では、付近の住民のほとんどが騒音、振動、排ガスにより人体や家屋被害を受けています。私たちは公害源となる高速道路の建設を許すことができません」

革新系の黒田了一府知事は、大阪から公害をなくすために人間優先の立場で公害防止のための対策を強化し、患者会は大きな期待を寄せました。七三（昭和四八）年三月七日には大気汚染の二大元凶である硫黄酸化物と窒素酸化物の規制に「環境容量」を取り入れることを決め、具体的基準値を発表しました。「環境容量」は汚染物質を濃度面だけでなく、排出総量面でも規制する考え方で、八一（昭和五六）年に目標の基準値を達成させるというものでした。削減は硫黄酸化物を八五・六%、窒素酸化物を七六・三%にするもので、国の基準より厳しい規制でした。

九月には公害全般にわたっての政策を進める総排出量規制「大阪府環境管理計画」（ビッグプラン）を策定し、三月に発表した通り硫黄酸化物八五・六％、窒素酸化物七六・三％削減させる抜本的基準を明示しました。また粉塵、一酸化炭素、炭化水素、光化学オキシダント、水質、悪臭、航空機騒音、軌道騒音、地盤沈下と公害全般にわたって基準値を示し、公害防止の方向を打ち出しました。この計画は全国的に大きな影響を与え、政府としても公害物質の総排出量規制と基準を取り入れなければならない事態になっていました。

＊四日市公害訴訟判決の意義とは

戦後の公害の原点は四日市にあるといわれています。四日市のコンビナートは戦後の高度成長の申し子であり、代表です。当時、原告側の証人として亜硫酸ガスの対策史や企業の立地条件などについて法廷に立った大阪市立大学の宮本憲一助教授（後に滋賀大学学長）は、『公害と住民運動』（自治体研究社刊）で「戦後、重化学工業の発展の中心になったのは、鉄鋼・石油関連工業と電力業を結びつけたコンビナートである」と指摘しています。最初は五八年ころから異臭を漂わせた魚が獲れはじめ、六〇（昭和三五）年から「四日市ぜんそく」と命名された公害病が蔓延するようになっていきました。患者は突然、ぜんそく発作に見舞われ、呼吸困難を起こし、息を吸うことも吐くこともできないような状態になっていきました。原告被害者住民は、六七（昭和四二）年九月にコンビナートを形成している昭和四日市石油、三菱油化、三菱化成工業、三菱モンサント化成、中部電力、石原産業の六社を公害病の原因企業として訴えました。

原告側は提訴から四年一〇カ月ぶりの七二（昭和四七）年七月に全面的な勝利判決を勝ち取りました。その意義は、第一に、四日市ぜんそくのメカニズムが一〇〇％わからなくても、ぜんそくの原因が工場の排出している亜硫酸ガスであることが証明されれば法的因果関係としては十分であるとし、疫学的因果関係立証法を定着させたこと。第二に、コンビナートを形成している企業集団は、共同で工場進出し、資本的にも相互関連し、共同の企業活動を営んでおり、このような集団が不法行為をしたときは、共同して責任をとらなければならないとする共同不法行為の成立を認め、賠償責任があるとしたこと。第三に、工場立地にあたって、住民の生活環境への影響を事前に調査することは当然であり、してこなかったことに対する過失を認めたこと。第四に、判決を受けて国や自治体の大気汚染規制に重要な前進的変化をもたらしたこと――です。

公害の原点といわれた四日市の大気汚染

判決が共同不法行為の成立を認めたことは、日本のコンビナート都市はもとより、大都市や工業都市における工場群の複合汚染を訴えることができるようになったことを意味しています。これは西淀川や尼崎、川崎等の大気汚染で苦しむ住民にとって、大きな支えとなるものでした。

しかし、西淀川にあてはめてみると、四日市のコンビナートのように企業が特定できるかどうかで難しさがありました。裁判をするとすれば、加害企業の特定が最大の焦点になりそうでした。さらに、四日市訴訟は住民側の完全勝利でしたが、勝利しても工場の煙はもくもくと上がっており、ぜんそく患者を減少させることはできませんでした。加害企業の操業差し止めなり、公害防止対策を施させねば公害の撲滅にはつながらない課題を抱えていました。

＊対大阪市交渉で初の成果

七三（昭和四八）年九月二三日に開いた第二回総会では、「公害をなくす運動」に重点をおくことを決め、「公害をなくすためには、公害源において防止することを建前とし、公害企業及び市との交渉も合わせて行う」と、大阪市や企業との直接交渉を行うことを決議しました。そして、重点活動として①硫黄酸化物は燃料の質と除去装置の有無によって排出量が決まるため、企業交渉と市当局の規制強化、指導監督の交渉を進める②大阪市の七〇年度の窒素酸化物の三〇％が自動車排ガスであり、従って高速道路の建設再検討を要求していく③部分的地域の公害企業の苦情に対しては、付近の住民と協力し合って防止の運動を進める④広域汚染の性格を持っている公害の現状から、大阪（府）から公害をなくす運動に積極的に参加する――の四点を確認しました。

患者会はまず、公害をなくす運動から取り組みはじめ、大阪市に対する行動を起こしました。七三年三月には西淀川区の大気汚染に関与していると見られる企業責任について、大阪市の見解をただすために患者ら二〇〇人が市庁舎ロビーに座り込みました。ロビーは狭く、長時間の座り込みに患者は倒れ、注射と薬を飲みながらたたかいました。民生常任委員会は患者らの要求を受けて、企業拠出金による市独自の患者救済制度を実施するための検討をはじめました。これはすでに一月から川崎市や尼崎市で実施されており、大阪市が出遅れていたものですが、患者会の要求でしぶしぶ重い腰をあげざるを得ませんでした。環境保健局長名で「四月一日から実施する」と患者らに約束しました。

大阪市の庁舎ロビーに座り込んで交渉（左端は激励する沓脱タケ子市議）＝1973年３月

大阪市との交渉後、西淀川区役所で再度交渉する患者会＝1973年５月

ところが、五月になっても実現しなかったため、五月一四日に三〇〇人を動員して西淀川区役所前で再度交渉を続けました。さすがに市も六月から「公害被害者の救済に関する要領」を実施しました。これは国の特別措置法による認定患者で西淀川区内に住む患者を対象に療養生活補助費、療養手当て、死亡見舞金、入院補助金を支給する内容でした。財源は区内に所在する硫黄酸化物の排出量の多い一〇社の事業所から拠出させました。患者会は初の大きな成果をあげました。

大阪市との交渉の結果、大阪市の委託による「公害患者と家族の慰労行事」を七月二五日から二七日までの三日間、滋賀県近江八幡市で実施しました。子どもたちを中心にしたレクリエーションで、琵琶湖での水泳を楽しみました。日帰りで三日間、順繰りに子どもと付き添いの家族が参加するもので、三日間でバス二四台、参加人数は一二一〇人という盛況ぶりでした。この行事は翌七四（昭和四九）年五月六、七日の箕面スパガーデンでは「公害患者の健康回復事業」として位置づけられ、二日間（日帰り）で一二三〇人が参加しました。

三年目からは患者会独自に一泊二日の慰労・療養旅行を何回か実施し、加害企業との和解後は「転地療養旅行」として制度化しました。患者と家族に好評で〇五（平成一七）年までは年二回実施してきました。しかし、患者の高齢化で「転地療養には行きたいけど、身体にきついので、（デイケアサービス）施設を利用したい」という声が多くなりました。このため、〇六（平成一八）年から年一回にし、一二月四、五日に第二一回転地療養旅行として和歌山・南紀勝浦方面に行きました。

次の運動は、公害指定地域の拡大と西淀川区以外に患者会の組織をつくることでした。そのため、此花、城東、住之江、堺など、いろんな地域へ組織づくりに回りました。同時に、汚染企業に責任をとらせるため、関西電力や大阪製鋼などに「公害企業は責任をとれ、被害賠償を行え」と抗議に行きました。国に対しては「制度をつくれ」と川崎の公害患者団体と共同で要望書を提出しました。

私たちの運動に対し、福島区の医師会長が「患者会は医者でもないのに医学を持ち出して患者を誘導し、組織している」と批判してきました。これに対し、「私たち患者が運動して作った法律なので患者に広げるのは当然である」と反論しました。これらが公害健康被害補償法ができる前の運動でした。とにかく、国の制度ができるまでは総合的な運動というか、あらゆるところでいのちがけの運動を繰り広げました。その結果、西淀川から大阪市全域が公害指定地域に拡大され、さらに堺、東大阪、豊中、吹田、守口の地域にも広がって行き、患者会もこれらの地域につくることができました。

七五（昭和五〇）年七月ころから大阪連絡会結成にむけての相談会が始まり、各地で組織化が進むなか七六（昭和五一）年一月二六日に「大阪公害患者の会連絡会準備会」が発足し、事務局は西淀川、堺、住之江、福島の患者会が担当することになりました。連絡会結成まで一三回の会議と七回の事務局会議を開き、同年六月には第一回全国公害被害者総行動デーに一五〇人の代表団を東京に派遣するなどの活動を展開しています。

七七（昭和五二）年四月三日、被害者が多発していたのに市長と市議会が地域指定を拒否していた高石市で「大阪公害患者の会連合会」の結成大会を開催しました。これには府下一七の患者会から一〇〇人が参加しました。役員は会長に西淀川の浜田耕助氏、事務局長代行に堺の佐野久雄氏（副会長兼務）、副会長に大正の長瀬次晶氏を選出しています。

大阪公害患者の会連合会結成大会＝1977年４月

＊公害健康被害補償法の制定

四日市判決は公害患者に大きな勇気を与えましたが、国や企業にとっては大きな衝撃となりました。大気汚染による公害患者は全国的に増えており、西淀川はじめ各地で患者会結成への動きが加速しました。行政も被害者救済と汚染物質の排出規制に力を入れるようになっていきました。これに対し、電力会社や製鉄、石油化学会社などは裁判に訴えられるのを恐れて、先手で対処しようと画策を始めました。これら大手の電力や重化学工業は日本の経済界を代表する経済団体連合会（経団連）の主要メンバーでもあり、国と同一歩調をとることは可能でした。

経団連と国は企業負担金による患者救済制度を確立する方向の検討に入りました。西淀川の患者会準備会の役員は七二（昭和四七）年一〇月一二日付け新聞で注目すべき記事に気がつきました。環境庁が患者救済のための新法をつくるために実態調査を行う、という報道でした。この新法が後の公害健康被害補償法（公健法）で、被

公健法制定後、前尾繁三郎衆院議長に要請する患者会＝1974年４月

害者への損害賠償補償制度であることを知った役員は、患者会発足後の一一月一四、二一の両日にわたって大阪市に説明会を開かせました。一二月三日には、「公害による損害賠償補償制度創設にあたっての請願」を提出しました。

七三（昭和四八）年二月、環境庁は政令作成の資料として西淀川で三二〇人の健康被害調査を行いました。西淀川区では六四（昭和三九）年から六九（昭和四四）年の大気汚染公害調査以来の実態調査でした。七月一一日には中央公害対策審議会（中公審）の給付小委員会に浜田耕助会長が出席し、請願内容やそれぞれの要求内容を確認した後、同三〇日には環境庁で事務レベルでの交渉が行われました。

環境庁は「患者の等級を決める場合には、患者の実態を把握するために主治医の意見を尊重、医学的検査を参考資料に入れる」と患者会の要望に沿った見直しを行っていました。しかし、地域指定については、「法律の実施時の九月は現在の指定地域の範囲とし、その後、拡大を検討する」との姿勢でした。疾病の拡大については、続発症としていくつかの病名をあげて考え方を示すが、認定疾病は現在の気管支ぜんそく、慢性気管支炎、肺気腫、ぜんそく性気管支炎の四疾患以外増やさない。給付水準は八〇％とする。子どもの補償手当ては参考とするものがなく、非常に難しく、検討中である。男、女の差が大きいという意見もあるが、同じにすると全国平均賃金を基礎とするので男が非常に低くなる――という内容でした。

七三年に入って、川崎の患者会とともに全国の患者組織に呼びかけたうち、倉敷、愛知、東海、富士、堺の各会が集まって環境庁にまだ煮詰まっていない課題について意見を述べました。児童手当てについては、国側は子どもに金を出すべきではないとする意見でしたが、治療費は大人も子どもも同じだというこちらの主張を押し通し、法案に反映させることができました。当時の環境庁の橋本道夫企画調整局環境保健部長はなかなかの人物でした。私たち代表団に弁当を支給して、ともに食事をしながら話を聞いてくれました。被害者にこのような行為で接したのは橋本さんが初めてだと思います。後日、橋本さんにお会いした時にそのことをいうと、「患者さんの実態をきちんと捕捉する必要があったからです」という答えでした。

公健法のたたき台が固まりましたが、これに東京都が反対しました。健康保険や社会保険の適用を受けない公害医療として別枠の治療だったから、医師会内部でも意見がわかれ、法律の成立が半年遅れてしまいました。しかし、環境庁は私たちの意見を取り入れてくれました。

七三年一〇月五日、「公害健康被害補償法」（公健法）が制定されました。公健法の目的は「事業活動その他の人の活動に伴って生じる相当範囲にわたる著しい大気の汚染または水質の汚濁の影響による健康被害に係る損害を補償するとともに、被害者の福祉に必要な事業を行うことによって健康被害に係る被害者の迅速かつ公正な体勢を図る」としています。

補償を受ける要件として地域の指定があり、第一種は大気汚染の非特異性疾患、第二種は水質汚濁による特異性疾患＝水俣病などで、そこに居住要件が加わって初めて被害者と認定されます。補償の給付は療養、障害など七種の手当てが設定されていますが、中核となる障害補償費は最高でも全労働者の平均賃金の八〇%に抑えられ、年齢別、男女差で格差があります。費用負担は汚染負荷量賦課金八、自動車重量税引当分二の割合の汚染者負担となっています。第二種は原因者（例えばチッソ）が負担します。

補償金は現被害者のみで、過去の死亡者や過去分の苦しみに対する補償はなく、支給される補償費だけという欠陥がありました。一方で被害者の収入による支給制限はなく、リハビリや転地療養などの福祉事業の恩恵を受けられる利点もありました。八一（昭和五六）年五月に「全国公害患者の会連合会」が結成されましたが、それ以降、公健法の内容を改善するために環境庁と交渉を続けた結果、除外されていた子どもに対する補償を児童補償手当てとして新設する、治療医療期間や医学的検査機関の指定をはずし、患者の自由選択とする、訴訟に対して制限のないことを確認しました。続発症についても部分的に要求内容を取り入れさせることもできました。

「全国公害患者の会連合会」の結成大会＝1981年５月

西淀川区は六九（昭和四四）年の「公害に係る健康被害の救済に関する特別措置法」で指定地域となり、公害病四疾患の認定患者は七〇年末までに一二四二人となりました。そして七四（昭和四九）年九月に公健法の施行で西淀川区と堺市、豊中市および全国九市が指定地域となりました。一一月には指定地域の第一次拡大で、大阪では吹田市、此花、福島、西、港、大正、浪速、淀川、東淀川、住之江、西成の各区が、七五（昭和五〇）年一二月の第二次拡大では残りの大阪市全行政区、七七（昭和五二）年一月の第三次拡大では守口市と堺市の追加部分、七八（昭和五三）年の第四次拡大では東大阪市、八尾市、名古屋市の一部地域が指定され、その後は指定されなくなりました。

西淀川区では公健法によって七六（昭和五一）年には四九一〇人が患者として認定され、区民の約二〇人に一人という高い認定率となりました。患者会は全国の患者を救済するのが運動の原点だと考えて、大阪市内から府内、全国へと組織づくりの支援を広げていきました。大牟田、北九州、倉敷、神戸、愛知、富士、富山へと足を運びました。

公健法については医師会や大阪市とも共同歩調で勉強しました。同法には、これまで紹介してきたようなプラス面とともに、先述したように民事責任をふまえた原因者負担の原則にもとづいた損害賠償制度であるにもかかわらず、過去の賠償にいっさい触れず、死亡者や長年にわたる病気による損害をまったく除外していることです。さらに眼や鼻、咽喉頭粘膜の急性や慢性疾病及び光化学スモッグによる被害まで、慢性的被害の立証がないなどとして対象疾病から除外しています。さらに、児童補償手当の給付額が不当に低く、公害地域からやむなく転居しなければならない患者、家族の損害をまったく無視していること、汚染企業の責任が明確でないことなどがあげられます。

＊橋本道夫元環境庁大気保全局長と対談

〇五（平成一七）年四月二五日、全国公害患者の会連合会は結成二五周年記念事業の一環として、東京都内のホテルで元環境庁大気保全局長の橋本道夫さんとの対談を行いました。これには連絡会から松光子さん、西順司さん、太田映知さん、大場泉太郎さん、池田佳子さん、そして私が出席しました。橋本さんのお話の中で公健法について要旨を紹介したいと思います。

僕が公害問題に巻き込まれていったのは、昭和三六（一九六一）年四月から厚生省に新しく設置された、環境衛生課の課長補佐になってからです。それが公害行政に取り組む最初でした。当時、公害問題に取り組もうという問題意識はあっても、通産省の方が政治的にも経済的にもはるかに強いでしょう。結局、規制行政といっても、産業界との関係があるのでどうしたって通産省の所管になります。そこで、「健康と病気の問題」に結びつけたら厚生省の話になります。最初に「戦術」としていったのは、「健康保護は絶対的だ。環境保全は相対的だ」ということです。たとえ通産省であってもその原則には文句はいえませんでした。

次に健康保護が絶対的だといっても程度があるので、どういう程度の保護なのか、「健康の程度」を考える必要がありました。抽象的なことをいってもしょうがないので、当時の大気汚染がどのような健康影響を及ぼしているのか、実態を客観的、科学的につかまえないといけない。それで始めたのが大阪（此花区、西淀川区）と四日市における汚染地域と低汚染対象地域のばい煙等影響調査です（昭和三九年）。それぞれの地域できれいな場所と汚い場所を設け、比較すると画然と有症率に差が出ました。

ひどい地域で一〇倍くらいの差がありました。この調査結果から大気汚染による健康被害がある、といえるようになりました。大気汚染の問題は水俣病のような原因物質と因果関係が明らかである特異的疾患との取り扱いが違うこともあり、非常に問題が複雑なので、一般的に職員はこの課題に取り組むのが嫌なのです。ところが、私は嫌がる問題に手を突っ込んでいました。このとき、厚生省内で「橋本を公害課長にして大気汚染による健康被害の影響調査も担当してもらおう」ということになったのが、そもそもの始まりです。

日本以外の国でも健康影響調査が行われたことはありますが、その調査結果を行政の場で使った国はありませんし、法律を作った人もいません。保健所が中心となって対策をしている国もありません。健康影響調査とその結果を基礎にして、公害対策に取り組みはじめたという点が、他の国と比較した

橋本道夫元環境庁大気保全局長（中央）との対談＝2005年４月

場合、日本の公害対策において特筆されるべき点です。

健康保護が絶対だといっても保護の水準はどの程度かを行政官は考えないといけないのです。環境基準も起こりますが、公害の基準はなかなかありません。影響調査をすると、各地域でいろいろな環境基準のレベルがあります。「維持することが望ましい環境基準とは一体何か」という検討と議論を進めてきました。敵も味方もなるべく自分の土俵に引っ張りこんで、自分の行政としての足場を踏み固めていく方法で、進め方を検討しました。

公害健康被害補償法については、他の国で制定しているところはありません。僕はやっぱり、環境汚染防止（損害）のコスト（費用）は汚染者が支払うべきであるというOECDが提唱したPPP（汚染者負担の原則）を使うべきだと考えました。一番ぴったりしているのは、汚染者負担の原則が被害者救済に応用され、救済のために必要な全額を汚染原因者に負担させることです。ところが患者さんは「（公害病になったことで）自分たちが働けなくなった。働けなくなったことによるロスは、医療費だけで解消されないので駄目だ」というので、ロス（労働能力の喪失）＋医療費を持つことができるかを検討しました。

環境行政を進めるためには、うるさくいわれるようにすることと、うるさくいわれている時期を逃さないこと、行政としてはこの二点が極めて必要なことです。本来、うるさくいわれないようにするのが行政ですが、やっぱり違うと思う。業界のためになることは、放っておいてもうるさくいわれます。患者さんのように「反対しようのないうるささ」は補償法制定に必要でした。

第五章　企業○社と国、道路公団を提訴

＊訴訟準備で青法協に相談

私たち患者会は多くの支援と粘り強いたたかいで、公害健康被害補償法（公健法）を勝ち取りましたが、法律の中では誰が空気を汚染した犯人なのか、明確になっていませんでした。「企業にも責任の一端はある」といいながら、国の法律に逃げ込んでいました。要するに、企業は裁判で訴えられるのを恐れて、個別の責任を明らかにせず、集団で補償することで責任逃れを画策していました。私たちは企業を十把ひとからげにするのではなく、どうしても「この企業が公害まき散らしの犯人で許せない」「負けてもいいから法廷に引きずり出したい」という思いがありました。

これより以前の六九（昭和四四）年、大阪弁護士会公害対策委員会は「大阪ぜんそくといわれる西淀川一帯の大気汚染、および堺地域の調査」を行っています。これを受けて大阪弁護士会の月報に「西淀川区の実態調査経過報告」が掲載され、「因果関係の立証が非常に困難で、汚染源の特定が四日市と比較しても、司法救済の効果についても中小企業が多く、四日市と比較しても困難である。しかし、被害者救済を推進し、後押しするという面から（社会に）アピールの必要がある」と述べています。当時は、まだ患者会も結成されていなかったし、被害者運動も盛り上がっていませんでした。

四日市判決があり、患者会も結成したので先のような思いから弁護士事務所を回りましたが、「無理」

という答えが圧倒的でした。七三（昭和四八）年五月、個人的に青年法律家協会（青法協）の伊多波事務局長を訪ね、「西淀川で大気汚染裁判ができないか」と相談しに行きました。そして七月に豊中市で開かれた青法協第五回全国公害研究集会に出席し、全体会議で「全国の中でも大気汚染がひどく、患者数も多い西淀川で裁判ができないか」と訴えました。九月か一〇月ころ、今度は青法協大阪支部事務局長になった井上善雄弁護士を訪ね、協力を求めました。結果、一一月には青法協大阪支部に「西淀川大気問題研究会」ができ、資料収集や具体的問題点の検討に入りました。これら患者会の提訴準備の動きは、またたく間に、国や財界、企業に伝わっていきました。

＊関西電力との交渉開始

患者会としては、西淀川区の大気汚染の最大の原因は関電尼崎の発電所だと考えていました。関電は「発電所は西淀川区内にはない」との理由で知らぬふりを決め込んでいました。頭を下げさせる相手としては不足がなかったので、過去分を補償する気があるかどうか、の交渉を始めました。七三年一〇月、大阪府の南部にある多奈川第二発電所建設計画に対し、「大阪から公害をなくす会」が交渉した際、関電は「西淀川区の公害被害者救済に応じる」との姿勢を示しました。一カ月後、患者会が関電本社で交渉した結果、「西淀川で公害患者を発生させ、今なお、患者が苦しんでいる実情について、その責任の一端がある」ことを認めました。さらに、補償については会が直接補償を要求しましたが、関電は「大阪市の救済制度に協力する」とし、会との間に確認書を交わしました。

その後、何回にもわたって補償交渉を行いましたが、関電は「交渉のための集会には参加せず、救済も大阪市に協力する以外は考えていない」と通告してきました。患者会は一〇〇〇人を動員して関電本店前で「うそつき関電　確認書を守れ」「加害企業の責任をとり、完全救済を行え」の垂れ幕をかかげての抗議に発展しました。七三年末から始まった行動は、患者会初の大衆行動であり、以後の運動の原点にもなりました。

関西電力と交渉する患者会＝1974年１月

それは寒い日に桜橋から関電本店まで「うそつき関電」の横断幕を持ってデモ行進し、関電前ではマイクを持って訴える日々でした。手が冷たくてコチコチになり、マイクを持ってしゃべっていても歯がカチカチとなる状況でした。関電はトイレさえ使わせませんでした。私たちの連日の行動は、大企業関電の誠意のなさへの怒りに尽きます。

「大丈夫か。寒いのにご苦労さん」

「こんな苦労をどうして患者にかけさせるのか」

「よーし、関電や加害企業には必ず、頭を下げさせてやるぞ」
と誓い合いました。
このころには患者会も、たたかう相手に不足はないものの、「〝敵〟は大きく、権力とのたたかいだ」ということを実感しはじめていました。

七四（昭和四九）年になって一月と二月の二回にわたって交渉しました。席上、関電は

「患者会は完全補償を要求しているが、西淀川区は四日市と発生源の状態、気象条件が違う。西淀川区は都市型複合汚染であり、関電は区内に発電所を持っていない」

との見解を改めて持ち出してきました。この見解は最初から一貫していたといえます。公健法が成立し、公害問題は汚染企業の責任の回避と経済の発展を優先させてきた行政の姿勢にあったことが国民のコンセンサスになってきている状況下で、「企業にも一端の責任がある」と形だけ認めざるを得なかっただけであったことがはっきりしました。

約束を守らない関西電力への連日のデモ＝1974年２月

「表面的には責任の一端があるというポーズをとりながら、本質は責任回避なんだ」ということが、よくわかりました。患者会は「関電尼崎の発電所は西淀川を汚染している最大級の加害企業である」との主張を譲らなかったため、交渉はその後も進展しませんでした。そういう現実を踏まえつつ、公健法が除外している過去分補償については「新たな対策」、つまり、裁判で争う決意をいっそう固めていくことになります。

大阪弁護士会には七四年三月、患者会として文書で被害の実態と裁判の意向について申し入れ、弁護士会もそれを受けて公害対策委員会の中に「西淀川問題小委員会」を設置し、一二月に公害被害や生活上の悩みを含めた実態調査を実施しました。青法協の大気汚染研究会は西淀川の被害者の中に入り、被害者の立場からの学習・研究を始めました。七四年の青法協第六回全国公害研究集会では、「西淀川大気汚染公害」が主なテーマとなって報告され、大気汚染で苦しむ被害者の実態が初めて全国的に知られるようになりました。

弁護士会の西淀川問題小委員会の主査は島川勝弁護士でした。七五（昭和五〇）年一月一五日発行の「青空」に島川弁護士が次のようなメッセージを寄せています。

昨年（七四年）暮れには患者のみなさんの全面的な協力を得て実態調査を行い、夜遅くまでみなさまと話し合う中で、公害が生活の中でいかに深刻な影響を与えているか肌で感じ、また公害をなくすために全国に先がけて力強くたたかっておられることを知りました。行政や加害企業はみなさまのたたかいなくしては決して積極的に動きません。今回、補償法が施行されましたが、生活保護家庭については、この法律によって従来受けていた生活保護が打ち切られ、今まで受けていた補償額より大幅に低下する等、弱者については補償がきわめて不十分であります。また、重大公害発生源である自動車の排気ガス規制も業者の圧力で骨抜きにされようとしております。われわれも公害をなくし、一日も早く青空を取り戻すべく、頑ばりたく決意を新たにしております。

補償費を支給されることによって生活保護を打ち切られる、ということは高齢で仕事ができない患者には「死ね」といわれるのと同じでした。提訴への準備が進むにつれて若い弁護士たちが患者会の動きに注目しだしました。

＊公健法は訴訟を妨げない

七四年一一月四日の患者会の第三回総会の議案書では「公健法は実施されたが、多くの重要な欠陥を持っている。とくに、過去の損害賠償については、関電を含めた加害企業との関係で早急に対策を立てる」としたうえで、「弁護士とも一層連携を深め、協力、援助を受ける」との運動方針をかかげ、提訴への決意を示しました。

七四年八月現在、西淀川の死亡者は一一八人にのぼっていましたが、公健法では何ら補償はなく、現状を追認するだけでした。患者会では死亡者を含め、六〇年代から発症している患者たちの苦しみに対して、何らかの補償があってしかるべきだ、との考えが強くありました。公健法は、財界の立場からいえば、患者の不平不満を抑え、裁判に向けての運動の盛り上がりを防ぐとともに、一定の責任を負うことは患者の現状を救うための大義名分になる法律でもあった訳です。公健法はよい側面とそうでない側面があったため、各地で医師会の意見が分かれ、公害病の治療費は受け取らない医師会も出てきました。そのトラブル解決のために私たちが各地を駆けめぐる状況も生まれました。

関電との交渉は行き詰まったままでしたが、弁護士たちの準備は着々とすすんでいました。大阪弁護士会公害対策委員会は七五年七月に、前年に調査した「西淀川公害実態調査報告書」をまとめ、発表しました。それによると、

七五年の認定患者　　三八二二人
　死亡者　　一五九人
仕事上での悩みでは回答した七〇九人中
仕事ができない　　二五九人

仕事中によく休息する　一三八人
仕事を続けられるか不安　九六人
仕事をよく休む　九一人

の順になっています。「仕事ができない」「仕事中によく休息する」が、四〇〇人近くを占め、患者の苦しみが浮き彫りになっています。関電や企業側は裁判の過程で「他原因説」にもとづく「ニセ患者論」を展開しましたが、ぜんそく患者というだけで社会的な差別を受けた認定患者が多くいました。公害患者になって辛いのは

家族に精神的負担をかける　七〇％
家族の安眠を妨げる　六〇％
家事が十分できない　四〇％

若者では「就職への不安」「結婚への不安」が見られ、公害病の子どもを持つ親は「子どもの将来に不安を持っている」が二〇％近くいました。認定患者の内、「治癒」者はわずかに二九九人です。公害病がいかに長く続き、その発作の苦しみは途切れることがなかったのです。症状は最初、「風邪をよくひく」「のどが痛くなる」から「鼻がつまる」「目やにや涙がよく出る」「皮膚がざらざらする」と続いていきます。これらの症状は重い人もいれば軽い人もいます。恒常的に症状が出る人、出ない人、風邪

をこじらせて短期間の療養で済む人、済まない人がおり、千差万別です。しかし、多くの患者は「いつ発作が起きるか」という不安と恐怖を共通して抱いていたことは間違いありません。

　調査は実施されましたが、公健法では財産被害（家屋に使うトタンや雨戸、樋などのサビ）の補償はなく、疾病では一過性症状（目、鼻、口、喉などに起きる症状）は対象になりませんでした。

　七五（昭和五〇）年一一月九日、患者会の第四回総会が開かれました。総会では、今後、加害企業に対して訴訟を含めて完全損害賠償の責任を追及する運動を進める、とはっきりした方針を打ち出しました。

大阪市交渉で財産被害を訴える住民＝1975年７月

「私たち被害者は加害企業に対して完全な損害賠償を要求する権利があります。同時に加害企業は賠償すべき責任があります。公害健康被害補償法成立の過程で、私たちは過去を含めた完全な損害賠償を要求し、交渉してきた中で法律の建前から逆上《さか》りはできないとしながらも、過去分の損害賠償の権利を認め、本制度は被害者が訴訟を起こし、また和解を行うことを妨げるものではない、とその道を開いています」

当時、訴訟するまでにはまだ一定の時間がかかると見られる状況のもとで、前途は決して楽なものでないと腹を固めつつ、訴訟の準備へと歩み出しました。同時に、地域の住民運動とも積極的に共闘していきました。

丁度、このころ西淀川区では阪神高速道路公団の大阪西宮線の着工問題で、沿線予定地の出来島、大和田、姫島の住民が反対運動を展開し、七三（昭和四八）年八月には同公団と交渉に入っていました。七四（昭和四九）年一〇月には大和田の住民が高速道路建設反対同盟を結成、姫島の住民も七五（昭和五〇）年七月に同じく反対同盟を結成しました。

橋脚に登って抗議する小角岩一さん（中央）＝1975年11月

そうした中、沿線住民の反対にもかかわらず、橋脚を次つぎと建設していくことに腹をたてた中島の小角《こすみ》岩一さんが七五年一一月、神崎川に建てた橋脚に登って抗議する出来事が起きました。小角さんはボートにテント、寝袋、食料、燃料を積んで橋脚の上で〝籠城〟する予定でした。警察が近づいて説得を試みましたが、近づいてくる警官を追い払おうとして燃料のガソリンをまき、火をつけた途端、右手についていたガソリンが引火してしまいました。岸で見ていた私は、呼び寄せた医師とともに橋脚に上がり、説得して小角さんに降りてもらいました。大阪西宮線はその後神戸方面まで延伸し、高速道路3号線（神戸線）になっています。

＊「裁判して勝てるんか」

大気汚染研究会が活動してから提訴までの約三年間は、長くて苦しい、難しい討議が続きました。公害被害の実態調査ひとつをとっても、法律、医学、公衆衛生、気象、化学などの分野で、いろんな科学者の協力が必要でした。差し止め訴訟の問題では、学者、弁護士、被害者が集まり、合宿で討議、検討しましたが、大気汚染と気象の関係についてもどのようにして西淀川に汚染物質が到達するのか、また企業の共同不法行為についても大論議が続きました。

「どの企業を被告にすることができるのか」

「西淀川は〝もらい公害〟で地元企業の排出は少ない」

「でも、現実に多くの患者が存在し、苦しんでいるではないか」

議論は百出しますが、時間だけが過ぎていきました。

西淀川の場合は主たる加害企業が区域外にあるなど、いわば複合汚染になっていましたから、因果関係をきちんとしなければ有効な対策もできません。公健法では、一つはイタイイタイ病や水俣病のような特異性疾患で病気を引き起こす原因物質と疾病の因果関係を特定できるものと、もう一つは大気汚染に伴う病気のような非特異性疾患で病気を引き起こす原因が複数以上あり、原因物質の特定が難しい公害の二つに分けています。非特異性疾患については疫学調査を踏まえて、大気汚染のひどい地域に一定期間住むか、働いていて、指定された呼吸器の病気にかかっていたら、大気汚染が原因だと推定します。だから、因果関係の立証が大切になってくる訳です。

＊「被害者が先頭に立つんや」

患者会では
「ほんまに裁判で勝てるんか」

「どのくらいの期間、裁判するんや」

「その間に死んでしまうんとちゃうか」

という意見の堂々巡りから、結局最後は
「これだけ苦しい目にあわされている加害企業を放っておいてええんか」

「裁判所に引き出して謝らせたい」

「死んでいったものを見殺しにするんか。いのちのあるかぎり頑ばるで」

「子や孫にもこんな惨めな思いをさせられん。親の責任を果たさんと」

「被害者が先頭に立たんで誰が立ってくれるんや」

という意見に収斂《しゅうれん》されていきました。

七六（昭和五一）年一〇月の第五回総会では提訴の方向で討議方針が打ち出され、原告選びに入りました。地域別、年齢別、等級別に児童五人も入れて九八人、死亡者、遺族を加えて一一八人を代表訴訟原告に選びました。これは一〇年、一五年とたたかえる人を選ぶのが目的でした。各支部の活動家が選出され、児童は医師の意見を聞いて選びました。しかも、仮に勝っても賠償金は完全解決するまで受け取らないという誓約書を書いてもらいました。

患者会では一一月に提訴への意見がまとまりました。役員会、支部会議、班会議を開き、全員参加を合言葉に浜田会長が強調した「一に学習、二に団結、三に行動、四に勝利」を徹底して話し合うようにしました。一二月から各班ごとに方針の討議と学習会が連日続けられました。また医師、教職員、弁護士、市民の協力を得て、「西淀川　公害をなくせ」のパンフレットを発行しました。公害被害の実態と空気の汚れ、

パンフレット「西淀川　公害をなくせ」を広げるために開いた区民集会＝1976年10月

公害対策や汚染源などが分かりやすく書かれたもので、地元の町会や学校、府下の団体にも配付し、説明に行きました。

西淀川公害患者と家族の会の臨時総会・あいさつする浜田耕助会長＝1977年８月

翌七七（昭和五二）年一月、患者会の「新春初顔合わせ」が開かれ、役員・班長合同会議で裁判所への提訴を提案し、団結を誓い合いました。同時に「提訴の賛否と提訴内容を全会員に知らせる」方針を決めました。当時、患者会は九支部七一班一七三〇世帯、二六〇〇人以上の会員を組織していました。二月には学者・弁護士による合同合宿が開かれ、提訴への問題点を詰め、何とか形が整いました。

この間、弁護団構成についても検討され、団長候補には何人かの弁護士の名前があがりましたが断られ、七七年一二月に初代日弁連公害委員長だった関田政雄弁護士に引き受けていただいたと聞いています。

夏の臨時総会に向けて患者会は①なぜ、訴訟を準備してきたか②訴訟はどんな内容で行うか③裁判勝利のために必要な活動について——の討議を開始しました。九支部七一班は三カ月かけて全班が会議を開き、裁判は患者会活動の一環として位置づけ、賛成か反対か、どこの企業に責任があるのか、を話し合いました。討議案と「西淀川——公害をなくせ」パンフを持って、一人ひとりの意見を聞いて回りました。全班での討議が終わりました。全体で八三％の人が参加し、「みんなで団結して提訴する」が九八・五％を占めました。残りの一・五％も「反対」ではなく「保留」でした。

改めて討議の中で出た意見を紹介すると、

「裁判にはどれぐらいの年数がかかるのか」

「勝てる見込みはあるのか」

「裁判費用は払えるのか」

などでした。七五、六年ころの患者会の意見は提訴することの意義を理解する段階でしたが、今回は勝てるのかどうか、費用は大丈夫なのかどうか、年数はどのぐらいかかるのか、といった提訴を前提にした意見が大部分でした。明らかに患者の意識は発展していました。私たち役員の答えはこうでした。

「（何年かかるんや、に対しては）三年以上はかかるやろ」

「（勝つんか、に対しては）そら、子どものためにも勝つように、みんなで力を合わせんと。頑ばるしかないやろ。こんな被害を受けてんのに、責任とらせんと黙ってるんか」

法律の専門家である弁護士の先生方は正直なところ、勝てるとは思っていなかったようです。それでも訴訟をしようという決意を固めてくれました。

富山のイタイイタイ病、熊本、新潟の水俣病、三重の四日市大気訴訟など四大公害裁判はいずれも四、五年かかっています。一審の勝利からでも二年ほどかかって解決しています。西淀川は複合汚染の難しさと誰が犯人なのかが分からないうえに、関西の大企業を相手にすることから三年ぐらいと答えていました。

「どうやって、被告企業を選ぶのか」に対しては、七二（昭和四七）年の重油の大量使用している企業を対象にしました。硫黄酸化物の排出量の多い順にズラッと並べました。すると、西淀川区の企業は尼崎や此花区の関西電力の発電所に比べると、ずっと少なく最高の大阪製鋼でも関電の排出量の九％に達していませんでした。出している量は余り多くありません。湾岸の工場の全部から煙が出ている中で、〝もらい公害〟である西淀川が裁判を起こすことの難しさも率直に説明しました。

＊被告企業一〇社と国、道路公団を選ぶ

排出量がダントツに多かったのは関西電力の六発電所で、尼崎二カ所、此花一、住之江一、堺二でした。発電所以外は少し距離の遠い港区以南をはずし、尼崎、西淀、此花の三カ所の工場から選ぶことになりました。西淀川の企業から被告を選ぶのには苦労しました。住民感情としては古河鉱業、日本化学、

大阪製鋼、中山製鋼はぜひ、被告にしてほしいという要求がありました。長い間、汚い煙や粉塵で健康を害されてきた被害者が初めて自分で被告・加害者を選ぶ——「あの公害企業だけは許せん」という感情もあって、排出量の多さだけで選ぶことができませんでした。

弁護団によると、恨みの感情が多かった日本化学が被告から除外され、中山製鋼も大正区ということで討議の結果、はずされました。淀川製鋼所については熟慮したうえで基準にした年の排出量が少なかったのではずしたそうです。国、道路公団を被告にするかどうかは、弁護団で相当論議され、「五里霧中の状態で入れる」ことにしたそうです。大阪市に対しては、大和田ゴミ焼却場の排出量の多さから被告にする案が検討されましたが、裁判では中立の立場で資料等の提出をさせたい思いもあって、被告には加えませんでした。

被告は次の通りです。

合同製鉄株式会社
古河鉱業株式会社
中山鋼業株式会社
関西電力株式会社
旭硝子株式会社
日本硝子株式会社

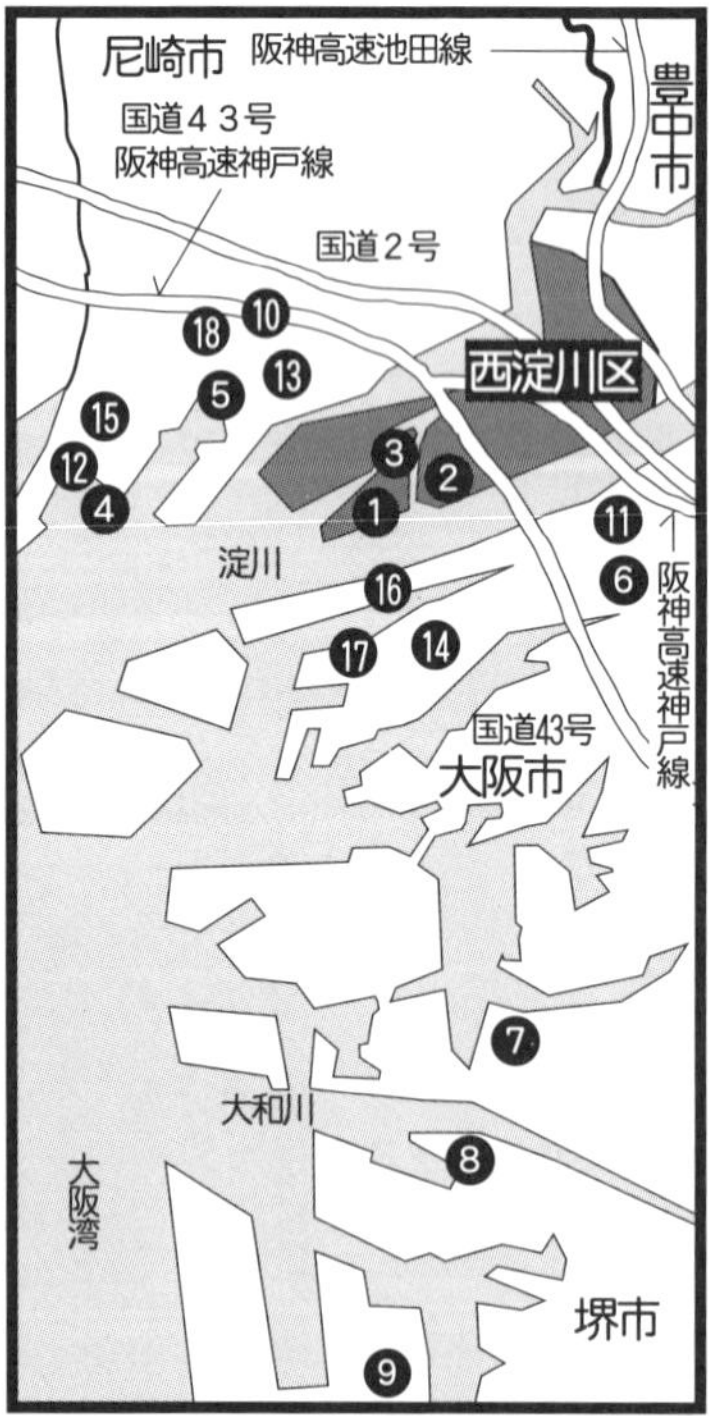

関西熱化学株式会社
住友金属工業株式会社
株式会社神戸製鋼所
大阪ガス株式会社
国
阪神高速道路公団

最初から企業一〇社を選ぶということではなく、結果として一〇社（一八事業所）になりました。たたかうべき被告が決まると、やはり大物相手だけに裁判闘争の長期化を覚悟せずにはおれませんでした。

一方、企業側も私たちの動きを黙って見ていた訳ではありません。西淀川で提訴への準備が始まると企業からの会員切り崩し工作が始まりました。合

■ 西淀川公害裁判とは

(1) 名称
大阪・西淀川大気汚染公害裁判（大阪西淀川有害物質排出規制等請求事件）
(2) 提訴年度
1978 年（昭和53 年）／ 第1次裁判提訴 ／ 原告数112 名
1984 年（昭和59 年）／ 第2次裁判提訴 ／ 原告数470 名
1985 年（昭和60 年）／ 第3次裁判提訴 ／ 原告数143 名
1992 年（平成4年）　／ 第4次裁判提訴 ／ 原告数1名
(3) 被告
合同製鐵株式会社、古河機械金属株式会社、中山鋼業株式会社、関西電力株式会社、旭硝子株式会社、関西熱化学株式会社、住友金属工業株式会社、株式会社神戸製鋼所、大阪ガス（瓦斯）株式会社、更正会社日本硝子株式会社、国・阪神高速道路公団
(4) 裁判で求めている内容
1. 汚染物質の排出差止め…NO_2、SO_2、SPM（浮遊粒子状物質）について環境基準以下になるよう排出を制限すること
2. 被害者に対する損害賠償
(5) 被告企業の事業所とその位置
●合同製鐵…①大阪製造所　●古河機械金属…②大阪工場
●中山鋼業…③大阪製造所
●関西電力…④尼崎第三発電所、⑤尼崎東発電所、⑥春日出発電所、⑦大阪発電所、⑧三宝発電所、⑨堺港発電所
●旭硝子…⑩関西工場、⑪関西工場化学製品部　●関西熱化学…⑫尼崎工場
●住友金属工業…⑬鋼管製造所、⑭製鋼所　●神戸製鋼所…⑮尼崎製鉄所
●大阪ガス…⑯西島製造所、⑰北港製造所　●日本硝子…⑱尼崎工場

同製鉄や住友金属は西淀川区に子会社を持っていました。そういう企業が患者会の子弟を優先して採用し、「会員をやめろ」と圧力をかけてきました。狭い区内だからそのような人間的つながりの中で会を辞めていく人が増えていきました。およそ五〇〇世帯がこの切り崩しで辞めていきました。

企業和解後、操縦を停止した溶鉱炉＝合同製鉄

＊提訴決めた臨時総会

患者会は七七（昭和五二）年八月七日午前一〇時、大和田小学校で提訴の是非を決める臨時総会を開きました。参加した八二一人と体調が悪くて参加できない人の委任状四三〇の合わせて一二五一人が参加したことになります。当日は、朝から蒸し暑く、会場は早くから詰めかけた患者らで蒸せかえるような暑さでした。総会には訴訟を長期にわたって準備してきた弁護団も勢ぞろいし、新聞、テレビ各社も緊張気味に見守っていました。

額の汗をぬぐいながら浜田会長が緊張気味に
「本日の臨時総会の任務は、私たち公害患者と家族の会が四カ月にわたって進めてきた報告集会及びいっせい班会議の討議を基礎に、次の訴訟内容にもとづいて提訴するかどうかを決定し、さらに決定に沿って裁判闘争に必要な当面の活動を確認し、実践に移すことにあります」

と報告しました。ついで、

「訴訟では、加害企業に損害賠償と空気をきれいにするための汚染物質の削減を請求します。第一訴訟の原告団は一〇〇名程度選び、その内訳は死者を出した家族、病気の重い人、比較的軽い人、子どもを一定の割合とします。さらに、第二次、第三次と原告団をつくり訴訟して行きます。被告の加害企業は西淀川区、此花区、尼崎市に所在し、西淀川区を汚染している大企業のほか、国道2号線、43号線及び高速道路池田線の道路管理関係者として国と阪神高速道路公団。これまで公害を放置してきた国の責任を問います」

「請求内容は、空気をきれいにし、安心して生活できるようにするための二酸化硫黄、二酸化窒素、浮遊粒子状

真剣なまなざしで意見を聞く臨時総会参加者＝1977年８月

物質について環境基準を達成する」

「損害賠償請求額は死者と病気が重く、症状または検査成績の悪い人二〇〇〇万円、仕事を時に休むが生活のできる人一五〇〇万円、子ども一〇〇〇万円とします」

と簡潔に報告しました。損害賠償額は三ランクに分け、第一次原告団の損害賠償総額は一五億円程度、日本の公害史上、もっとも大型な訴訟になりました。

ついで、公害情勢と訴訟の意義についての報告に移り、浜田会長は「訴訟は①公害をなくす運動②健康回復事業の促進③完全損害賠償——の運動方針を実現していくための一つの方法として進めるものだ」と強調し、裁判では「企業と国、公団の責任を明確にする」「全国の被害者のたたかいの重要な一環として位置づける」「将来を担う子どもたちのための環境を取り戻すたたかいとなる」と強調しました。

浜田会長の一語一語にうなづく会員も多く見受けられました。会議参加率一〇〇%の大和田支部の竹内寿美子さんは

「誰も子や孫の代まで苦しめたくないんです。これがぎりぎりの要求なんです。みんな、一緒なんです。支部長をしている夫と二人で毎日、毎日走り回って、都合でこれない人には、家まで訪ねて意思を確認して全員参加をしてもらいました」

と、公害患者のやむにやまれぬ気持ちと訴訟への決意を述べました。

副会長の実藤雍徳さんは

「私は一級の認定患者です。もう、あきません。だからというて、このまま引き下がる訳にはいかへんのです。この苦しみの責任者をはっきりさせるまで前へ進むしかないんや」

と自分自身にいい聞かせるように語りました。

＊大阪地裁へ第一次提訴

七八（昭和五三）年四月二〇日、大阪地方裁判所に第一次提訴しました。原告団は児童五人を含む九八人と死者三人の遺族一四人の計一一二人。この日は午後一時から「大阪公害患者の会連合会」の第二回総会も兼ねており、中之島中央公会堂に一四〇〇人が集まりました。同連合会は満場一致で西淀川裁判を支援すると決議しました。総会終了後、原告団を先頭に参加者全員が大阪地方裁判所前に集合。同二時に関田正雄弁護団長ら弁護団の手によって訴状が提出されました。大阪地裁民事九部の扱いで、訴状は正式に受理されました。

「大阪西淀川有害物質規制等請求事件」

正式の裁判名です。訴状内容は次の通りです。

一、被告各社、国、公団は、二酸化硫黄、二酸化窒素、浮遊粒子状物質につき、別表記載の数値をこえる汚染となる排出をしてはならない。

一、被告らは、各自、別紙請求の金員を支払え。

関田弁護団長が「裁判はたたかいである」との談話を発表しました。

「公害を撃滅するためには、一つの迷信を話しておかねばならない。かつて大阪は『煙の都』であるといわれた。これは大阪の誇りとしていた言葉である。しかし、時代は変わった。五年前、ストックホルムで人間の環境に関する会議が開かれた。その中で世界は核戦争による滅亡は回避できても、人類は

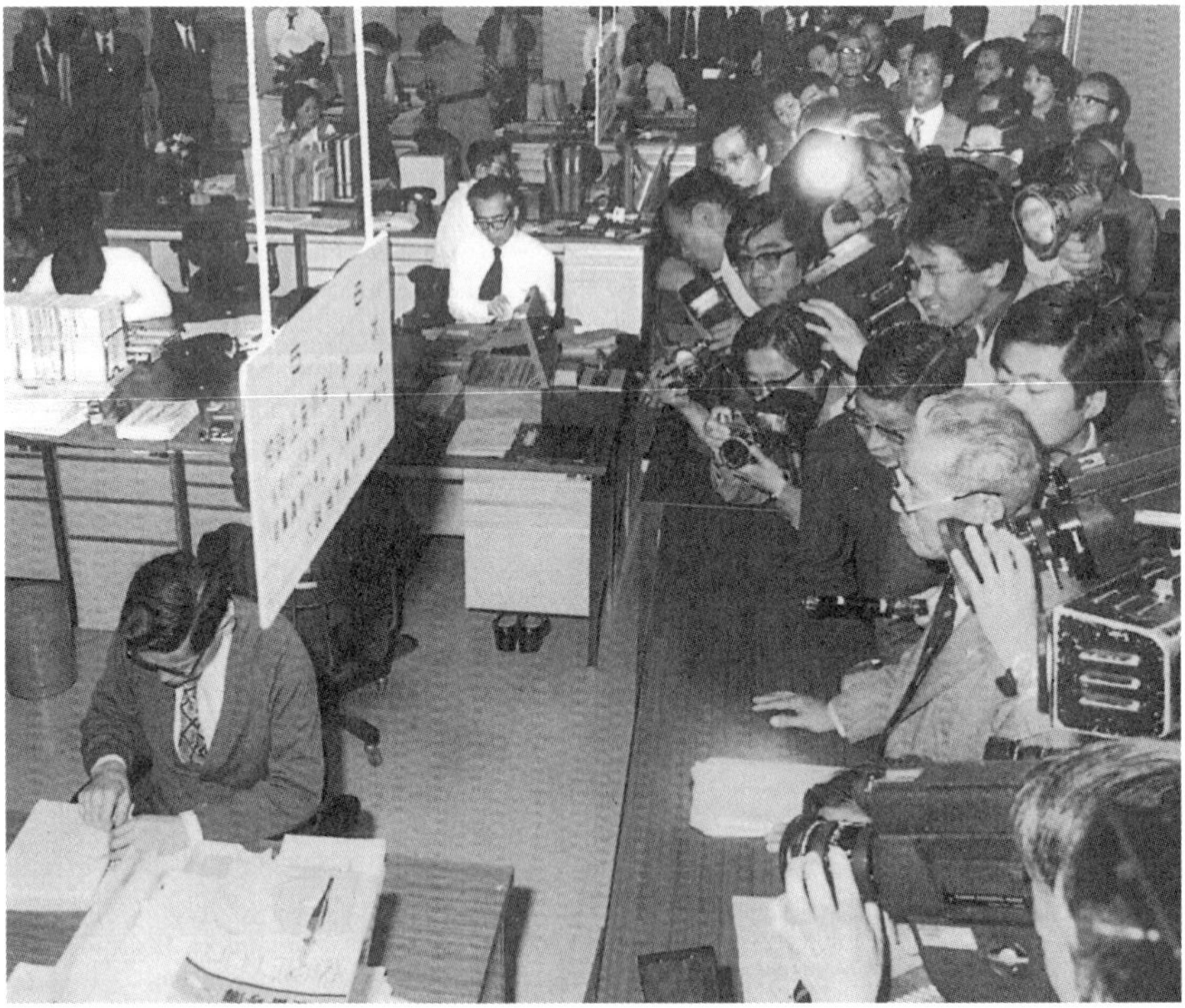

大阪地裁に訴状を提出する関田政雄弁護団長＝1978年４月

公害によって絶滅の危機に瀕している、との決議が行われた。日本では、水俣病、イタイイタイ病、四日市ぜんそくに現れているように、頭を柱にぶつけて血を流していたのに、まだ繁栄なくして福祉なし、といっていた。昔から駿馬は牛の影を見て走り、驢馬《ろば》はたたいても走らない、の諺がある。日本はまさにこの驢馬の状態である。西淀川が公害のたたかいに勝つことは、驢馬を駿馬たらしめる先兵であると自覚することが必要である」

第一回口頭弁論が七月二六日と決まりました。「大阪から公害をなくす会」主催で大和田小学校で前夜集会を開くことにしました。会場には一一五〇人が集まり、講堂に入りきれず、校庭にもあふれるほどで、文字通り熱気むんむんでした。氷柱を立てた中で浜田会長と関田弁護団長が決意を表明しました。

浜田会長は落ちついた口調で述べました。

「長年にわたって健康と生命をうばわれてきた患者や家族一人ひとりの憎しみと怒りが裁判に反映されています。国と企業を被告にしたたたかいなので、長期にわたることが予想されますが、きれいな空気を取り戻すために、広範な人たちの支援を受けて一体となってたたかい抜きます」

＊因果関係否定論への反撃

裁判に入ると、案の定、大変な苦労の連続でした。相手の大企業はすべての資料を持っている一方、こちらは被告がいつどのくらい排出しているかの資料もなく、まして西淀川区にどのくらい被告工場の排出した汚染物質が到達しているかはほとんどわかっていません。汚染状況や風向きなどの一時間ごと一年分の資料を入手し、それを地図に書き込んで学者の先生方と何回か合宿して解析しました。

被告・企業側は原告側のデータ不足を承知の上で、国の環境基準をこえる汚染物質（二酸化硫黄一日平均〇・〇四ｐｐｍ、二酸化窒素同〇・〇二ｐｐｍ、浮遊粒子状物質同〇・一〇ミリグラム／立法メートル）を西淀川区に到達させてはならないとしているが、個々の企業は「どの物質をどれだけ減らせばよいのか」「うちが止めればよくなるのか」といった説明を求めてきました。そして、こうした疑問に答えられなかったら、請求自体が失当で、直ちに裁判を門前払いにすべきだと主張しました。こうした被告の抵抗を退けて、証拠調べに入っても、次から次へと困難は続きました。

最後に、被告側は原告患者一人ひとりについて「原因は大気汚染ではない」「ニセ患者である」として反撃してきました。曰く――

「慢性気管支炎ではなく結核である」

「気管支ぜんそくの原因はアレルギーである」

「慢性気管支炎の原因はたばこである」
「公害病ではなく他の疾患である」

＊弁護団の知恵「六つの組織」

被告側のこうした個々の原告の因果関係を否定する反撃に立ち向かったのが、弁護団の中につくられた「被害班」でした。被害班の弁護士は原告の診断書作成を主治医に依頼し、原告の陳述書作成や本人尋問のための打ち合わせや会議を繰り返し開き、膨大な作業をこなしていきました。西淀川医師会はこれらに全面的に協力し、那須力会長や藤森弘医師は裁判でも証言しました。

裁判というものは、お互いが主張すべきことを主張して、認める、認めないの「認否」を行います。認否により争点が明らかになってから、争点についての証拠調べが行われることになります。しかし、証拠が不十分な場合も結構あります。西淀川訴訟の場合、原告・被害者が大気汚染による被害とその原因が工場の排出する煙に含まれる有毒物質にあると主張しましたが、被告・企業側は頭から否定しています。否定してみ

西淀川公害訴訟弁護団と患者の方がた＝大阪地裁の裏門

たところで被害の実態が存在するわけですから、企業側の反撃面は大きな視点で見ればむしろ、かれらの「弱み」の部分でもありました。証明の難しさはあっても、確実に痛いところを突きつつありました。裁判が進行するにつれ、より争点が明確になっていったのは当然でした。

弁護団は西淀川に汚染物質が到達していることを調べる「到達班」(気象班)、汚染物質が公害病の原因になっていることを証明する「疫学班」、被告企業の共同責任を立証する「関連共同性班」、道路の建設・管理をしている国、公団の責任を問う「道路班」、長年にわたる大気汚染の実相と被告の無為無策を証明する「歴史班」、前述した「被害班」の六班を構成して総合的に被告の責任を立証していくになりました。後に、裁判への支援を訴え、患者と行動する「運動班」も設置されました。

西淀川公害訴訟原告・弁護団監修、新島洋著の『青い空の記憶――大気汚染とたたかった人びとの物語』と『手渡したいのは青い空　西淀川公害裁判全面解決へのあゆみ』に各班の活躍ぶりが紹介されています。

《到達班》(気象班)

被告企業各社の煙突から出ている煙が西淀川区に到達しているのを立証するのが役割。協力していただいた佐藤功先生によると、「西淀川で冬にスモッグ注意報が出るようなひどい汚染が起きるのは、一日中東よりの風が吹いているときだ」という話だったのです。加害企業は西淀川の西から南にあるため、これでは煙は西淀川には来ません。ところが、佐藤先生はあっと驚く説明をしました。

「地上では東風でも、その上では西風が吹いている」。佐藤先生は大阪市立大学の大志野章先生と共同で『西淀川区の気象学的考察』という論文を発表し、これが弁護団の主張の主軸になりました。

気象データの計算ミスがあったことを、被告側は多くの資料を出して反対尋問で徹底的に突いてきました。証人にたった大志野先生にはよく耐えていただきました。何しろ、こちらが一年分のデータを二年も三年もかけて手計算で解析したものを、被告側はコンピューターであっという間に十年分を解析して被告側に都合のよいデータだけを出して、反撃してくるわけです。被告側はお金が潤沢にある上、東大教授はじめ、その道のそうそうたる権威の協力を得て反論してきます。しかし、西淀川で被害者が苦しんでいる現実は、いくらスーパーコンピューターを駆使しても動かせませんでした。

《関連共同性班》

数ある西淀川区の工場の煙突の中から被告十社の共同責任を問う理論の構築作業となりました。最初に行ったのはさまざまな分野の学者の方がたに集まっていただき、「西淀川公害研究会」をつくったことです。法的に勝てるという見込みはまったくなく、弁護士会の調査報告書が共同責任成立の可能性を示唆していたにすぎませんでした。

弁護団に協力した関西大学法学部の澤井裕教授が考えてくれた「被告らの工場が排出する汚悪煙や道路からの排ガスが『入り混じって』一体となって、西淀川の空を汚染し、原告らの病気の原因になっているから、被告らは共同して責任を負うべきである」という「入り混じり」論を原告側の主張の根拠とし、これが最終的に判決に採用されました。

大阪市立大学の加藤邦興教授は、各企業の歴史や生産工程の特徴、公害の発生源や汚染物質の排出量、被告企業間の資本や人的つながり、戦前まで確立されていた公害防止技術を活用せず、また住民との間で公害防止装置を取り付ける約束を反故にしていた電力会社の姿勢などを証言しました。加藤教授への主尋問と反対尋問は、あしかけ三年にわたって行われました。関連共同性については、原告弁護団、被告弁護団の総力戦でした。共同責任が認められず、バラバラの責任になってしまうと、請求が認められなくなる可能性が高いという裁判の勝敗を決めかねない問題でした。他の分野との違いは、データの多くを企業が握っており、反対尋問でやられてしまうと訴訟自体成り立たないことを意味していたからです。

《疫学班》

疫学とは地域で集団的に発生する病気の原因を統計的に明らかにする医学の一分野で、病気の原因と結果という因果関係を調べることを「疫学調査」といいます。西淀の疫学調査としては昭和三十年代から四十年代にかけて行われたばい煙等影響調査と学童に対する研究調査しかなく、その結果、全国での疫学的研究成果を西淀に当てはめるという手法をとりました。疫学論争は被告側証人に立った筑波大学社会医学系の山口誠教授らの理論を崩すことに主眼が置かれました。

山口教授らの主張は集団を対象とする疫学では個々の患者の病因の立証はできないといった疫学否定論などで弁護団の主張に反論してきました。山口教授が法廷で展開した「たばこを吸う人が吸わない人より肺がんになる確率が高いからといって、肺がんの原因がたばこだと断定できない」というのは事実ですが、大気汚染裁判の中でわざわざそういう事例を出すこと自体、大気汚染の原因を作っている企業や放置してきた国の行政責任を免罪するところに意図があると批判されても仕方ありません。ものごとのすべてが一〇〇％証明されていなければゼロなのかというと、そうではありません。

被告側の肩書きだけはそうそうたる学者・専門家に対し、原告側も各分野で学者・専門家が手弁当で協力してくれました。疫学では京都大学経済研究所の塚谷恒雄教授が山口理論を詳細に分析し、山口教授の疫学調査の実態を暴露していきました。その結果、山口証人自ら提出した報告書三件について一六三カ所もの正誤表を出さざるを得ませんでした。新聞・テレビは「ミス一六三カ所」「国・企業側証人の報告書」「『ズサン』住民反発」という見出しで大きく報じました。これまで被告側に押し切られそうになっていた裁判の形勢が確実に変わりつつありました。

《被害班》

深刻で広範な被害の実態を裁判所に明らかにすることが被害班の仕事でした。ぜんそくの発作はどのように起きるのか、慢性気管支炎の咳込みは、肺気腫の息切れはどんなに苦しいか、歩くときはどうか、を一つづつ患者さんに教えてもらいながらの作業でした。知れば知るほど被害の実態に圧倒され、全体像を明らかにすることの困難さを思い知らされました。被告側は原告患者一人ひとりについて公害病の罹患を否定し、ニセ患者扱いをしました。それが患者の怒りを呼ぶことになりました。被告側の不当な言いがかりを論破するために西淀病院の金谷邦夫先生、穐久英明先生、耳原病院の川崎美栄子先生らに研究会を開いていただき、医師の意見書を作成してもらいました。また西淀川医師会の那須力先生、藤森弘先生には法廷で証言していただきました。

《歴史班》

八六（昭和六一）年、昭和三〇年代の西淀川区や尼崎などの大気汚染の状況を写した大量の写真が発見されました。

五〇年代後半から大気汚染公害が深刻になり始めたころ、大阪管区気象台が朝日新聞社の協力を得て大阪、尼崎の大気汚染を観測していたことが、新聞を丹念に調べていた歴史班によって分かりました。

歴史班の仕事は、戦前からの西淀川の自然や住民の生活、工場進出などを調査し、企業や行政の公害対策についても歴史的事実をもって明らかにする作業です。こうした作業は、原告側証人に立った関西大学の小山仁示教授らの全面的な協力により行われました。

画期的な写真発見の経過は、小山教授、小田康徳教授らとの研究会で戦後の西淀川区に関する新聞報道を集めて見ようということになったのがきっかけです。小山教授のゼミの学生にも手伝ってもらい、中之島の府立図書館や尼崎市立図書館で新聞の縮刷版を一枚一枚見て、公害関係の記事をコピーしていく作業です。マイクロフィルムで保存している新聞社もあり、随分、目が疲れました。すると、六一（昭和三六）年ころに大阪管区気象台が朝日新聞社の協力で大気汚染の観測をしていることが分かり、気象台の関係者に問い合わせてみました。全気象労働組合を通じて写真の行方を調査してもらうと、気象台の屋上のプレハブ倉庫に保存されていることが分かりました。見つかったのは七二〇枚にもわたるぼう大な資料写真でした。

一枚一枚見ていくと、その中の一枚に尼崎の関電発電所から排出された煙が東へ流れ、西淀川一帯だけが煙に包まれている様子がはっきりと写っている写真がありました。京大の塚谷教授らと撮影場所を特定した結果、西宮市上空から撮影したことが分かりました。写真発見までは、煙の到達は住民の証言とそれを裏付ける計算上によるもので、これだけの排出があれば、西淀川は何ｐｐｍの汚染濃度になるはずだといった実感を伴わないものでした。こうした写真は〝百聞は一見にしかず〟の効果がありました。また、写真の中には患者が証言した「赤い煙」「黄色い煙」「黒い煙」といった悪煙が写っており、証言の正しさも確認できました。

航空機から見る被告企業の排煙の実態＝朝日新聞社機から撮影

左から患者会事務局長だった辰巳致、足立義明両氏と
現事務局員増本美江さん

裁判では現場検証はしますが、もう、そのころは写真で見るような煙もくもくといったひどい状況はなくなっていました。それだけ、これらの写真は公害のひどさが一目瞭然で、裁判官にも分かりやすい証拠となったようです。被告側は煙の出す工場やそれがどこに流れているかという写真の特定には、ひとことも反論しませんでした。

七九（昭和五四）年春、患者会事務局に西淀川区医師会事務局から足立義明さん（三二）を迎えました。その後、浜田耕助患者会会長が亡くなったことにより、森脇君雄がそのあとを引き継ぎました。それで足立さんは九六（平成八）年から患者会事務局長、原告団事務局長になりました。

第六章　臨調行革と公健法改悪とのたたかい

＊二酸化窒素の基準緩和

七四（昭和四九）年九月一日から実施された公害健康被害補償法（公健法）は、加害者負担による被害者の現状救済（ｐｐｐ＝汚染者負担の原則）という点では国際的にも珍しい法律であり、公害抑制の面から一定面評価できる法律でした。この法律がスタートした七四年度末の公害病認定患者は一万九四四九人、支給額は約五〇億円でした。が、支給額が年々増加し、企業にとっては次第に重い負担となっていきました。

このため、企業は二酸化硫黄の排出を減らす努力を始め、二酸化硫黄による大気汚染は改善の方向へと進み、環境基準の〇・〇四ｐｐｍが達成できる水準までできました。しかし、補償費の絡まない二酸化窒素の〇・〇二ｐｐｍの方は改善が進まず、難しいと判断していました。その上、経団連や企業が公健法に裁判の抑制効果を期待したにもかかわらず、西淀川で提訴の動きが始まり、ドルショックやオイルショックで基幹産業が不況に見舞われ、企業の国際競争力も落ち始めました。

財界も賛成した公健法でしたが、早や施行の翌年の七五（昭和五〇）年には指定地域解除の策動が始まります。日本工業会、鉄鋼連盟が企業負担金の引き下げを要望したのを皮切りに、七六（昭和五一）年には経団連が「公害健康被害補償制度に関する要望」を政府・環境庁に提出。これを受けて、財界と通産省は環境基準を緩めるように、政府・環境庁に圧力をかけ始めました。七七（昭和五二）年二月、経団連は「公害健康被害補償法制度改正に関する意見」を環境庁に提出しています。

その要求は

①公害病患者と認定するための地域指定について空気がきれいになったのだから、従来の指定地域認定制度を見直す

②そこに居住する公害患者の等級認定も見直す

③窒素酸化物の環境基準を緩和する

の三点にまとめた内容で、公健法の骨抜きというよりも実質的には公健法つぶし、といえるものでした。とくに、大気汚染の主原因になっていた二酸化窒素の環境基準の緩和要求は許しがたいものでした。

三宅坂の臨調第3部会に対する抗議行動＝1983年１月

そこには、公健法の欠陥是正のために提訴しようとしている西淀川を始め、全国の大気汚染患者会の活動を封じようとの意図がありありと見られました。この公健法つぶしの政府、財界の動きに立ち向かっていったのが全国の患者会でした。逆に、財界の動きに追随したのが環境庁で、被害者から見れば環境庁は〝裏切りもの〟でしかありませんでした。当時、石原慎太郎環境庁長官は「(公健法による)指定地域を段階的に解消する」と発言しています。

よくも悪くも環境庁は常に患者と財界の〝振り子〟でした。公健法制定までは橋本道夫さん(環境庁大気保全局長)は神様・仏様でしたが、二酸化窒素緩和問題以降、悪魔になってしまいました。保身とは思いたくありませんが、権力に弱い官僚の体質でしょうか。あるいは職を賭して踏ん張っても、所詮、結論は同じ、〝無駄な抵抗〟ということだったのかも知れません。

環境庁は経団連の意見書にもとづき七七年三月二八日、二酸化窒素の健康影響への判定基準の再検討を中央公害審議会(中公審)に諮問しました。達成できそうにない環境基準〇・〇二ppmを大幅に緩和するのが目的でした。患者会はこれに反対する方針を確認。四月には「大阪公害患者の会連絡会」を結成し、府下の公害患者の力を結集するとともに、全国の公害被害者にも呼びかけました。六月五日の第二回全国公害被害者総行動デーでは、二酸化窒素の基準緩和反対を重点にした行動提起をしました。経団連に対してデモ行進を行い、「環境行政の後退を許さない」と強く抗議しました。

七七年八月七日の西淀川患者会の提訴を決める臨時総会はこうした情勢下で開かれたものです。七八（昭和五三）年三月、中公審大気部会は環境庁に対して、人の健康に被害を与える二酸化窒素の濃度として「一時間値の年平均値〇・〇二〜〇・〇三ｐｐｍ」を指針値として答申しました。この指針値は日平均に直すと、従来の環境基準の二倍〜三倍の基準値になるもので、大幅な緩和でした。

＊環境庁幹部も認める誤った緩和

自治体の中には「科学的根拠のない緩和だ」として反対するところも多く、大阪府も環境庁に「人の健康を保護する観点から十分に審議を尽くし、科学的根拠にもとづいて慎重に取り扱われるように要望する」との要請書を提出するほどでした。

全国連絡会は七月、東京で決起集会を開いて環境庁とわたりあいましたが、環境庁は指針値通り、「日平均〇・〇四〜〇・〇六ｐｐｍ」の新環境基準を七月一一日に告示、環境行政は政府、財界のいいなりになる第一歩を踏み出しました。

緩和告示の当日は、環境庁の橋本道夫大気保全局長が患者会との交渉の席を抜け出して「緩和強行」の記者会見を行ったため、怒った患者会に対し四項目の「覚書」を書きました。その内容の第一は患者等の疑惑や問題については早急に納得のいく説明をすること、第二は中央公害審議会に全国患者会が推薦する専門家を入れるよう努力すること、第三は大阪や東京など高濃度地域の大気規制については、自治体の既存の対策を尊重し、早期に総量規制などの強化を行うこと、第四は陳情等今後の交渉においては、患者の人数制限を行わないよう誠意をもって対応すること――となっています。

橋本大気保全局長はその後、海外に転出したため、後任の山本宜正大気保全局長が七八（昭和五三）年一〇月一九日、交渉の席上、二酸化窒素の緩和問題について「私は不勉強で科学的根拠は説明できません」と確認書を書きました。さらに、山本局長は七九（昭和五四）年七月三〇日に大阪の共済会館で行った交渉で、「千葉県調査、岡山県調査、大阪・兵庫調査の三つの疫学調査について、カイ二乗検定の解析をした結果、持続性せき・たんの有症率が増加をはじめるNO_2濃度は年平均値〇・〇二ｐｐｍであること、さらに六都市調査については、東京都NOx検討委員会がカイ二乗検定した結果は右と同数字であることを認めます」という確認書を書きました。これは改定した環境庁の基準の誤りを自ら認めたものです。

しかしながら、この緩和により日本の九割近くの地区が旧環境基準に達していなかったのに、それらがクリアされ、逆に達していないところは一割になるという逆転が起きてしまいました。以後、「日本の大気はきれいになった」「公害患者の新認定はやめよ」との財界の公健法つぶしが加速していきました。同時に「空気はきれいになった」「もう公害は終わった」「公害はなくなった」との宣伝が行われていきます。そして認定患者の見直しや等級の見直し、ぜんそくは喫煙や室内環境汚染による発症だと、またもやニセ患者論を展開し、一部マスコミを使って世論に訴えていきました。まさに、公健法成立以前に戻ったような錯覚を覚える攻撃を繰り返しました。

＊公健法改悪への策動

七九（昭和五四）年二月一五日には経済四団体が打ち揃って自民党三役に「指定地域解除」を要望、自民党内にも「公害は終わった」「環境庁を解体せよ」という暴論まで飛び出す状況が出てきました。経団連は同年四月一六日付けで「公害健康被害補償制度改正問題に対する今後の取組み方」との文書を作成しました。欄外には「取扱注意」の判が押してありました。マル秘扱いではないので、いずれ公表することを前提にしている文書だと判断しましたが、財界の本音を赤裸々に表現したものとして、患者会の怒りを買ったのは当然です。

経団連の文書は次の通りです。

一、制度廃止（終息）を目標に、段階的に改善を図っていく。

二、まず（イ）指定地域を減らす、認定もできるだけ絞る。（ロ）汚染に関係ないものは積極的に本制度から排除することにより、全体の所要額を減らす方向に持ってゆくことを主眼とする。

三、既存の認定患者のついては、治療促進をはかり、治ったものを認定更新時にはずしてゆく。

四、最終的には本制度は廃止し、残った患者は別途の経過立法ないしは他の制度に引き継ぐ。

経団連の「取扱注意」印の入った内容文書

取扱注意

公害健康被害補償制度改正問題に対する今後の取り組み方

54.4.16

1．基本的な考え方

(1) 制度廃止（終息）を目標に改善を図っていく。

(2) まず、㋑指定地域をへらす、認定もできるだけ絞る。㋺汚染に関係のないものは積極的に本制度から排除することにより、全体の所要額をへらす方向にもってゆくことを主眼とする。

(3) 既存の認定患者については、治療促進（治療法の確立、治療体制の充実、ＰＲ）をはかり、治ったものを認定更新時にはずしてゆく。（その際、指定地域解除後の費用負担のあり方について、産業界としてのコンセンサスを得ておく必要がある）

(4) 最終的には本制度は廃止し、残った患者は別途の経過立法ないしは他の制度に引継ぐ。（例えば、健保、労災等、他の社会保障制度の中で救済する）

2．当面の課題

上記の基本的考え方のもとに、問題の緊急性、実現可能性も考慮し、この際ある程度重点項目を絞って制度改正を働きかける。

(1) 大気汚染改善の事実を踏まえ、㋑指定地域解除の実施、㋺暴露要件見直し（汚染改善後の新規参入者排除）㋩指定４疾病の見直し、の３点を当面の重点目標とする。

(2) 特に、㋩については、疾病と汚染との関係を臨床医学的にはっきりとさせ（例えば、そもそも大気汚染によっておこるのか、あるいは汚染改善後何年経過すれば汚染と無関係といえるか等）、その結果に基づき患者認定を厳格にするなど。

(3) このほか、㋑喫煙患者の取扱い（認定取消し、給付制限等）、㋺老齢患者の取扱い（例えば、平均寿命を超えた場合の死亡者の取扱い）も検討課題とする。

(4) 公費導入問題、費用負担問題について

㋑自然有症患者等の取扱いについては、制度設定後の状況変化（汚染の改善、汚染と疾病の因果関係解明の進展）を踏まえて、今後は公費導入よりむしろ「汚染と関係ない認定患者は本制度からはずしてゆくこと」を主張する。

それでもなお医学等の限界からどうしても割り切りが残るなら、その分について何らかの公費導入等を考える。（例えば、喫煙者を補償対象からはずせないなら、タバコ消費税等の財源から充当する）

㋺固定・移動の負担割合、地域収支アンバランスの一層の是正等の問題は、根本問題からはずれ、かえって根本問題の解決を引き延ばすことになる恐れがあるので、取りあげない。（なお、移動発生源の負担方式については、現行の自動車重量税方式を55年度以降も引き続き延長せざるを得ないと考えられる）

(5) その他

㋑納付者側の本制度運営への関与

（補償協会評議会の幹事会の設置）

㋺認定患者実態調査の実施

㋩治療法の確立・普及への体制整備

㊁その他

経団連が作成した「マル秘文書」＝1979年４月

ここまで考えていたのか、と正直びっくりさせられました。加害者としての自覚がまったくないばかりか、患者を人間として見ていません。私たちの側に、まさか施行して間もない補償法を廃止することはあるまい、「患者聖域論」のような思いが心のどこかであったことは否めません。「甘かった」と反省しきりでした。認定患者が全国で一〇万人を超えようとしており、企業全体の負担金が一〇〇〇億円に達しようとしていたことから、「公健法憎し！」の執念が籠もっているようでした。裁判もやむにやまれず起こしたものだし、勝てる見込みも持てませんでした。財界がいろいろ画策していることは知っていましたが、文章の存在を知った時は「さんざん患者を苦しめておきながら、ここまでやるか」と、本当に怒りが腹の底から込み上げてきました。

財界は同年一一月一九日、第二回経団連フォーラム基調講演で当面の見直し課題として「重点項目を絞って制度改正を働きかける」ことを明らかにしています。その重点項目は次の三点です。

一、地域指定解除の実施
二、暴露要件の見直し
三、指定四疾病の見直し

とくに、二については「汚染改善後の新規患者の排除」を求めています。要するに、全体として新規患者は認めず、公害患者そのものの存在をこの世からなくしてしまう意図を明確に打ち出していました。

これに対し、全国公害患者の会連絡会は一一月二六日、六カ月交代による臨時専従体制をとることを決定。最初に倉敷公害患者と家族の会の太田映知事務局長が大田区内に事務所を構え、東京患者会の組織化に努力してもらいました。一一月には環境庁がぜんそく性気管支炎の六歳以上の切り捨てを表明したため、専従活動は多忙を極めました。全国公害患者の会連絡会は八〇（昭和五五）年一一月、財界の巻き返しを許さないことと、裁判闘争勝利のために、「一億円闘争基金運動」を決め、全国に訴えました。八一（昭和五六）年五月、全国公害患者の会連絡会は連合会に名称を変え、充実強化しました。

財界は政府に対し八一（昭和五六）年一二月一一日、「環境行政の合理化に関する要望」を提出。当時、中曾根康弘首相は「戦後政治の総決算」を掲げており、行政の簡素化と民間活力の導入の名のもと、第二臨時行政調査会（土光敏夫会長）に対し、各補助金の見直しを諮問しています。その中で財界の強い意向を受けて、補助金とはまったく性格の違う加害者負担による公健法についても、自動車重量税にひっかけて俎上に乗せるように求めています。それを財界代表の一人、土光敏夫氏が会長を務める臨調が審議するという構図です。基本

ぜんそく性気管支炎の6歳以上の切り捨てに抗議する患者＝1979年11月

的には政府の方針に〝お墨付き〟を与えるのが、審議会や調査会と名のつくものの実態です。それが証拠に市民や被害者の代表はほとんどおらず、大部分は政府よりの有識者やマスコミ代表で構成されています。中央公害対策審議会でも、被害者代表は一人も選ばれていません。

国の環境基準緩和に対して自治体はさまざまな対応をとりました。大阪府では黒田革新府政に替わって就任した岸昌《さかえ》知事は七九年に「公害行政衣替え」を公言し、大阪の目標値を国並に緩和する策動を開始しました。大阪市は国の告示後の一〇月に公対審を開き、そこで認知しようとする動きがあり、大阪公害患者の会連合会は二〇〇人の抗議行動でこれを阻止しました。

八〇年一月には、岸知事による「二酸化窒素緩和発言」があり、連合会は直ちに抗議集会を開き、その後二年間にわたって押し問答を繰り返しました。しかし、八二年に入ってから府は、二酸化窒素の環境保全目標を二倍に緩和する「新環境計画概案」を公表し、年末には「環境総合計画（ステップ21）」を府民の反対を押し切って策定しました。連合会は「公害患者の生きる希望の灯、消さないで」のスローガンのもと、丸一年間死力を尽くしてたたかいました。

交渉で返答できず、この後逃げ出した岸昌知事＝1982年４月

八二（昭和五七）年二月二五日の府の中川生活環境部長交渉には三〇〇人、三月二六日には府庁中庭にトラックを持ち込み、一一〇〇人が集まって連続交渉し、四月に岸昌知事交渉の約束を取り交わしました。四月八日、府職員会館の四階集会室で代表二〇〇人が交渉に臨みました。四〇〇人は会館周辺で待機しました。返答に窮した岸知事は「開かずの扉」といわれるシャッターの隙間をかいくぐって逃げ出すという醜態を演じました。

八月二一日、西淀川公害患者と家族の会結成十年記念の中心行事として「西淀川公害患者死亡者合同追悼会」を催しました。患者会独自の取り組みとして企画しましたが、結果的には医師、町会、労働組合、民主団体、官製団体など幅広い区民を結集した実行委員会が実施することになり、公害根絶へ区民あげての決意を固めあう場になりました。

その後、府は一二月三日に「環境総合計画」の策定を報道関係者に通知し、七日に正式に決定しました。患者会は一二月四日にゴザに「府 NO_2 基準緩和反対」「公害患者の生きる希望の灯消すな」等のスローガンを書いて府庁玄関前に座り込み、六、七日には代表三人がハンガーストを決行するなど強く抗議しました。

西淀川公害死亡者合同追悼会＝1982年４月

＊臨時行政調査会とのたたかい

政府、財界、臨調は一体となって、臨調行革に「公健法の改定」まで乗せました。当然、良識ある学者からは行政改革を対象とする臨調が補助金の整理合理化の一つとして公健法に口出しするのは筋違いと厳しく批判しました。八二（昭和五七）年一二月一六日、臨調第三部会は素案として次のような答申案をまとめました。

一、第一種指定地域の指定の指標とされている硫黄酸化物による大気汚染が改善されている状況に鑑み、科学的見地からの検討を進め、指定地域及び解除の要件を見直す。

二、各種健康保険、労働災害保険等とのバランス等を考慮して、診療報酬単価の見直しを行うとともに、レセプト審査の強化、医療機関に対する指導監査の強化等により、療養の給付の適正化を図る。

この素案を知った全国公害患者の会連合会は一二月二〇日から年末年始を挟んで六回にわたって全国から一六〇〇人を動員し、要請と抗議集会を開きました。「当面、西淀裁判どころではない」というのが正直な気持ちでした。患者たちの命運を左右することになってきたからです。師走の中、役員を先頭に患者たちは駆けずり回りました。土光敏夫会長や委員にはがきを出し、電話、電報による要請は最終答申まで一七回を数え、要請はがきは五万二〇〇〇枚に達しました。土光会長宅に赴いて直接要請もしました。メザシを食べて質素な生活をしているという東京電力の会長宅は、訪問した山野愛子さんによると「確かに豪邸ではなかったけど、作りは実に立派なもので相当値打ちのある家屋だなぁと印象を話しあった記憶があります。玄関で奥さんに丁重な応対をしてもらいました」と話していました。中曾根首相のブレーンだった委員の瀬島龍三氏宅を訪問した人によると「見るからに豪邸で、数寄屋作り風の茶室に通してもらい、そこで要請文を渡しました」と後日、語っていました。

翌八三（昭和五八）年一月一〇日、全国から六〇〇人が参加して臨調会議が開かれている三宅坂の庁舎の前で総決起集会を開きました。臨調の委員は財界、政府のいいなりの答申案を作成しつつあったようです。丁度、日本共産党の沓脱タケ子参院議員や中路雅弘衆院議員らが私たちの激励に駆けつけてきて、庁舎に入ろうとしたので、突入を考えていた私は「国会議員が一緒に逮捕されたら大変なことになる」と思い、咄嗟に「国会議員のみなさんは中に入らないで下さい」と何度も呼びかけ、押し止めました。そういう訳で、大牟田公害患者と家族の会事務局長の岩山喜久蔵さんに抗議・要請団体のしんがりを務めてもらって、不測の事態を避けました。

決起集会の前には元気づけの和太鼓を「荒馬座」の人たちに打ってもらっていました。事態は大詰めを迎えており、このまま玄関前で抗議していても埒があかないので、突入を決めました。「ドン」という太鼓の合図で名古屋の伊藤栄さんを先頭に、ドアを開けて一斉に玄関前から一階ロビーに入って行きました。一階ロビーは狭く、二階への階段の踊り場付近まで人でひしめきあっていました。伊藤栄さんは「不意をついて入らないと失敗すると思い、太鼓の合図で一気に入っていきました。ガードマンは何がなんだか分からなかったみたいで、じっとしていました」と語っています。

臨調の会議は二階の会議室で開かれていました。私はハンドマイクを持って「土光出てこい。これから五分待つ。出てこなかったこっちから行くぞ」とやりました。ついで、

和太鼓で元気づけする総決起集会＝1983年１月

「出てこなかったら、会議室を取り巻くぞ」

と声をあげました。誰かが「太鼓の合図で行動しよう」といったので「荒馬座」の人たちに協力を頼んだところ、最初、「荒馬座」の人たちは「割り増し料金がいる」とかなんとかいってましたが、なんとか了解してもらい、太鼓の「ドーン」という大きな合図で「ウォッー」と掛け声をあげながら会議室をめざしました。その場の雰囲気も手伝って「ドーン、ドン、ドン、ドン」と太鼓のテンポが早くなっていきました。「百姓一揆」か「秩父困民党」の決起のような雰囲気になり、「荒馬座」の人たちも興奮して太鼓のリズムをさらに早めて手に血豆ができるほど叩きまくっていました。

＊「関東軍参謀は引っ込め！」

現在、西淀川公害患者と家族の会の事務局長をしている永野千代子さんも参加していました。

「戦国時代の合戦みたいやったなぁ。狭い玄関ロビーと玄関前に座っていた六〇〇人がみんな、片手に直訴状をかざしていっせいに立ち上がり、お腹に響く太鼓の音でビルの中にどっと入っていくやろ。こっちも命がけでたたかってるんやから、ぞろぞろ歩くというより『行くぞっ』『ウォッー』という感じで突っ込んでいったがな。警備員はあっけにとられて黙って道を開けるし、ロビーが狭いので階段の途中まで上がらんと入りきらん。彼らは会議をしてたからあわてたんとちゃう。いやぁ、今思い出してもすごかったなぁ。なんか、運動してる実感が体の中から湧いてくるようで、背筋がビシッとしたみたいやった」

会議室から、中曾根首相の参謀格だった瀬島龍三氏と同盟系の労組幹部の金杉秀信氏の二人が緊張気味の顔で廊下に出て来ました。「堺公害患者と家族の会」の河野宏明さんが「あれは関東軍にいた参謀の瀬島龍三や」と教えてくれたので、こっちは咄嗟に「関東軍参謀に用はない。引っ込め！　土光に会わせろ」とやりました。瀬島氏は一瞬びっくりした様子で顔をこわばらせて会議室に戻りました。河野さんは関東軍の高級将校の運転手をしていたので、瀬島氏の顔をよく見知っていました。世の中は面白いものだとつくづく思いました。瀬島氏らは中で土光氏らと協議した後、再び二人が廊下に出てきて「五人の代表とならば話をしたい」と提案してきました。こちらは六〇〇人の参加者全員が直訴状を持ってきているので、各人から受け取ってほしい、代表による話し合いの件はそれでよい、と応じました。

結局、参加者の直訴状は一階に事務局が長机を並べて順番に受け取ることになり、併せて二階の会議室で五人の代表と臨調の委員全員が会うことになりました。参加者は直訴状を渡す際に「公害健康被害補償法を改悪するな」「指定地域解除反対」「公害患者のいのちと生活守れ」など、ひとこと抗議の言葉を述べていきました。委員会では騒然とした雰囲気の中で林功・大阪公害患者の会連合会事務局長が直訴状を読み上げました。土光座長は奥の方で黙って聞いていました。要請行動の結果、文章は素案から次のように変わりました。

一、第一種指定地域の指標とされている硫黄酸化物の濃度は低下したものの、窒素酸化物の濃度はほぼ横ばいにある等の状況の中で、科学的見地からの検討を進め、指定地域及び解除の要件の明確化を図る。

瀬島龍三氏、金杉秀信委員（左側二人）と話す
森脇君雄全国患者会幹事長、林功同常任理事＝1983年１月

二、レセプト審査の強化、医療機関に対する指導監査の強化等により、療養の給付の適正化を図る。

＊四度書き直させた答申案

「窒素酸化物の濃度はほぼ横ばい」と認めさせましたが、「解除要件の明確化」という指定地域外しの文言が抜けないために、全国連合会は緊急声明を発表し、世論に訴えました。「公害健康被害補償法の廃止に反対する」との声明は、目的の違う臨調がなぜ、公健法改悪に口出しするのか、を強く批判した内容になっています。

一、本日、臨調第三部会は「補助金等の整理合理化について」の報告を臨時行政調査会に提出した。その内容は、私たち公害患者の生命をかけた要請行動に、本文の一部手直しを余儀なくされながらも、公害健康被害補償法の廃止につながる「公害健康被害補償協会交付金」を補助金等の整理合理化の対象とする極めて不当なものであり、私たちはこのような報告を行った臨調第三部会に抗議するとともに、最終答申からの項目を全面削除するよう重ねて強く要求するものである。

一、第三部会報告は、約二八〇〇件の補助金保護助成策の内から整理合理化の必要なものとして三三項目を取り上げ、その中で「変化に対応して的確な見直しが行われるためには、終期の設定やスクラップ・アンド・ビルドの原則を徹底する」とか「長期的惰性的に継続することのないよう、政策目標を明確にし終期を設定する」といって、最後に「補償協会交付金」を付け加えた。

しかし、現在、公害認定患者だけで全国八万人が苦しい闘病生活を送り、さらに年間一万人を超える新しい患者が生まれ、未救済の被害者はその倍、その数十倍ともいわれている。このように、わが国の公害環境問題は今なお最重要の国家的問題であり、公害対策の根幹である公害被害者救済を、今日の時点で整理合理化の対象とすること自体、本末転倒であり、きわめて不当なものである。一、しかも四日市公害裁判の結果を踏まえ、国民的世論によって成立した、民事責任を踏まえた損害賠償制度の性格を有する補償法を「補助金等保護助成策」一般に解消することにより、公害企業の加害責任を免罪し、補償法の精神と性格を不当にねじ曲げるものである。

今、必要なことは制度の縮小・廃止ではなく、法律制定時及びその後の付帯決議を完全に実行し、より広く完全に被害者を救済する方向での法改善でなければならない。

この声明を実現させるべく、全国連合会は最終答申をまとめる臨調に対し、さらにたたかいを挑んでいきました。全国の患者会に支援と動員を呼びかけるとともに、約一〇万枚のビラを臨調が使用している東京・三宅坂の庁舎やその周辺と全国で配付しました。団体署名に取り組み、二〇〇〇団体からの賛同を得ました。環境庁、国会、自治体への要請を強め、各地の地元出身国会議員へも働きかけ、経団連に強く抗議しました。

このような波状的な抗議、要請に対し、臨調は第三部会の報告文の表記を三度変えました。三度目は

「公害健康被害補償制度は、民事責任を踏まえ、公害による健康被害者の迅速かつ公正な保護を図るこ

とを目的として創設されたものであり、発足後八年余を経過したところである。**今後とも制度を維持しつつ**科学的見地からの検討を進め、第一種指定地域の地域指定及び解除の要件の明確化を図るとともに、レセプト審査の強化等により療養の給付の適正化を進める」となりました。

ゴシック部分が変わったところです。

やるべきことはやって一定の成果は得ました。素案に比べれば大きな前進でした。しかし、敵も黙ってはいませんでした。マスコミなどを使った世論誘導が行われました。月刊誌『現代』（八三年三月号）で臨調第三部会長・亀井正夫氏と第四部会長・加藤寛氏の対談を掲載しました。対談の見出しは「巨大補助金に群がる恐るべきたかりの構造を斬る」となっており、前文（リード）には「特権化している議員の海外視察旅行、児童手当てをもらうための偽装

亀井正夫氏と加藤寛氏の対談を掲載した月刊『現代』（1983年3月号）

結婚、新幹線のウナギ弁当のリベートまで、税金に巣くうあきれた実態の数々を告発する」と、正義面で書いています。亀井氏は元新しい日本をつくる国民会議会長で元民間政治臨調の会長。加藤氏は慶応大学教授で元政府税制調査会会長、元米価審議会委員など数々の政府審議会に名を連ねてきた、私からいえば典型的な〃御用学者〃です。

亀井　公害健康被害補償制度というものもね。これは四九年に発足しまして、そのときの基準は硫黄酸化物で〇・〇四ｐｐｍ以上のところということでした。スタートしたときに公害患者に認定された人が一万四〇〇〇人くらいだった。支給金額は四〇億円だった。今、八年たって八万三〇〇〇人になって、支給金額は八七〇億円ですよ。しかも指定地域の環境は〇・〇二ｐｐｍぐらいよくなってきてる。環境はよくなってるのに、患者が増えるというのが理解できない。そのうえ、同じ環境でありながら隣接した区で患者の多いところと少ないところがあるんです。

加藤　同じ空の、同じ空気の下でですか。

亀井　そうなんです。受給者がこちらがこんなに多くてお隣りは少ない。これは誰が考えてもおかしい。するとそこには、認定方法に欠陥があると考えるしかないですね。

加藤　それは医者にとってもプラスになるんですね。

亀井　診療費が通常の五割増になっています。陳情に来るときは、喘息でヒューヒューいっている重症患者を連れてきて、『この人はあと一年か二年で死ぬ。こういう人の補償を切るんですか』という言い方をする。本人を日の前のおいてですから、人道的にもこちらは義憤を感じましてね。

加藤　その重症の人は、モルモットにされているわけだ。ひどいですなあ。

対談の裏では、私たちの運動で改善された硫黄酸化物だけを問題にして、窒素酸化物や浮遊粒子状物質などの増加によって新たな患者が出ているにもかかわらず、意識的に歪めていること。公害の実情を二人とも何も知らないこと。補助金と補償費をわざと一緒くたにして、認定する医者と患者会がつるんで金もうけをしているかのように描いて見せています。しかも、今なお問題になっている議員のお遊び視察や偽装結婚と同列視して税金に群がっていると、患者を愚弄しています。こういう人たちが国民の命とくらしにかかわる重要な政府の施策を左右しているのが現実です。「ひどいですなあ」とはこちらのいう台詞です。

そして三月一四日、臨調は最終答申をしました。その内容は「公害健康被害補償制度は、民事責任を踏まえ、公害による健康被害者の迅速かつ公正な保護を図ることを目的として創設されたものであり、発足後八年余を経過したところである。**大気汚染の原因者が公害発生の防除に一層務めるべきことはもちろん**であるが、今後とも制度を維持しつつ科学的見地からの検討を進め、第一種指定地域の地域指定及び解除の要件の明確化を図るとともに、レセプト審査の強化等により療養の給付の適正化を進める」とゴシック部分を挿入させ、四度目の書きかえをさせました。文字通り死にもの狂いのたたかいでした。このたたかいは何といっても企業の責任をあいまいにさせないためでした。四度にわたる書きかえは患者と支援者の力によるものでした。少し、難しくいえば公健法の損害賠償としての性格、制度の維持、汚染原因者の公害防止義務を明記させたのが大きな収穫だったといえます。

しかし、「解除要件の明確化」の文言は最初から最後まで残り、指定地解除につながる公健法改悪の歯止めはできませんでした。

＊公健法改悪の中公審答申

八三（昭和五八）年一一月一一日、環境庁は中央公害対策審議会に対し、

一、大気汚染の公害病指定地域の指定要件の見直し
二、窒素酸化物、浮遊粒子状物質による健康被害
三、指定地域解除要件の新設

について諮問しました。

財界、経団連が狙った通りの諮問であり、答申内容は当初のもくろみより後退しましたが、公健法改悪への道をつけました。環境庁は公害をなくし、自然環境を守る本来の責務を全面的に放棄するばかりか、患者の目には〝環境破壊庁〟といわれても仕方のない豹変として写っていました。環境庁は度重なる財界の圧力によって七三（昭和四八）年一〇月から経団連トップとの会談を定期的に開き、情報を交

換し、臨調の答申に沿った公健法見直しの動きを密かに進めていました。内部で六項目にわたる作業の見直しが行われていたのです。全国連合会は環境庁から補償法見直し事項を入手し、第十三回総会の議案書で公表しました。

《補償法の見直し事項》

一、窒素酸化物による汚染を地域指定要件においてどう評価すべきか。
二、大気汚染の改善状況に照らして、現行の暴露要件を見直す必要はないか。
三、地域指定の解除要件をどのように明確化するか。
四、大気汚染による健康被害の予防及び治療のためにいかなる施策を講ずることができるか。
五、自動車にかかる費用負担のあり方についてどう考えるか。
六、その他、本制度をめぐる諸問題。

これは明らかに指定地域解除にとどまらず、「改悪」から「廃止」への道程を目指したものでした。連合会としては臨調闘争が一段落したからといって、一休みしているような状況ではありませんでした。これらの策動は八七（昭和六二）年二月に補償法改悪案が国会に上程され、同年九月に参院で成立し、翌八八（昭和六三）年三月から施行されるまでの序章にすぎませんでした。そのときはもちろん知るよしもありませんが、裁判闘争と平行して、のべ四年間にわたる大闘争が待ち構えていました。とりあえず、全国レベルで一億円の闘争費用を用意することになりました。原告、弁護士、学者の協力を得て、全国連合会内に補償法対策会議をつくり、それをたたかう前線本部にしました。

＊たたかう体制づくり強化

西淀川の患者会では八四（昭和五九）年三月末に浜田会長が定年まで五年を残して大阪市立海老江西小学校の教諭を最後に退職しました。教職と患者会を両立させていくのが身体的にもきつくなっていたからです。四月からは患者会会長として会の専従になってたたかう体制を整えました。浜田会長は娘の美和子さんから「結婚するまで仕事はやめんといて」といわれていましたが、「ここが正念場、腹をくくってやるしかない」と密かに決意されていたと思います。

「もう、決めたから」

これが妻の保子さんと美和子さんに対することばでした。保子さんは「この期に及んで反対できませんでした」と話していました。

私は九月から東京に常駐して陣頭指揮をとりました。若いころ東京で働いていたときに旅館の　室を借りて居候のような生活をしていた経験から、今度も文京区の比較的安い旅館に間借りさせてもらって、運動の指揮をとりました。

たたかいの主眼は「財界、政府から求められている答申を出させない」運動をどう展開していくかでした。審議している専門部会の保健部会は夏ごろまでに答申をまとめる予定とされていましたが、広範な反対運動の影響を受けてか慎重審議に徹し、諮問後一年間に一一回の会議を開きましたが結論が出ず、「遅くとも一年以内に答申を得たい」としていた環境庁の思惑は外れてしまいました。

保健部会の部会長は金沢良雄成蹊大学名誉教授で、委員は二四人でした。うち一〇人近くが加害企業、財界代表のうえ、学者の中にも財界寄りと見られる人が何人もいました。七八年の二酸化窒素の緩和答申委員がほとんど残っていたので、一夜で答申をまとめあげかねない可能性もあり、警戒監視を怠りませんでした。

連日、委員たちにはがきや要請文を届けました。委員の中には信頼できる人もいましたが、そうした人は少ない上、一番問題なのは加害者企業代表が委員になっているのに、被害者・患者代表が一人もいないということです。環境庁には被害者代表を委員に加えるよう強く要請しました。はがき要請行動は財界寄りと見られている委員には徹底して送り、その数は二万枚に達しました。

八四（昭和五九）年の一年間で二五波の中央行動、三月、六月、一〇月に三回の総行動、二回の環境庁長官交渉などの行動を続け、委員会の審議に大きな影響を与えました。患者会独自の行動としては専門委員会開催ごとに行った中央行動で患者はのべ五五六六人、支援三二八人、宣伝行動でビラ二九万二〇〇〇枚を配布、国会請願に七回五一九人を動員し、通産省や経団連への抗議も続けました。

世論の盛り上がりで、専門委員会の報告は遅れました。これでまともな報告が書いてもらえるなら問題はありませんが、構成委員の顔ぶれを見ると甘い考えは禁物でした。文章をねじ曲げられたり、財界寄りの報告を出しかねないと思い、さらに包囲網を狭めていくようにしました。

六月の総行動デーには約七万三〇〇〇人分の署名を提出、東京、大阪を中心に反対運動の輪は全国に広がっていきました。環境庁長官交渉では「臨調行革に便乗した公害、環境行政の後退はやめ、国民の生命と健康を守れ」との要求を突きつけました。

一、大気汚染が抜本的に改善され新たな被害者の発生が認められなくなるまで、公害病認定指定地域の解除は絶対に行わないこと。

二、中公審に対する公害指定地域見直しの「諮問」は時期尚早であり、かつ制度の改悪につながるものであり認められないが、専門委員等において実質的な審議が進められている状況を踏まえ、次項の要求を実現すること。

▽　中公審（環境保健部会、同専門委員会）に、被害者団体の推薦する専門家を相当数早急に加えること。

▽　中公審（環境保健部会、同専門委員会）は、機会あるごとに被害者及び被害者団体の推薦する専門家の訴えや意見を聞くとともに、各指定地域で公聴会を開催すること。

▽　審議内容を資料とともに公開すること。

三、公害関係予算の削減を取りやめ、必要な増額を行い公害対策を推進すること。
四、公害健康被害補償制度改悪（廃止）のための財界との懇談会等の開催を中止すること。

「答申を出させない運動」は三年も続きました。が、自民党、財界は公健法つぶしに総力をあげ、八六（昭和六一）年夏から環境保健部会は答申への道を走り始めました。環境庁は専門委員会審議と平行して七人の作業小委員会を設置し、答申案づくりに当たらせました。六月から保健部会で本格的な審議を始めました。

＊緊急総決起行動の提起

この時期は患者にとっては一番しんどいときでした。たたかいながらも、多くの患者の頭の中には「補償費がなくなるのでは」という思いがありました。一抹の不安があれば、抗議行動を広げて行く以外に手はありません。世論だけが私たちの味方です。答申間際と判断した全国連合会は、九月に患者会だけで一五〇〇人集めた「九月緊急総決起行動」を実施。一〇月一日から六日まで環境庁前に連日、のべ四〇〇〇人が参加して座り込みを続けました。患者らは庁舎を警備する機動隊を挟んで中公審委員に必死に訴えました。

中公審保健部会が一〇月三〇日にあり、患者会はこの臨時総会が最終段階と考え、指定地域解除を絶対させせない抗議の手段として二九日に霞ケ関第五庁舎を包囲し、午後三時を期してロビーに一〇〇名がゴザを持ち込み、座り込みを始めました。前の日に倉庫のゴザと「指定地域解除反対」の垂れ幕を一緒に置かしてくれた守衛長はびっくりして座り込みの中止を求めてきましたが、私と大牟田の岩山さんは知らん顔をしていました。環境庁の外では寝袋を用意して三五〇人が支援のために集まっていました。日暮れとともに警察が動き、合わせて環境庁職員が「外に出て下さい」と警告してきました。同七時すぎに警察から二回目の警告があり、「もう、これだけ新しい庁舎で座り込んだので気が晴れたのと違う」といってきました。もちろん、知らん顔をしていました。

三度目の警告の前には、丸の内警察署の幹部が「三度目の警告が限界です。責任者を逮捕します」と脅してきました。さらに一時間すぎたころ、職員四、五人による「ごぼう抜き」が西淀川の患者さんが座っていたところから始まりました。が、患者さんに手荒なことはできません。環境庁の若手職員は患者さんをなだめながら裏口へ運んでいました。最終的には同一〇時半に、岩山さんと相談して引き上げ時と判断し、表玄関から全員を外へ出すことにしました。

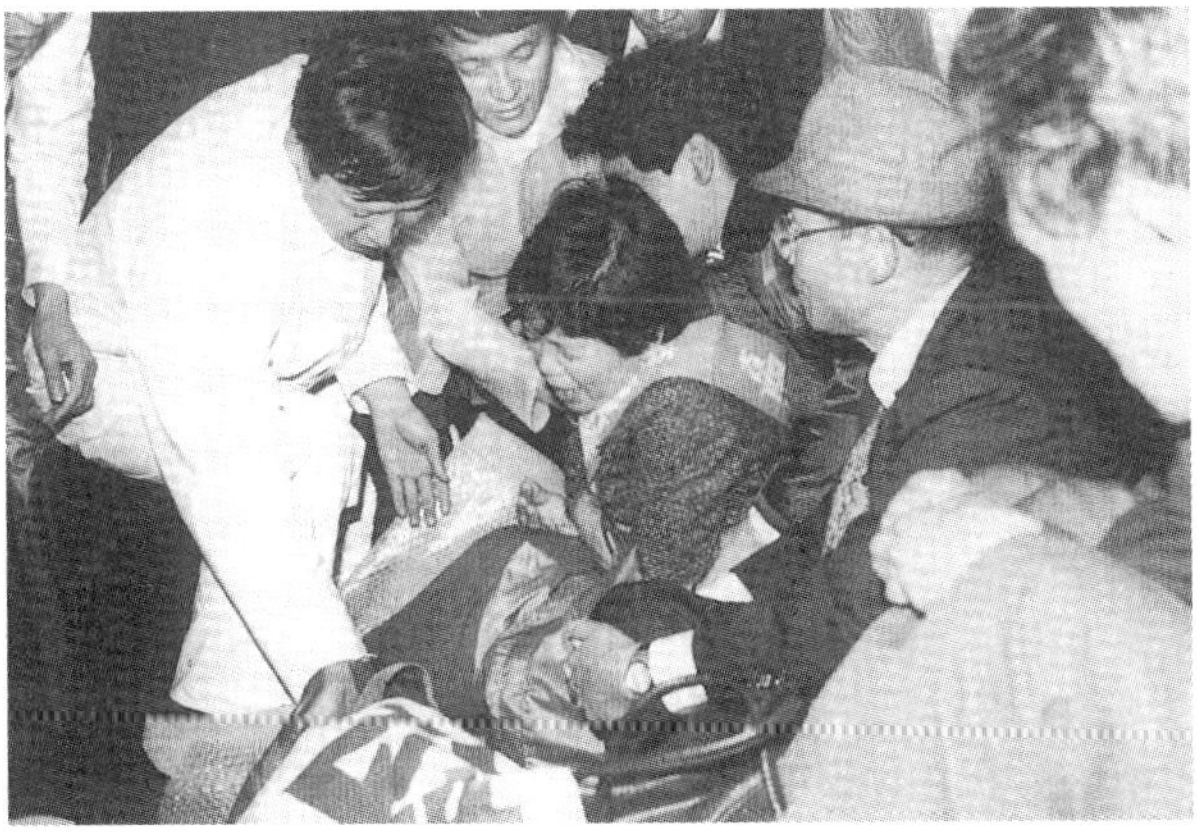

第五庁舎に座り込み、ごぼう抜きに遭う患者＝1986年10月

西淀川公害患者と家族の会事務局長の永野千代子さんは

「雨が降っとったなぁ。寝袋を持った人もいたから徹夜を覚悟してたと思う。私ら西淀川の関係者は午後二時ころからロビーの片隅に座ってたんや。環境庁職員が『庁舎から出て下さい』と何回か退去勧告をしにきてたけど、知らん顔してたわ。夜の一〇時ころになってから職員による座り込み患者のごぼう抜きが始まって私も五人の職員が両手、両足と腰の当たりを持って裏口から放り出されたんや。『どこ触ってんねん、エッチ』というたん覚えてるねんけど……。岡前千代子さんも放り出された一人や。みんなで一〇人、ごぼう抜きされたみたい。もう頭が痛いので医療班の人に診てもらったら、血圧が二三〇まであがってた。それからや、血圧が高こうなったんは。今でも高い」

永野さんが積極的に患者会の活動を行うようになったのは、それなりの理由がありました。次男の猛則君が九歳で交通事故で亡くなったからです。猛則君は一次原告です。一次原告に選ばれたのは道路が家の近くを走っていたのと猛則君が乳児発症だったから。「一歳半でぜんそく性気管支炎の認定を受けています。ゼイゼイ、ゴロゴロと猫のように喉を鳴らしていて、咳が出るとミルクも一緒に吐き出してました」

小学校四年生の夏休み。八月一五日、お盆の日の夕方でした。猛則君が国道43号線の横断歩道の手前で信号待ちしているところへ、いきなり乗用車が突っ込んできました。居眠りをしていたと見られています。此花区の救急病院に駆けつけたときはすでに遅く、手にはアイスクリームを買う一〇〇円玉が握られていたといいます。

それまで子どもが小さかったせいもあり、患者会の活動はほどほどにしていました。裁判の意義もいまいち分からず、子どもの死をきっかけに患者会をやめようと思い、猛則君が通っていた出来島小学校の初田重光校長に相談に行きました。初田校長は郷里が同じ鹿児島でした。出来島小のPTA活動を通して心安く、猛則君を日ごろから気にかけてくれていました。

第二次提訴の前夜集会で訴える永野千代子さん＝1984年７月

「生きている子どもには何でもしてあげられる。が、死んだ子どもには仏壇に手を合わせたり、お花をあげたりすることしかできない。永野君みたいな子を出さないために、運動を続けることが供養になるんじゃないですか」

初田校長の言葉は、迷っていた永野さんの琴線に触れるものがありました。以後、判決や企業の謝罪のときなど患者会の大事な行動の際には、猛則君の遺影を持った永野さんの姿がありました。

「あの言葉を聞いてなかったら、今みたいに運動してなかったやろなぁ。人生って分からんもんや。私の活動の基本は、一に死んだ子のため、二に自分のため、三にみんなのためにやってるんよ。自分の住んでるまちが〝公害の街〟といわれとうないし、きれいなまちにしたいから」

永野さん自身も八三（昭和五八）年慢性気管支炎になっています。今もよく咳が出ます。二次原告です。猛則君が亡くなってから、勤め先の仕事が済むと患者会の事務所を訪れてビラを折ったり、支部に連絡したり実務を手伝ってきました。定年になってからは実質事務局員として機関紙「青空」を事務局員の増本美江さんと担当、公害患者が自らの病気の体験を赤裸々に語る「語り部」活動などを続けています。二年前の〇五年から事務局長になり、患者会の要として活動しています。

＊公健法改悪案通過

話を戻します。環境庁は六日に開かれた保健部会の結論を中公審に答申するつもりでいましたが、先送りして三〇日の中公審臨時総会まで延期せざるを得ませんでした。

八六年一〇月三〇日。

午後三時から同一〇時半まで霞ケ関第五合同庁舎の一階ロビーと正門前で文字通り内と外が一体となった抗議の座り込みを実施。環境庁を取り巻く大抗議行動で中公審委員に必死に訴えました。第五庁舎を警備する機動隊を挟んで、患者約四五〇人を含む約五五〇人が参加して環境庁への抗議と中公審への要請行動を行いました。

中公審は異例の会長談話つきで答申しました。

一、現在四十一指定地域は全面解除し、今後は患者の新規認定は行わない。
二、既存認定患者への補償の認定更新等は、今後も従前通り行う。
三、健康被害防止事業を今後新規に実施する。

私は和達会長ら委員に必死に食い下がりました。
「総会で患者代表の発言の場をつくってほしい」
が、聞き入れられませんでした。答申が環境庁長官の手にわたってから、審議経過が患者代表に説明されただけでした。

私たちは日比谷公園で報告集会を開きました。報告集会の最中に、環境庁の目黒克己保健部長が突然現れ、参加者の前で政府・環境庁の立場を説明させてほしい、といってきました。どうも目黒保健部長は、患者に誠意を見せようと環境庁幹部の反対を押し切って日比谷公園にきたようです。目黒保健部長は自ら宣伝カーの上に乗り、マイクを持って説明をはじめました。しかし、いくら善意であってもことは環境庁の一部長の説明で納得できるようなものではありません。財界、政府が何が何でも公健法の改

日比谷公園に来て説明する環境庁の目黒保健部長＝1986年10月

悪を画策しつづけてきた結果なのです。私たち全国の患者会は、今後のたたかいとして各地（千葉、西淀川、川崎、水島）裁判を早期に勝利させて、名古屋、尼崎で提訴し、この指定地域解除の誤りをただしていくことを打ち出しました。同時に、東京から各地元に帰って公害企業と徹底的にたたかおうと決意を固め合いました。

政府、環境庁は八七（昭和六二）年二月一三日、「公害健康被害補償法の一部改正案」を衆院に提出しました。いよいよ、最終的な場面になりました。たたかいの広がりの中、国会での審議は大幅にずれ込んでいましたが、自民党は八月には衆院で決着をつける構えでした。暑さが続き、連日の行動で私もかなりストレスがたまり、疲労していたのでしょう。一日の行動が終わって、尼崎の松光子さん、名古屋の伊藤栄さん、倉敷の太田映知さん、大阪の林功さんらと宿舎にしていた旅館に帰るや否や、私は猛烈な吐き気がして何もかも部屋に吐き出してしまいました。胃液まで吐き出してしまいました。連絡を受けた松さんが隣りの部屋からかけつけてくれ、医師を呼び、部屋の掃除までしてくれました。医師に応急措置をしてもらったあと、私自身「大変な時期やけど、もうこれは入院するしかない」と覚悟を決めました。松さんに頼んで翌朝、新幹線で大阪まで付き添ってもらい、西淀病院に二週間入院しました。松さんも忙しくて大変だったのですが、同じ公害病患者なので健康維持には誰よりも神経を使っています。その心遣いも嬉しかったのですが、「やっぱり、頼りがいのある人だなぁ」と改めて思いました。松さんは私を送るとトンボ返りで東京に戻っていきました。私も二週間後、東京に向かいました。

＊「ちっちゃな子が死ぬんやぞ」

公健法改悪案は八月二五日、衆院環境委員会で自民、民社の賛成多数で可決。九月一八日には、参院環境問題特別委員会で強行採決しました。環境庁所管の法案が強行採決されたのは初めてのことでした。この日は国会の会期末であり、中曾根首相は翌日から訪米する予定が入っており、どうしても法案を通さねばならない状況に追い込まれていました。委員会では大阪選出の横山ノック議員が弁護団が作成した門答集を使って法案内容に批判的な質問をしましたが、採決では法案に賛成しました。横山議員は傍聴席に向かって頭を下げていました。強行採決に入ったとき、傍聴席にいた私は思わず委員会に向かって怒鳴っていました。

「ちっちゃな子が死ぬんやぞ。それは誰のせいや。会社のせいや。生産を増やし、もうけることばっかり考えて、毒の煙を出し続けた会社のせいやないか」

特別委員会で成立したあと、法案は参院本会議で成立しました。施行は八八年三月からとなりました。

後日談ですが、自民党の山東昭子環境部会長はゴルフに行って本会議を欠席し、あとで党内処分されています。稲村利幸環境庁長官に至っては、職員がいくら公健法の指定地域解除等のレクチュアをしてもよく飲み込めていなかった、と環境庁幹部が嘆いていたと後で聞きました。日本の政治の遅れた部分を嫌というほど見せつけられたたたかいでした。

私は記者会見で思いのたけをぶつけました。

「加害企業の代表を委員に加えながら、われわれ被害者の代表は一人も加えなかった。この答申は、排ガス規制の延期、二酸化窒素の基準緩和に続く三番目の汚点として環境行政の歴史に残るだろう。被害者たちはこの怒りを決して忘れることはない」

弁護団の早川光俊弁護士は、そのときの模様をこう語っています。悔しさとともに万感迫るものがあったのでしょう。

「当時は中曽根首相で、公健法改悪には最後まで付き合いましたが、正直いってがっくりきました。自民党の三〇三議席の風に圧倒的に持っていかれてしまって、結局、最後の最後に負けました。被害者は五年間、本当に揉みくちゃになりながら中央とたたかって、三〇〇人が国会に入っ

早川光俊弁護士

て泣きながら訴えていたときに、衛士が制止しながらも涙を流してくれました。若い衛士が患者を押し止めようとすると、衛士長が『いいんだ、いいんだ、この人たちは』と涙を流して若い衛士にいってくれていました。たたかいの中には、そういう場面もあったのです」

環境庁（当時）の公健法担当者はどう見ていたのでしょうか。当時、環境保健局保健業務課で総括補佐をしていた寺田達志・水環境担当審議官（大臣官房審議官）は後日、次のように話しています。

「上司のドクターは公害や法律のことを余り知らないし、私自身が中心になって全面解除しなければなりませんでした。企業は努力しているし、大気汚染は改善されているのは事実です。だけど、患者は増えていました。この矛盾を抱えたままだと制度が崩壊してしまいます。患者さんも困るし、大混乱するかも知れない。森脇さんは体調を壊して大阪に帰り、西淀病院に入院していました。そこで大阪公害患者の会連合会の林功事務局長と倉敷公害患者と家族の会の太田映知さんに相談しました。林さんは『おれたちがいっても患者はついて来ない。患者は絶対的に森脇さんを信頼してるから』といいます。仕方がないので、怖い、怖いと思っていた森脇さんに相談すると、『そんなら、大阪に来ませんか。とにかく、話し合いましょう』といわれて、目黒克己保健部長と一緒に行きました。私は認定患者さんの前で現在抱えている矛盾を話し、『とにかく、今の公害認定患者さんたちは絶対に守ります。ここが生命線です。でないと、元も子もなくなってしまう』と説明しました。結局、納得してもらえませんでしたが、森脇さんらの運動は理屈先行や教条的でなく、役所や企業を〝悪の権化〟のように見ていない。いつも患者をどう守るかという立場だから、現実的な選択をされたんだと思います。立場上、対立はしていましたが、人間的な信頼関係ができていきました」

環境省の西尾哲茂総合環境政策局長は、当時を振り返って「(政治は力関係だから)ただ、お互いの言い分だけいってけんかするより、互いに通じるような話をすることができるかどうかでしょう。世の中のいろんな悩み、苦しみを知らないと、できないことです。浜田さんも森脇さんもよく勉強されていました。お互い頭だけではない。視野が広く、了見も狭くなく、血が通っていないと相手が見えてこない。お互いの気持ちが分かりあえないと、付き合っていけなかったでしょう」と語っています。

私たちは指定地域解除には一貫して反対していました。環境庁の幹部は大阪の入院先まで来ましたが、一歩も引きませんでした。私たちは「公健法の指定地域解除は、大坂城の外堀を埋められるようなものだ。埋められたら次は本丸になる。何としても反対を貫き通そう」と全力投球で頑ばり抜きました。結果は、残念ながら法案が国会を通過したことにより、制度の改悪を許すことになりましたが、臨調答申以来五年に及ぶ運動は貴重な成果を生み出しています。何よりも「戦後政治の総決算」をめざした中曽根政治のもとで、現存認定患者の補償継続を勝ち取ったこと、公害規制と被害者の全面救済を求める世論と支援の輪が広がり、その後の裁判闘争などで運動を成功させるための大きな足掛かりを築いたことです。

＊大島義夫副会長の死

大阪、東京間を何度も往復したり、東京での長期に及ぶたたかいを強いられていた時期に、大島義夫患者会副会長・原告団副団長が亡くなりました。

大島さんは一〇（明治四三）年一月二九日に大阪市此花区西九条で生まれ、育ちました。家業の印刷業に従事し、四四（昭和一九）年一二月から翌年八月の終戦まで兵役に就いていました。四九年（昭和二九）より西淀川区柏里で自宅兼印刷所を設け、自営してきました。四七（昭和二七）年には妻を亡くし、娘三人を男手一つで育ててきました。大島さんは六五（昭和四〇）年ころから風邪をひくと治りにくくなり、軽い発作のような状態が続くようになっていました。医師にかかるようになり、気管支ぜんそくとの診断を受けました。

大島義夫副会長

郷土史を調べたりするのが好きで、患者会設立や訴訟提起のときには積極的に支持する意見を述べました。古代史の遺跡を見るために奈良県桜井市に行ったこともありましたが、電車の中で発作を起こし、近鉄桜井駅の駅長の紹介で八木西口駅近くの県立奈良医大で診てもらったこともありました。晩年はぜんそく発作が毎日続き、「十分に息を吸うたり、吐いたりしたいという欲望しかない」といい、法廷では発作が治まったときについて、「やれやれ、いのち拾いしたというのが実感です」と述べました。しかし、重症発作を繰り返すようになっていき、意識が戻ると、「そのまま放っておいてくれたら、楽になるのに。また今夜から苦しまなあかん」というようになりました。

八五年七月二一日午前三時ころ、大きなぜんそく発作を起こし、意識を失ったために、救急車で西淀病院に向かう途中、危険な状態と判断した救急隊員が西淀病院より近い、西大阪病院に搬送しましたが、既に心肺停止状態になっていました。マッサージにより一時蘇生しましたが、意識は戻らず同四時五一分永眠しました。「腹いっぱい、空気を思いっ切り吸い込みたい」というのが、口癖になっていました。大島さんの裁判でたたかうという遺志は娘さんに引き継がれ、法廷で公害病で苦しんだ父親の実相と無念さを証言しました。

＊実藤雍徳副会長の死

東京から西淀川に帰ってきて、本格的な裁判闘争に取り組み始めたころ、今度は患者会副会長・原告団副団長の実藤雍徳《じつどうやすのり》さんが亡くなられた知らせを聞きました。八七（昭和六二）年九月九日に亡くなりました。敬虔なクリスチャンで歌人でもありました。患者会の人たちの面倒をよくみていただきました。

原告番号一番でした。

実藤さんは三一（昭和六）年一〇月に愛媛県宇和島市で生まれ、三六（昭和一一）年に西淀川区福町に来ました。千舟の大阪機械製作所に勤めたあと、いくつかの会社を経て五六（昭和三一）年から自宅にプレス機械を置いて金具、銅などのメタル加工の仕事に従事していました。六〇（昭和三五）年ころから咳き込むようになり、六五（昭和四〇）年ころには発作も起きるようになって仕事ができなくなり、唇や爪も真っ青で全身チアノーゼの状況となりました。七〇年四月に気管支ぜんそくで一級に認定されています。

実藤雍徳副会長

「発作が起こりだすと、とにかく救急車を呼ぼうと思うんです。一人ですから、ちょっと格好悪いな、という感じが働いてがまんしている間に電話も取れんようになります。妹から電話がかかってくるか、隣りの人に起こされるか、朝、戸が開いてないからどないしてる、ということで隣りの人が戸を叩いてくれるまで苦しんでいるときがあります。ひょっとして死んでしまうのではないか、と思ったことも何回かあります。もし、一人で死んだら自殺したように思われるのでは……」

と弁護士の聞き取り調査に答えています。

八七年九月九日。実藤さんは誰一人看とる者もなく亡くなりました。死因は気管支ぜんそくによる発作で窒息状態であったと見られます。妹さんや外部と連絡のつく枕元のワンタッチ電話すらとることができなかった激しい発作でした。

いつも死と直面して生きていた実藤さんは、自分の思いを手帳などに書き綴っていました。手帳には「治ることのない病気か」「お墓まいりもこれが最後かもしれない」と書いてありました。六一（昭和三六）年七月から八一（昭和五六）年九月まで歌誌『あめつち』や新聞の短歌欄に掲載された一〇首を紹介したいと思います。

薬なく一日おくるは雲を掴むほどの夢かと聖書ひらきぬ
煙にて青い空見る日も稀な吾か住む町は草も枯れ立つ
きょうもまた原告逝きて三日間葬儀ばかりに家出てゆけり
火力発電所の華やぐ灯みて窓に佇《た》つ病舎に七日眠れぬままなる
眠られぬ夜なり座して酸素吸いわが住む西淀川の煙る空みる
窓過ぐる車の灯のみを見つつ夜を布団に座して咳くを耐えいる
二カ月も点滴続けて黒ずみぬ腕みつ今朝も点滴を待つ
二種類の咳止め用いて目を閉ずる部屋にまで臭き煙入る夜を
咳止めの薬のみては出る街に冬吹く風の音と舞う雪
また一人原告逝きぬ二四歳の娘の死を母親電話してきぬ

第七章　裁判長期化と広がる支援

＊長期化する裁判

七八（昭和五三）年四月二〇日の第一次提訴（原告一一二人）以来、八四（昭和五九）年七月七日の七夕第二次提訴（同四七〇人）、八五（昭和六〇）年五月一五日の第三次提訴（同一四三人）、その後九二（平成四）年四月に第四次として原告一人の追加があり、西淀川公害裁判は原告合計七二六人と、この種の裁判としては最大の原告数となりました。第二次までは患者代表による原告でしたが、第三次の時に原告団として一本化しました。一次提訴の時は一〇〇人の原告をかかえるだけでも大変でした。弁護士に約束していた最低限の経費すら払えなくなっていく……。一次では長い裁判になっても持ちこたえられる人を選びましたが、それでも最初の一審判決までに三分の一の原告が亡くなりました。企業との和解を経て国、阪神高速道路公団

第三次提訴のときに、第一次、二次をあわせて原告団を結成＝1985年５月

との和解が九八（平成一〇）年ですから、二〇年間の長いたたかいとなり、一七一人の原告がその間に死亡しています。当時、「何人生き残れるか分からない」という思いと決意で裁判に臨みましたが、そのときの気持ちを裏付けるものとなりました。

西淀川裁判がこんなに長くなったのは、いくつかの要因があります。前例のない難しい裁判であったこと。被告らが強大であったこととともに、前述したように臨調行革答申と公健法改悪によって公害汚染指定地域が解除され、原告患者自身が裁判よりも国・経団連などとのたたかいに力を注がねばならなかったことがあります。これらのたたかいにまず、全力投球することが優先課題でした。裁判を継続しながら、東京に力を入れざるをえませんでした。

私たちはふたたび舞台を大阪に戻し、裁判闘争を中心に据える戦略の練り直しにかかりました。東京でのたたかいと平行して裁判は続けられていましたが、大きな進展はありませんでした。

もう一つ、大きな側面がありました。村松昭夫弁護士が語っています。

「裁判の長期化は、すべての公害裁判が共通してかかえている問題であり、克服していかなければならない課題です。最大の原因が被告らによる裁判引き延ばしにあることは明らかで、西淀川裁判でも長期化の原因として被告らの不誠実な応訴態度とこれを容認してきた裁判所の訴訟指揮にありました」

被告らによる裁判引き延ばしは、審理の始めのお互いの主張をたたかわす段階から行われました。原告側がすべての論点について準備書面を提出するまで、被告側はまったく準備書面を提出せず、その後も五月雨式にしか提出しませんでした。その上、自らの主張がすべて終わるまで証拠調べに入ることに反対しました。原告側が自らの立証計画を明らかにしてもかかわらず、被告らはなかなか立証計画を明らかにしようとしませんでした。審理を計画的に見通しを持って行うことが審理の促進にとって不可欠であるにもかからず、被告側は徹底して抵抗しました。

最大の引き延ばしは証人調べに入ってからです。被告側は原告全員のほか、主治医全員、学者ら百人を超える証人尋問を求めました。被告側の要求を認めれば、月一回法廷が開かれても一〇年以上かかってしまいます。しかし、裁判所は被告側の要求を認め、原告全員の尋問を行うことを決定しました。ただし、主治医の尋問は行いませんでした。が、皮肉にもこの原告全員の尋問が結果として原告、弁護団の意識を変えていくことになっていきます。「人間というものは困難にぶつかったときにこそ、成長するものだなぁ」と実感しました。

＊ニセ患者扱いが原告の怒り呼ぶ

裁判での大きな争点の一つは、被告企業の排出する汚悪煙の西淀川区への到達と患者の疾病との因果関係です。被告側は西淀川の大気汚染の主原因は地元の中小企業からの排煙であり、病気の発症原因もたばこやアレルギーなど他の疾病による原因との論を展開していました。被告側の裁判引き延ばし策に対し、原告側弁護団は頻繁に裁判所に意見書を提出しました。裁判所もようやく審理を早める方向で動きだし、原告本人尋問を西淀川簡易裁判所の一階法廷と二階会議室を臨時の法廷にして、一回で上下七人ずつあわせて一四人ずつのペースで尋問をこなしていきました。

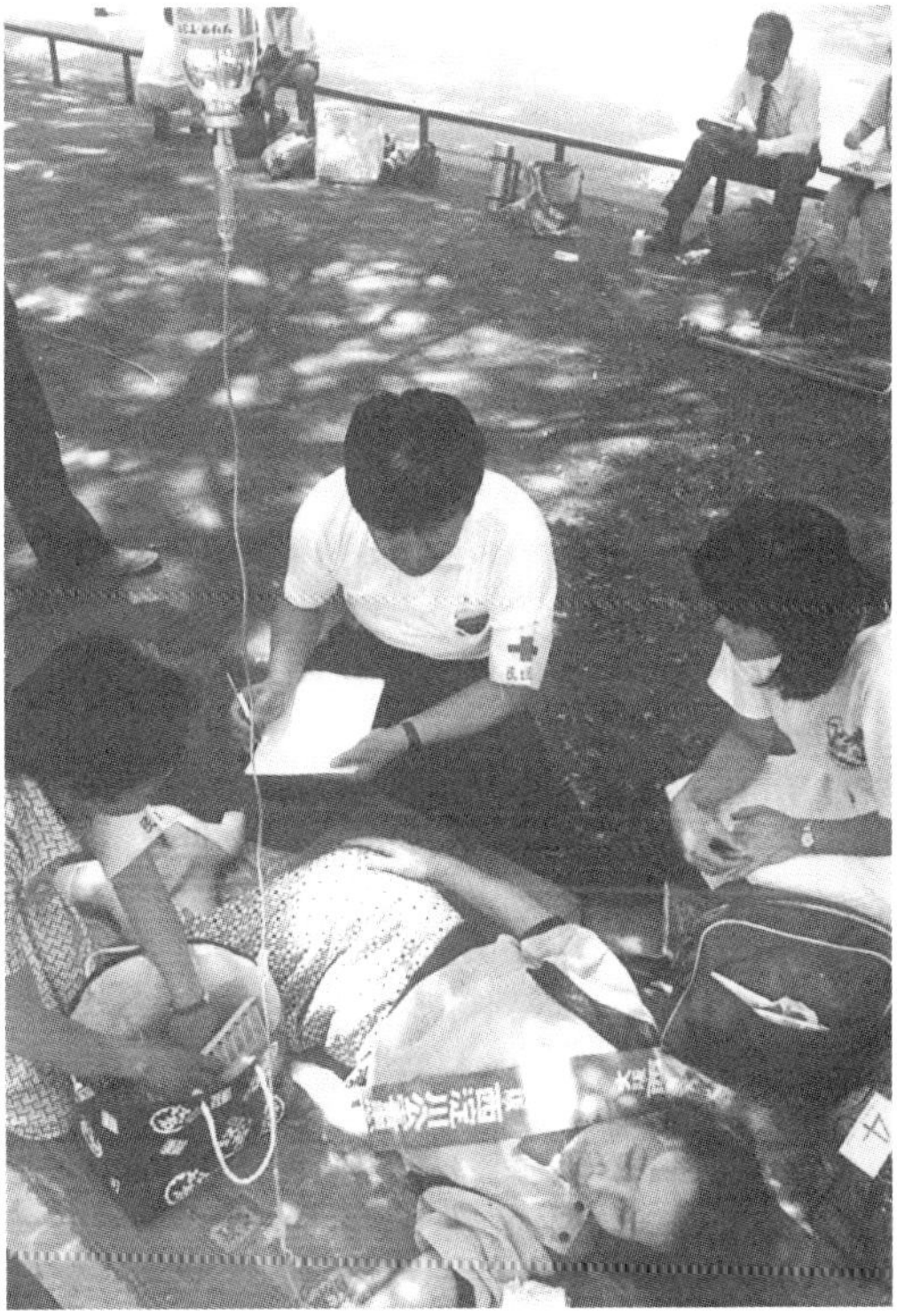
抗議行動に参加した時に発作で倒れた患者
＝1986年７月、日比谷公園

被告側の尋問で原告は「ニセ患者」扱いされたり、露骨なまでのあら探しを繰り返されることによって、逆に原告は強くなっていきました。鍛えられたのです。「窮鼠猫を噛む」というか、理不尽な言いがかりは原告の憤りを招きました。それまで原告の多くは原告団の指導者や弁護団の指示に従っていたのが、この原告全員尋問で「裁判は自分自身のために行われているんや」「大気汚染のせいで公害病になり、毎日死ぬ思いをしてんのに、この裁判で負けたらどうなるんや」という自覚につながっていったのです。前述した阪神電車尼崎駅のトイレでぜんそくによる発作でなくなった網城千佳子さんの母、俊子さんは娘の発作の様子を四つん這いになって裁判長に示しました。母親の話が作り話かどうかは、誰が聞いてもわかります。

第二次訴訟以降は代表尋問になりましたが、それでも四人に一人の割合で尋問が行われました。被告側の反対尋問は紋切り型で、枝葉末節にかかわったものも多く、さすが裁判官も被告弁護団に「きりがないからやめて下さい」と制止することも度々でした。

反対尋問にさらされることによって、原告同様弁護団も強くなっていきました。

「ぜんそくの苦しみって、こんなにひどい状況だったのか。患者をここまで追い込んでおきながら、責任回避する企業は許さない」

との思いを強くしたのだと思います。

弁護団は、公害病の苦しみを聞き取り調査で知っていても、苦しみながら原告自ら訴えるすさまじいまでの迫力に、改めて人間としての共感と頑ばり抜いてきたことに尊敬の念を持ちはじめていました。原告と弁護士という垣根を超えて原告一人ひとりにより親近感を覚え、一体化していく。これが弁護団にとっても本気でたたかう力になっていったといいます。その後、患者と一緒にビラをまいたり、企業や行政と交渉するなど一緒に運動を展開していくことになっていきました。

提訴後一〇年。裁判の動きが急速に変わっていきました。それには幾つかの要因がありました。第一は、延々と続く裁判によって第一次原告が三〇人もすでに死亡していたことへの怒り。第二に、前述したように原告の意識が変わり、患者自らタスキやゼッケンをして積極的に運動の先頭に立つようになったこと。第三に、公健法改悪で問題となった疫学論争は裁判の争点でもあり、公健法が改悪されたことは被告の主張が認められたことになるため、このままでは裁判に負けるとの思いが強くなっていったこと。第四に、こうした怒りや思いを裁判に集中できたことです。裁判に勝利することによって、公害行政への巻き返しに対抗して、被害救済の面でも公害根絶の面でも、抜本的な施策を国にとらせるという狙いも自ずとはっきりしてきました。これらにより長期化・停滞していた裁判への批判が高まっていきました。とくに公健法改悪に反対する世論の高まりは原告・患者を勇気づけました。

＊広がる支援の輪

患者会の幹部は提訴以来、「この裁判は法理論だけでは勝てない。世論の味方が必要だ」と認識していました。このため、ことあるごとに区や市、府といった行政、さらに全国の団体に支援を呼びかけるとともに、全国的な行事になった公害総行動デーでの活動を強化していきました。

公健法改悪後の裁判中心のたたかいの第一歩として企画されたのが八八（昭和六三）年三月一八日に大阪・中之島の中央公会堂で開いた「きれいな空気と生きる権利を求めて――西淀川公害裁判早期結審、勝利判決めざす3・18府民大集会」です。

2200人が集まった「3・18府民大集会」＝1988年３月、中之島公会堂

「３・18集会」への取り組みは、一月早々から労組、民主団体の旗びらきの場で患者が直接訴えを行い、集会への参加を要請する、二月八日から各支部持ち回りで要請活動を行う、ことから始まりました。二月一〇日には行動の拠点として原告・弁護団事務所を裁判所近くの西天満に移し、そこからのべ約一〇〇〇人の患者・弁護士が労組・団体を訪問する一大闘争を展開することになります。

村松昭夫弁護士は次のように回想しています。

「３・18集会に向けて原告団と弁護団は、約二カ月にわたって労働組合、民主団体に集会参加と裁判所への早期結審を要請する団体署名の要請行動に回りました。患者らの生々しい公害被害の訴えや裁判をたたかう決意の表明は、多くの府民の共感を得、同時に集会の成功は原告団や弁護団にも大きな確信を与えました」

当時の活動記録を見ると、原告患者と弁護士がペアになって労働組合など一団体平均三回まわっています。一日に一九から二〇カ所を回ったグループもありました。労組や団体も最初は社交辞令的で、対応は悪くありませんが聞き置くといったふうで、「頑ばって下さい」と激励する程度のところが多かったといいます。それが二回、三回となると、応対する方も被害の状況をよく理解するようになり、訪問した患者に「お体の具合はどうですか」「だいぶ、訴えは広がりましたか」と親近感をもって話を聞いてくれるように変化していました。そうなると、労組や団体も集会への取り組みに力が入り、職場集会を開いてくれる組合も出てきました。

患者にとって辛かったのは、労組の場合は夜になってからでないと人が集まらない所が多く、帰宅が遅くなりがちで体調を崩す患者も続出しました。ある年配の患者が東京の労働組合事務所に要請に行った際、会議場に案内する若い労働者が早足で階段を上がったり下りたりするので、ついていくのに息を切らして一苦労だったという話も聞きました。「支援してもらうんやから、しょうないわ。でも、訴えて激励されると、『よかったな』と元気がでてきますがな。そんな繰り返しやった」

村松昭夫弁護士

＊患者の必死の訴えが世論動かす

弁護団は新たに「運動班」をつくりました。患者と弁護士が組を組んで分担した担当地域を一緒に行動して訴えて回るのです。運動班には若手の弁護士が選ばれました。今は〝三婆《さんばば》〟といわれ、患者会副会長をしている塚口アキヱさん、岡前千代子さん、北村ヨシエさんらも最初は「大変やった」と口をそろえていいます。

「尼崎の患者会で話したのが最初でしたな。急にマイク持たされて、あんた。人前なんかでしゃべったことおまへんがな。もうコチコチですわ。何しゃべったんか全然覚えてないわ」（塚口さん）

「お腹がキリキリ痛んで、足が震えてたわ。頭に浮かんだことだけしゃべるのが精一杯やった」（岡前さん）

「最初は吹田方面。弁護士さんがしゃべりはって、終わったら『よろしくお願いします』いうて、頭さげてるだけでしたな」（北村さん）

弁護士から「へたでもなんでもええ。自分の経験したことを素直にしゃべったらええんや」といわれて、少しずつ、ぜんそく発作の苦しみや赤、黄、青、黒色の煙が工場の煙突から排出され、一日に何回も家の中を掃除したり洗濯しなければ、ばい煙で真っ黒になってしまう話もできるようになっていきました。だんだん話せるようになると、話すべきことも多くなっていきました。みんなで合同製鉄へ抗議に行った際には、地元の保守系議員が「ここは私にまかせてくれ」といって工場に入っていったものの、出てきた時は工場の労働者に硬くて四角い洗濯用石鹸を持たせて、待っていた抗議の住民に配ってうやむやにされた屈辱的な体験も話せるようになりました。また母親や子どもたちには、戦前や終戦直後の西淀川の豊かな自然についても語り、喜ばれることもありました。

三婆の一人、北村ヨシエさん（八二）は二五（大正一四）年西淀川区福生まれです。夫婦とも認定患者です。ヨシエさんより症状の重い夫の嘉八郎さん（九九年、八〇歳で死亡）は慢性気管支炎で苦しみました。

集会で訴える北村ヨシエさん

「お父さんはいつも『戦前の西淀川はきれいなとこやった。親の手伝いをして淀川の河口ではウナギやシジミをよく採った。沖に出ると、イワシ、ボラ、スズキなど採った。田や畑にはレンゲやナタネがいっぱい咲いてた。川の魚がいつの間にかいんようになり、セミやトンボの姿が消えたら、咳が出てきよった。ねばい痰が次から次へ出てきて、喉にへばりついて息ができんようになって脂汗が出て、死ぬ思いをしてる』と、公害患者の苦しみを訴えてました」
「毎晩、お父さんに二時間おきに起こされて、背中をさすって少しでも発作を和らげるようにするんやけど、自分も咳き込んでしまうんで、さすられしまへん。そしたら『何してんねん、はようして』というし……。けど、どないしょうもでけしまへんがな。ほんま、家の中は生き地獄みたいやったね」

ヨシエさんが裁判所に行く時は、いつも嘉八郎さんが玄関まで送り出してくれました。植木いじりや日曜大工が好きでしたが、病気が重くなるにつれ、それらの楽しみのすべてが奪われ、九九（平成一一）年一月二六日、嘉八郎さんは肺気腫を併発して亡くなりました。嘉八郎さんの兄二人も認定患者ですでに亡くなっています。

「弁護士さんから、『僕らが百遍しゃべるより、あんたら患者さんがしゃべる方がよう分かるし、説得力があるからええねん』といわれて、まあ、なんとかしゃべりましたがな。いつやったかなぁ、みんな茶髪の生徒ばかりいる専門学校に行ったときは『えらいとこへ来てしもたなぁ』と思うたけど、しゃべり始めるとシーンとして聞いてくれてたな。真剣な顔してね。結局、そこは二回行ったかな。そしたら『おばあちゃん、元気にしてた？』っていわれて、うれしかったねぇ。訴えたら分かってもらえるんやなと思うた」

ヨシエさんは始め、「大阪西淀川公害患者と家族の会」のタスキをかけてビラをまくのが嫌でした。最初のころは、わざとタスキを忘れてかけないで通していました。それが率先してかけるようになり、その後は「忘れたから貸してくれ」といわれても、「これは自分の棺桶にいれる大事なもんやから貸されへん」というようになっていました。「タスキは患者会の誇りやからな。私らしかかけられまへんがな」

「あのころは、夜、電車に乗ってビラ持って訴えに行きますねん。行ったら四、五人しかおらんかったりして。がっかりしたり、励まされたり、いろいろやった。今から思えばしんどかったけど、がんばったから裁判に勝てたんと違《ちゃ》う」

塚口アキヱさんは、東大阪方面によく行ったといいます。

「あちこち行きましたなぁ。よう覚えてぇしまへんけど、地図持って組合や団体に行きまんねん。中之島公会堂では二〇〇〇人の前で訴えましたがな。まぁ、慣れたら結構な時間しゃべりまっけどな。そんなときは一応、書いたもん、持ってしゃべりまんねん。患者の訴えは、みんなよう聞いてくれます」

報告する塚口アキヱさん

いつも元気で憎まれ口をたたいたり、いいたいことをいう塚口さんですが、責任感が強く文句いいながらもきちんとやってくれ、患者会でも信頼は抜群です。この三婆・ベテラントリオは、話のへたな若い弁護士がとちったり、詰まったりすると、話を引き取って話してくれるようになっていきました。

患者や弁護団の二カ月にわたる要請行動は、多くの府民の共感を得、3・18集会の会場となった中之島公会堂は二階席も通路まで満員の参加者であふれました。各団体の代表が壇上に立ち、主催者は二二〇〇人が集まったと発表しました。集会の成功は原告団・弁護団に大きな確信を与えました。

八八年一二月三日に開いた「西淀川公害患者と家族の会の第一七回総会議案書」では、3・18集会を総括しています。原告団と弁護団が法廷の外でのたたかいでも一体となって行動するという西淀川裁判のたたかいの原点が、この集会の取り組みによって作り上げられた。この集会を長引く裁判の打ち止めとし、結審を急がせるための決意と世論づくりができた。労組や市民団体（民主的団体）との結びつきが強化された——等をあげています。原告・弁護団は3・18集会を政治的行動と位置づけ、運動上、「一回目の結審」と呼びました。

「世論に訴えて世論を動かすことで裁判での勝利を引き寄せる」

これが原告・弁護団共通の思いでした。

ちなみに集会に向けて一月から三月一六日までの取り組みでは、訪問労組・団体がのべ四四〇団体、訴えた回数八八回、訴えを聞いてくれた人数七五二九人。参加要請はがき七〇〇団体、患者会関係三〇〇団体。電話要請約三〇〇団体。ビラ二二万枚、リーフレット六万九〇〇〇部、ポスター二〇〇〇枚。

ビラまき四回五〇〇〇〇枚。参加患者八七人、弁護団二三人、のべ九五九人となっています。

同集会を前後して支援団体が次つぎとつくられていきました。集会に先立って地元西淀川区に「西淀川公害裁判支援区民連絡会」が結成されました。八八年十月には各界各層の著名人の呼びかけで「大気汚染公害をなくし、被害者の早期全面救済をめざす大阪府民連絡会」が結成されました。同じく十月に、全大阪消費者団体連絡会（消団連）や市民生協等によって「大気汚染を考える市民会議」（CASA＝後に、「地球環境と大気汚染を考える全国市民会議」に名称変更）も西淀川裁判支援を掲げて設立されました。

患者会と弁護団は支援の輪をさらに広げるには労組や団体だけでなく、市民レベルに切り込んでいく必要性を感じていました。消団連は七〇年代からかつての物不足や電気・ガス料金のいわゆる公共料金の値上げ問題などで、関西電力や大阪ガスとわたり合っており、八〇年代には環境問題にも積極的に取り組んでいました。とくに長年、事務

淀屋橋で訴える島川勝弁護団事務局長と下垣内博消団連事務局長＝1988年12月

局長をしていた下垣内博さんは関西電力の役員クラスとも交渉を積んできているだけに、ぜひ協力してもらいたいと思っていました。下垣内さんには原告、弁護団のそれぞれが支援を要請しにいきました。私は下垣内さんとはカネミ油症裁判で鐘化への座り込み行動を通して面識がありました。

弁護団の早川弁護士は、公健法で二カ月ほど東京で最前線に立ちましたが、あれだけたたかっても押し通されたのに、同じく全国の消費者がたたかっていた売上税（後の消費税）は継続審議になったのを見ていて、「患者だけの裸のたたかいをしていては駄目だ」と痛烈に感じたと回想しています。そこには幅広い消費者運動との差がありました。早川弁護士が下垣内さんに会いにいったのは、そういう思いがあったからです。

患者会も七〇年代後半から八〇年代にかけて各地のスモン裁判の支援や八〇年代半ばのカネミ油症裁判で鐘が淵化学本社前での連日にわたる座り込み支援などで組織動員を行いました。それらの支援が西淀川への連帯支援となって返ってきました。

今後の大きなたたかいへのステップとなった3・18集会後の五月二日、関田政雄弁護団長が亡くなられました。関田弁護士は初代日弁連の公害委員長を務められ、実に存在感のある方でした。七八歳でした。関田弁護団長の後任には、副団長の井関和彦弁護士に団長を引き受けていただきました。

そろいのエプロンをかけた、しろきた市民生協の人たち＝1991年7月

＊しろきた市民生協の支援活動

大阪市内では、しろきた市民生協がカネミ油症裁判の支援をしたり、平和や環境問題にも関心が強く、活発に活動をしていることを知りました。大気汚染はカネミのような食品公害とは違うので多少の危惧がありましたが、患者の必死の訴えに心動かし、受け入れてくれました。その後、府内の各生協組合員のお母さん方に協力してもらえるようになりました。母親にとって子どものぜんそくは人ごとではなかったのです。

団体回りの中でも最初、協力要請に行ったときに応対していただいた、しろきた市民生協の藤永延代専務理事は西淀川公害裁判に大きな関心を持ち、結審から判決、和解に至るまで生協全体が協力する道筋をつけてくれました。

藤永さんが大気汚染に関心を持つようになったきっかけは、八八（昭和六三）年一二月、フィリピンからの平和交流団を大阪城公園内のビジネスパークビル三四階展望室に案内して、大阪の全景を見てもらったときでした。記念写真を撮るために並んでいたら、コラソン・ファブロス弁護士が「ノブヨ、あれは何？」と西の空を指さしました。見ると、上空二〇〇メートルあたりに赤茶けた靄《もや》のような空気の層が漂っていました。冬場によく見られる地表の冷たい空気の上に暖かい空気が乗って起きる気象現象「逆転層」ができていました。工場や車から排出された汚悪煙が逆転層で上昇できないため、下部に溜まって漂うようになっていました。

訴える藤永延代さん

「あれは空気の汚れの層。工場や車から排出された煙やガスです」と説明したものの、内心「こんなん、ほっといてええ訳ないわ。ちょっとぐらい、ええもん食べてたとしても、あんな汚れの下で生きててえことない。これは大気汚染問題をやらんとあかん」と思ったといいます。

藤永さんは消団連の下垣内事務局長にこの経験を話しました。丁度、早川弁護士が下垣内事務局長に裁判支援を働きかけていたのと機を一にします。

「消費者として環境保全に起ちあがらないとあかんのと違います？　あしたには私たちが患者になって

しまうかも知れません」

畳みかけるように訴えました。藤永さんが最初に取り組んだのは「大阪から公害をなくす会」が実施している二酸化窒素（NO_2）の簡易測定運動に参加することでした。発足集会で、考案者の天谷和夫先生はこういわれました。

「二酸化硫黄は水に溶けやすいので、喉や気管が症状をおこします。二酸化窒素は血液中のへモグロビンとの結合が強く悪影響を及ぼします。窒素酸化物は水に溶けにくいので、肺胞の奥まで進入し、作用します。……」

この分かりやすい言葉に感銘を受けました。天谷式簡易測定器（カプセル状の測定器）を地上一・五メートルの位置に取り付け、二四時間後に回収して濃度分布を調査しました。会員の中には最初「西淀と違うてこっちは（空気が）きれいやん。やらんでもええんと違う」という声がありましたが、「西淀の次はしろきたがああなんねん。とにかく、やってみたら分かるから。空気がきれいならそれでええやんか」といって、実施を呼びかけました。五五〇世帯の応募がありました。八九年四月二六日午後七時からから翌二七日午後七時まで実施しました。

実施に先立って、「大気汚染を考える市民会議」（ＣＡＳＡ）の岩本智之《さとし》常務理事（当時）に講演してもらいました。岩本さんはこんな話をしました。

個人差はありますが、人は食べ物がなくても一週間ぐらいは生きられます。水がなくても二、三日は生きられます。けれども空気がなければ十分も生きられません。たとえ生命だけとりとめても、脳は重大な障害を受けます。人はどれだけの空気をするかといいますと、一回に五〇〇cc、一分に約二〇回＝一〇リットル、一日に約一四・四立方メートル＝一九キロ、一年に約五〇〇〇立方メートル＝約七トンになります。ですから、たとえ微量でも有害物質が混ざると大変です。

二酸化窒素の環境基準は七八年に改定されるまでは一時間値の一日平均値は〇・〇二ppmでしたが、その後は〇・〇四ppm〜〇・〇六ppmに緩和されています。測定結果は驚くべき結果がでました。環境基準の下限値〇・〇四ppmを超えたところが九〇％を占め、上限値〇・〇六ppmを超えたところは二六％もありました。七八年の基準値〇・〇二ppm以下はわずか一・三％でした。ワーストスリーは北区国分寺二の一、〇・一一二ppm、同中津二の九、〇・〇九六ppm、同中崎一の二、〇・〇九ppmでした。

「西淀の次はしろきたや」

「これは、しろきたにも潜在患者がいっぱいいるということやわ」

「どこか、引っ越した方がええんやろか」

正直いって、ショックを受けた会員が大勢いました。予想以上だったのでしょう。人ごとが人ごとでなくなってきました。意見を出し合い、議論を繰り返し、到達した結論は

「大気汚染問題は西淀の患者を助けるための運動と違う。私らのためにやる運動なんや。次に苦しむのは私らかも分からへん。大阪全体の運動にしていかな解決せんのと違うやろか。やるしかないんや」

＊「おじいさん、やっと横になれたね」

その年（八九年）の一二月末に、西淀川公害患者と家族の会の足立義明事務局長と公害患者の岡前千代子さんが一月三一日の結審を前に、しろきた市民生協に訴えに行きました。応対した藤永さんはそのときの光景をはっきり覚えているといいます。藤永さんによると

訴える岡前千代子さん

岡前さんは、口を開くと、
「師走でみなさん、忙しいですけど、いろんな生協回ったり、団体回りをしてますが、協力してもらうとなると返事はええことありません。反応が冷たいんです。どうかお願いします。私たちを助けて下さい」
といって頭を下げられました。
「協力って、何をしてほしいんですか、と聞くと、岡前さんは『一月三一日の裁判の結審行動で、裁判所を人

間の鎖で取り巻きたいんです。そのくらい頑ばったらマスコミに取り上げてもらえます。ここまできたら、世論の力が必要なんです』とおっしゃるんです。そして公害患者の苦しみを切々と訴えられました。聞いていて涙が止まりませんでした。私たちは大気汚染の問題にも取り組んできたし、要請文も来てるし、それなりの協力はしてきたし、その程度は続けていくつもりでしたが、何度も『お願いします。助けて下さい』と頭を下げられて、『こんな人たちをここまで苦しめて』という企業や国に対する怒りみたいなものを感じましたね。どこまで協力できるかどうか分からんけど、何人ぐらい必要なんですか、と聞いたら、『三〇〇人お願いします』とおっしゃるんです。分かりました。三〇〇人しろきたから行かせます。そういってしまいました。帰り際、生協のジュース一ケース無理やり持って帰ってもらいました。話を聞いていて、自分であせりみたいなものを感じたのかなぁ。なんかしないと公害患者さんに済まないという気がしたんでしょう」

しろきた市民生協に訴えに行った岡前千代子さん（八七）は二〇（大正九）年、大阪・大正区泉尾の生まれです。結婚して神戸に住んでいましたが、五七（昭和三二）年に西淀川に引っ越してきました。塗装業の夫・敏雄さんは四、五年もたつと妙な咳をし始め、だんだんひどくなっていきました。もともと船員で頑健な敏雄さんは病院に行くのを嫌がっていましたが、辛抱できないほどになり結局、病院にいかざるを得なくなっていました。診察を受けると、公害病一級に認定されました。それほどひどくなっていたのです。千代子さん自身も慢性気管支炎で最初は二級。その後、一級になってしまいました。いつの間にか敏雄さん、千代子さんとも慢性気管支炎に気管支ぜんそくも患うようになっていました。

敏雄さんの最後の三年間は、昼も夜もベッドに座ったままの姿勢で過ごしています。発作で横になると余計つらいのです。八六（昭和六一）年六月に敏雄さんが六八歳で息を引き取った時、千代子さんは、「おじいさん、よかったね。やっと横になれたね」と語りかけたといいます。亡くなったときは涙も出ませんでした。「これで苦しまんでもようなりましたから」

「夫はいつも『公害病の苦しみはわしらだけで十分や。子や孫にこんな思いを絶対させたらあかん。裁判に勝つまでは死ねん』と、口癖のようにいうてました。あちこちに行って訴えたり、ビラまいたり、とにかく、いろんな運動を一生懸命やってきました。主人の調子が悪いときと私が入院したときの二、三回しか抜けてないと思いますわ。発作は夜に起きるから、元気な人には分かりませんわな、患者でないと……。そやけど、やっぱり私らがしんどうても動いて訴えなあきません。誰にも分かってもらわれへんからねぇ」

「患者会でも支部長もう替わってほしい、歳やからっていうてんですけど、『名前だけでもええから』と。名前だけいうたってやらなしょうない。まあ、手足のしびれが気になるんやけど、自分のペースで歩けるし、なんとか頑ばってますねん。不憫なのは長男。私ら両親のために結婚もできんと。息子はなにもいいませんけど、かわいそうにな。今は近所に住んでて、晩ご飯を食べに来ますねん。それぐらい作ってやらんとしょうないねぇ」。千代子さんはそういって笑いました。

藤永さんはその日の内に役員と相談して、七色の虹をあしらった生協のシンボルカラーが裾に斜めに入り、胸には「COOP」の文字を白く抜いた赤いエプロン三〇〇着を発注しました。年が明けた九〇（平成二）年一月四日の仕事始めの全職員集会に西淀川公害患者と家族の会の浜田耕助会長、岡前千代子さん、林功大阪から公害をなくす会事務局長らに来てもらい、全員の前で訴えてもらいました。

それを受けて、組織部が配送職員にビラを配付させて参加者を募る計画を実施していきました。が、二〇日すぎになっても一〇〇名そこそこしか参加者の名前があがってきません。そこで藤永さんは、「頭にきました。『もう、あんたらだけには頼まへん』といって、組合員理事に相談し、患者や弁護士にもきてもらい、直接地域に入って訴えてもらいました。『専務がうるさくいうからしゃあない』っていう程度の受け止めやったんでしょうねぇ。職員も積極的に頑ばりだし、全体が動きだしました」

＊雪の結審行動

一九九〇（平成二）年一月三一日。第一次訴訟の待ちに待った結審。勝利判決を迎えるための大事な節目です。午後二時からの結審を前にして中之島公会堂には患者と家族約三〇〇人、大阪や全国からの支援者約一七〇〇人で計二〇〇〇人を超える人びとで満員の状況でした。二年前の「一回目の結審」についで、この日の政治的集会を「二回目の結審」と呼び、その後の裁判所を人間の鎖で取り囲んだ行動を、雪が降ったことから「雪の結審行動」と呼ぶようになりました。何か赤穂浪士の討ち入りのようです。

当日は朝から寒く、集会が開かれるころには、大阪にはめずらしい霙《みぞれ》が降り、やがて雪にかわりました。赤いエプロンを着けたしろきたの三三〇人は地裁前までデモ行進し、人間の鎖を完成させました。鎖が一本になると手にもっていた風船をいっせいに飛ばしました。藤永さんは

「この裁判は公害患者だけでなく、私たちのいのちを守るための裁判です。小さないのちのために、かけがえのない空気と青い空を取り戻すのは、おかあさんたちの思いです。確かな一歩、歩みを進めていきましょう」と連帯のあいさつをしました。

結審を迎えた法廷では、原告弁護団が

「青い空消えて星見えず。樹木枯れ、患者があふれた。人間の生命は地球より重い。自然、人間、社会に大きな損害を与えた行為は違法性が極めて強い」

と最終の意見陳述を行いました。

雪の結審で遺影を持つ患者＝1990年１月

裁判を傍聴した会員の一人、中野直美さんは機関紙「しろきた」（九〇年二月一二日、第三〇四号）で

「一九九〇年一月三一日は、私にとって忘れられない一日になりました。小雨まじりの雪が降る暗くて冷たい中、裁判所前に立つ私たちの心のなかは、本当に情熱の固まりでいっぱいだった。寒さなんか吹っ飛んだ。地裁での最終弁論では、夜も眠れない悲痛な訴えをされ、涙をこみ上げてくる思いがしました。弁護団は『人間の生命は全地球より重い』と陳述されました。まさに生きる権利の重みと国、公団、関電等の圧力と、はかりにかける判決になりそうです。その意味でも勝利判決を楽しみにしています」と寄稿しています。

同じく大谷小百合さんは「六年ぶりという雪の大阪。私たち人間が汚してしまった空気、空も精いっぱいの抗議をしているんだ、と降り続く雪を見て思いました。国も企業も道路公団も、各々がお互いの隠れ蓑にして、責任を回避し続け、空気を汚し続け、公害病の人たちを苦しめ続けているのです。よそごとではないのです。空はみんなのものです。空気は生きるものすべてに与えられた天の恵みです。みんなで守らねばならないのです」と語っています。

松岡英子さん。「提訴以来、一二年に及ぶ長い年月。多くの患者の人たちの言葉に尽くせぬ苦しみに、胸痛む思いです。午後二時より始まった最終弁論では、人生のほとんどがぜんそく発作とのたたかいだった、という原告の言葉。『息すること、それが私のすべてでしょうか。ぐっすり眠れる夜がほしい』と切々とした訴えを涙なくしては聞けませんでした。人間としても最小限のこの願い。健康に生きる権

利を取り戻し、被告の責任を認めさせ、一日も早い勝訴を勝ち取るために、私たちも力の限り応援せねばと思いました」

患者の訴える姿に共感し、教えられ、励まされた区民、市民、府民をはじめ、直接運動を支援した労働者や各団体の人たち、そしてメディアを通じて全国からの支援の輪によって、裁判の早期判決、全面解決を求める陣形ができ、「早期結審と公正な裁判を求める一〇〇万人署名」がスタートしました。このうち三分の一の署名は生協の人たちが集めました。

八九年七月に全国公害患者の会連合会の手伝いを経て事務局に入りした池田佳子さん（現幹事）は、大きな患者会の集まりに初めて参加したのが「雪の結審行動」でした。

「全国的な支援の大きさに驚きました。雪の降る中で患者会の岡前千代子さんに再会しました。以前、岡前さんが東京へオルグに来られたときに同伴したことがありました。全農林の分会で裁判への支援を訴えられましたが、始めは立って訴えているおばあちゃんの話を座って聞いていた労働者が途中から一人立ち、二人立ち、最後は全員が立ち上がって聞くということがありました。岡前さんご夫婦が苦しみながらたたかっている話に労働者の方がたは敬意を表さずにはいられなかったのでしょうねぇ。患者さんの訴える力ってすごいなぁ、と思いました。岡前さんは話終えて、外へ出てから泣いておられました。私は亡くなった夫のことを思い出して泣いておられるのかなと思い、聞いてみると違いました。労働者全員が立ち上がって聞いてくれたことに感激して泣いておられたのです。自分の訴えが伝わったと……。車で送迎する労働者も行きと話を聞いた帰りとでは態度が変わっていました。人の心を動かすというのは本当にすごいことです」

九〇年春ころ、患者会事務局に『手渡したいのは青い空』の編集、出版でお世話になった上田敏幸さんに来てもらいました。上田さんには「大気汚染公害をなくし、被害者の早期全面救済をめざす大阪府民連絡会」が公害裁判支援を全面的に据えた一〇〇万人署名の患者会内の推進本部長になってもらい、患者の訴えと合わせた署名活動を展開してもらいました。

＊「共感ひろば」でさらに広がる支援の輪

そして、フォーク歌手のかわさきゆたかさんを中心に始まった「共感ひろば」（九〇年九月～九一年二月）の運動の中で、西淀川裁判支援は府下のいずみ市民生協やよどがわ市民生協など生協全般に広がっていきました。

「共感ひろば」は、西淀川裁判支援と地域の環境問題をともに考えていくことを目的にして、大阪府下各地でイベントを開催していこうという取り組みです。「共感ひろば」のきっかけは、かわさきさんが患者と交流する中で、作詩・作曲した主題歌「手渡したいのは青い空」をつくったことです。それを、「西淀川公害患者と家族の会」が作ったビデオテープ「手渡したいのは青い空」の主題歌として取り入れました。参加者は、イベントごとにその地域の環境問題をどう取り上げていくかを論議し、その上でビデオ「手渡したいのは青い空」を上映したり、歌ったり、公害患者の訴えを聞いたりして交流し、支援の輪を広げていきました。

一〇〇万人署名活動もイベントの重要な一環として取り組みました。「共感ひろば」は結局、大阪府下と京都の計一三カ所で開催しました。中心スタッフにはかわさきさんと知り合いの高校教師や放送記者、アナウンサー、生協の会員、患者会ら「共感ひろば」に賛同する人たちで構成され、さらに開催する地域ごとに新たなスタッフが協力する形で運営していきました。一三回目のうち上げは北浜のコスモホールで開催し、四〇〇〇人が参加して盛大に行われました。

患者会の岡崎久女さん（五七）も「共感ひろば」や生協のお母さん方の前で訴えました。人前で訴えるということは自分自身をさらけ出さないと、聞く人たちの胸に落ちません。

「手渡したいのは青い空」をみんなで歌う＝1990年９月、共感ひろば

関西電力に抗議する岡崎久女さん

岡崎さんは高知県の安芸市の出身。地元の中学校卒業後、兵庫県内で働いていました。七三（昭和四八）年、二三歳で結婚し、西淀川区の大和田に引っ越してきました。引っ越して二年余たったころから風邪気味の症状が表れ、七六（昭和五一）年一〇月一三日には気管支ぜんそくで公害病に認定されました。次男も気管支ぜんそくで認定され、親子ともども発作で苦しみます。発作が一日中治まらず、夜は病院へ点滴に走り、明け方にタクシーで帰宅。鉄工所に勤める夫からは眠れないと仕事に支障がきたすので「早う病院に連れていけ」といわれる日々が続きました。夫や長男に食事の準備もできませんでした。

次男は寝ついてしばらくすると、ヒューヒュー、ゼイゼイと苦しそうに肩で息を始めます。息を吸い込もうとお腹と背中がくっつくほどへこみます。そんな子どもの姿を見るのは本当につらいものです。「もう、いや。この子を殺して私も死のう」。ふと気がつくと、裁《た》ちバサミを取り出し、次男の首筋に向けていました。「子どもも自分もいなくなれば、苦しみから解放されるし、家族に迷惑をかけなくて済む」。が、できませんでした。母親に戻してくれたのは、苦しみながら、肩で息して一生懸命に呼吸をする次男の寝顔でした。涙がとまらず、大声で泣いていました。

岡崎さんが詠んだ短歌です。

眠られず　里を思えり　虫の音を聞きつ　母の針もつ姿を
祭りの夢に　一きわ高き笛の音と思いしは　隣のベッドの子の　喘鳴なりし
昨夜起こりし　喘息発作にかかり眠れぬままに　夜明けとなりぬ

生協のお母さん方の前ではこんな話もしました。

「三人目を妊娠したときに生みたい、と思いました。夫や子どもにいうと、子どもたちは『妹がいいとか、弟がいい』とかいって喜んでいました。二、三日後に夫が『出産までに発作が起きたらどうすんねん。薬は使われへんぞ』といわれてから、すごく不安になって生むか生まないかで悩みました。夫は『お前が発作で苦しみながら生んでも、その子がぜんそくで苦しんだり、万一、障害を持って生まれてきたら、お腹の子どもはかわいそうやけど、今いる二人の子どももかわいそうと違うんか。今いる二人の子どもを立派に育てる方が大事なんと違うんか』といわれました。そういわれると、逆らって生む自信がありません。それでも何日も悩み、やっとのことで心を決めて処置をしに産婦人科に行きました。『夕べ、ぜんそくの発作が起きました』というと先生は『麻酔は使えません』といわれ、看護婦さんが両手両足を押さえて麻酔なしで処置しました。全身をくり抜くような痛みと心の痛みの両方で、生まれてくるはずの子どもに『ごめんね、ごめんね』と謝りながら、声を抑えることができなくてワアワア泣きました」

安心して子どもを産める大切さを岡崎さんは訴えたかったのです。聞いているお母さん方は泣いていたし、大気汚染や公害病が人ごとでないことが伝わったと思います。「共感ひろば」や生協などでの訴えで、公害患者がよく質問されるのは「なんで、空気のきれいな場所に引っ越さないの」という素朴な疑問でした。「お金がないからしょうがない」と答える患者もいますが、大部分は「病気のことをよく知っている主治医から離れてしまうと不安だから」と答えています。患者にとっては当たり前の話でも、聞いている人たちはそれで納得し、患者の逃れられない苦しみを理解するのです。

岡崎さんを始めとする患者は何回も死の縁に立たされ、苦しい思いをして生きてきました。それはいまも続いています。訴えていて、嬉しかったことが一つだけありました。医師をめざす医学生との懇談会で、岡崎さんの話を聞いた学生が岡崎さんの住む町の病院で働くことになったと聞いた時です。岡崎さんはいいました。

「公害によって命を奪われていった患者は数えきれません。残されたものの一人として、苦しく辛いことだけど、語り続けるのが私たちの仕事です。二度と私たちのような苦しみを味わう人たちを出さない世の中をつくることが、ささやかな願いです」

「共感ひろば」の活動は思わぬ副産物を生み出しました。イベントごとに各地の特徴を研究・分析するために、西淀川の地域づくり、まちづくりについても考えてみたいという思いが膨らんできました。スタッフの一人、傘木宏夫さんは都市開発のプランニング会社に勤めており、裁判後の西淀川地域の再生に大きな貢献をしていくことになります。

＊消費者団体全体の運動へ発展

支援の輪がさらに広がったのは、労組や市民生協から消費者団体全体に結びついていったことです。九〇（平成二）年一二月には、翌年春の判決日の行動を準備するための「西淀川裁判判決行動懇談会」が結成されました。この会の議長に大阪労連の岩佐敏明議長といずみ市民生協出身で、全大阪消費者団体連絡会の坂本允子《よしこ》事務局長が共同議長になりました。その後、「判決懇」が最終判決まで運動や行動の中心を担っていくことになります。

坂本允子さん

坂本さんによると、消費者運動は国民のくらし、いのち、環境、消費者権利を柱に運動を続けており、下垣内前事務局長が「環境をよくしていくことは消費者権利以前の生存権にかかわる問題であり、身近な問題からグローバルな地球環境問題まで取り組んでいく必要がある」と八〇年代初めから強調してきたといいます。

坂本さんは語っています。

「私が消費者運動に飛び込む要素になったのは、安全な食品、生活環境に安心な物を手に入れたいと、大阪いずみ市民生協の結成にかかわり、生協活動を通じて悲惨な食品・薬品公害の問題を知ってからです。運動していくなかで、六〇年代からの急激な経済発展の過程で、産業活動によって被害を受けている地域の人たちが府下に存在していることを知り、この人たちの訴訟が解決しなければ私たちの消費者運動も前途がない、と思うようになりました。消団連の事務局次長をしていた八〇年代の半ばぐらいでした」

「地球環境と大気汚染を考える全国市民会議（ＣＡＳＡ）」という組織もでき、環境問題を大きな視点から取り組むと同時に、地元の公害被害者救済のためのキャンペーンを支援してきました。

坂本さんは東京・杉並区で生まれ育ち、光化学スモッグの最初の被害が発生した環状7号線の近くに住んでいました。光化学スモッグの最初の被害者は立正高校の生徒で、当時の新聞でも大きく取り上げられました。その後、工場が誘致され一大コンビナートを形成するようになっていた大阪・堺市に移り住みました。環状7号線から環境のいいところに移動できたと思ったら、逆に子どもが気管支系の炎症を起こし、病院通いとなってしまいました。

「ＣＡＳＡに参加している市民生協では組織内に方針を下ろして公害患者さんに来てもらって話を聞い

たり、署名運動をしたりしてきました。それが力になったと患者さんには感謝されていますが、西淀川の原告団と弁護団による足を棒にして歩いたオルグ活動には頭が下がる思いでした。原告患者さんのいのちをかけた活動を身近かに知るほど、私などが支援したというのも口はばったい思いすらします」

郊外に出かけて森林浴をしたり、山や海にでかけるように、空気がおいしくて、青い空が見える環境を望まない人は誰もいません。一般論として大気汚染企業とたたかう西淀川の公害患者の運動は理解できても、ストレートに問題意識が持てずに支援にも熱が入らないという労働組合が多かったようです。これを突破したのが、被害者による訴えでした。最初は同情半分で聞いていても、六〇歳代後半から七〇歳代、八〇歳代の人たちが将来のためにいのちをかけて訴えている姿に動かされるのは、人間の良心であったと思います。

私はつくづく思うのです。

「患者会の会員は病気だから参加できませんとはいえないのです。会員はみんな病人だから。いつ倒れて、死ぬかも分からない。東京へ行く時はいつも医者と看護婦さんについてきてもらいます。行動はいつも一緒だから。そんなたたかいを何年も続けているうちに、患者一人ひとりがすごく成長していくんです。七〇、八〇のおばあちゃんたちが堂々と霞ケ関の役人や企業の代表に正論を述べ、支援者に支援を要請する。こんな力が世論を裁判を動かしていったのです」

患者会の行動は、判決前までの六カ月間だけでも地域での要請行動四十四回、生協など各種団体の集会での訴え一八六回となっています。

百万人署名は九一（平成三）年三月二九日の一審判決までに七一万八〇〇〇人分の署名が集まりました。九五（平成七）年三月二日の被告企業との和解までに一三〇万人分が集まりました。署名簿はある程度集まるごとに裁判所の書記官に持って行きました。その回数は四、五〇回を超えました。署名簿を手渡す時、患者代表は裁判所に一言「早期に公正な判決を」と付け加えました。裁判所では最初は裁判官のロッカーの上に署名簿を載せていましたが、重すぎてロッカーの扉が閉まらなくなり、保管場所を検討しているという話を弁護団が聞いてきました。こうした話題が漏れてくるのはいい兆候で、署名が裁判所にも徐々に影響を与え始めていると思いました。

第八章　大阪地裁判決と企業との和解

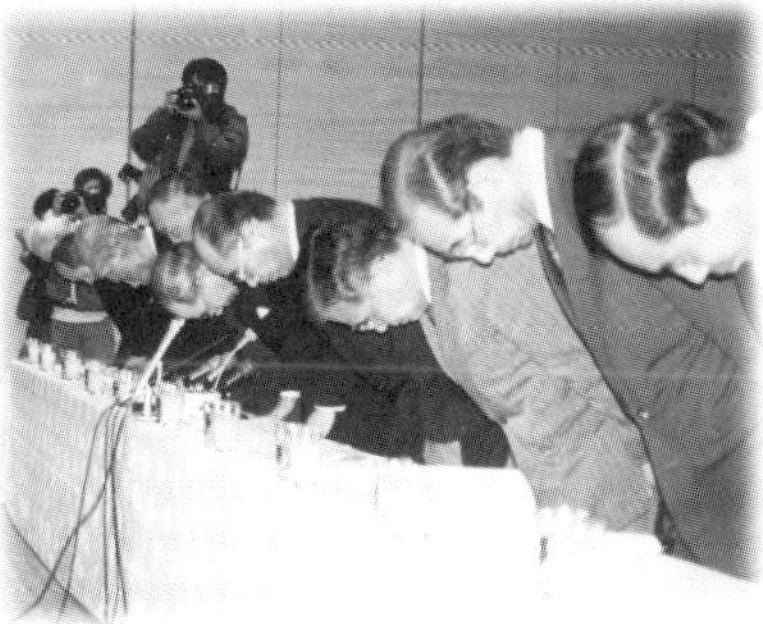

＊首の皮一枚の勝利

九一（平成三）年三月二九日、大阪地裁正面玄関前には約六〇〇〇人が、その瞬間を息を詰めて待っていました。「大阪西淀川公害患者と家族の会」の青いたすきをかけた原告やその家族と西淀区民の支援者二〇〇〇人、全国の公害患者や支援者一〇〇〇人、大阪府の市民生協二〇〇〇人、労働者一〇〇〇人という内訳です。二〇二号法廷で寺崎次郎裁判長による判決文がいい渡されるのが午前十時の予定です。一〇時前まで事前取材で原告を取り囲んでいた新聞、テレビ等の報道関係者も含めて、玄関前を静かに見つめていました。判決いい渡しの瞬間まで勝つか負けるか分からないため、弁護団は「全面勝訴」「勝訴」「一部勝訴」「不当判決」の四種類の垂れ幕を用意していました。

午前一〇時すぎ、地裁の玄関から井奥圭介弁護士が「勝訴」と墨字で書いた白い垂れ幕を掲げて小走りで出てきました。その瞬間「オーッ」「やった」「勝った」というどよめきが沸き起こり、大きな拍手になっていきました。抱きあって喜びあう原告、飛び上がって万歳する支援者、「勝ったよ、勝ったよ」と遺影に話しかける原告、静かに涙をぬぐう原告らの姿がありました。

法廷では南竹照代さんの母、田鶴子さんが判決を聞きました。勝訴だと分かった瞬間、涙がこみ上げてきました。「照代、勝ったよ」と膝においた遺影に報告しました。にっこりほほえんでいる照代さんの顔が喜んでいるように見えたといいます。

緊張していた私の体は「勝訴」の垂れ幕を見て、一瞬ぞくっとしたようでした。少し手が震えていたように思います。「みなさんの支援のおかげです。本当にありがとうございました」。これまでのさまざまなことが思い出され、あまりしゃべれませんでした。宣伝カーから下りるときは涙が止まりませんでした。しばらく、上を向いていました。内心、「長年にわたって空気を汚し、たくさんの死者までだしてきた企業の責任を認めさせたんだから勝利。首の皮一枚の差でも勝てば勝ち。千葉で勝ち、西淀で勝ち、これで全国の裁判の流れが決まった。国や公団とのたたかいは次の課題だ。それにしても、あれだけの署名や世論の支援がなければ負けてた」と正直思いました。

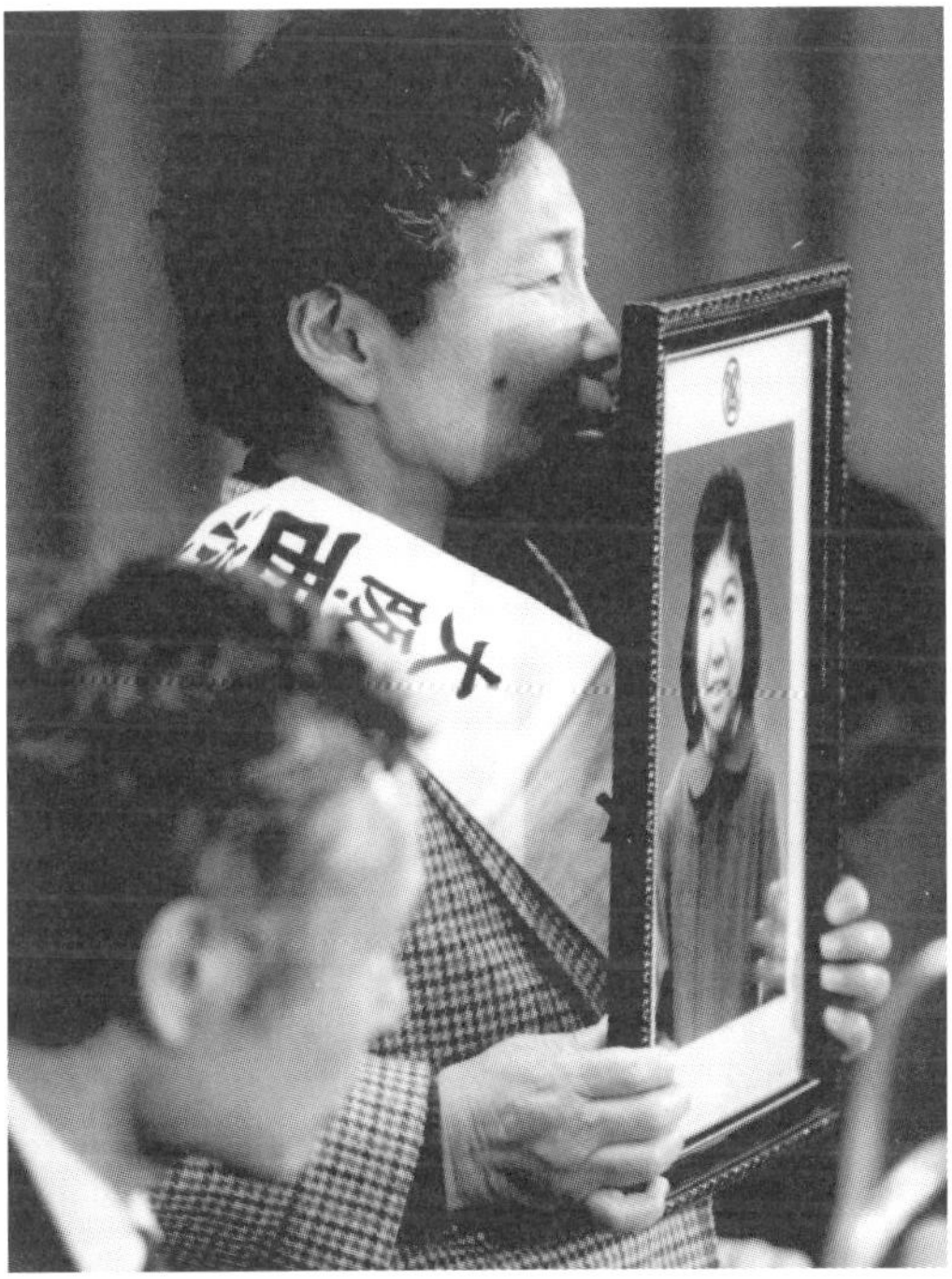
南竹照代さんの遺影を持つ母親田鶴子さん＝1991年３月

弁護団もどのような判決がでるかは、予測できませんでした。津留崎直美弁護士は一〇通り近い声明文をつくっていました。「企業全部に勝つか、一部に勝つか、原告の賠償人数や額がどの程度認められるか、汚染物質の差し止めは認められるか、国、道路はどうなるか、など勝敗の要素を組み合わせると、二〇通ぐらいのパターンが描けました。判決が出て、当時は使い慣れていないワープロで声明を作ったので、上書きがうまくいかずにどこかで文章が切れているのを承知で報道の方に渡してしまいました。私は裁判長の判決文が『被告は』で始まれば、勝ちだと思っていました。

早川光俊弁護士は法廷内にいました。弁護士の中では「唯一、国と公団には勝つ」といっていましたので、国、公団の責任が認められなかったことはショックでした。

「主文と要旨を検討した後、一七名の原告の請求が認められていないことが分かり、少し迷いましたが『勝訴』の垂れ幕を出すことを決めました。負けないとは思っていましたが、勝てるという自信もありませんでした。結論的には被告企業の共同責任を認めていたので、ほっとしたことを覚えています」

判決の要旨は次の通りです。

一、企業の排煙と公害病との因果関係を時期を限定（五五年〜七〇年後半）して認める。
二、被告企業一〇社の共同不法行為が成立する。総額三億五七〇〇万円を連帯して支払うよう命じる。
三、一七人の原告については公害病でないか、大気汚染との因果関係を認められない。
四、車の排気ガスによる二酸化窒素と公害病との因果関係については確証がないので、道路を管理する国、公団への請求は棄却する。

五、汚染物質の差し止め請求は棄却する。

私は判決が出るまでは「負ける」と思っていました。もちろん、患者会ではそういうことは一言もいいませんでしたが、判決日が近づくにつれ、「負けたときにどうするか」ばかりを考えていました。自分自身責任をどう取るか、ということです。

「いままで、みんなを騙しだましてきた責任はとらんといかん、どういう責任の取り方がいいのか、考えていました。下痢が一週間ほど続き、止まりませんでした」

判決を迎えるときは豊田誠弁護士と裁判所の前の宣伝カーの上にいました。そんな思いがあったので、法廷には入っていませんでした。負けた時のことを考え、

「豊田さん、私、勝手なことするけど許してくれよな」といいました。豊田弁護士は、

「何ですか」

と聞きましたが、私はそれ以上いわずに黙っていました。いえば反対されたでしょう。負けたときのことを考えて、患者さんの二〇〇〇人を裁判所に入れて座り込み行動を法廷の

判決前にインタビューを受ける森脇君雄原告団事務局長＝1991年３月

中でやろうと思っていました。そのために裁判所入り口に患者さん二〇〇〇人を配置していたわけです。それらの抗議行動が済めば、あとは自分自身の身を処すようにすればよいと思うようになっていました。

原告・弁護団で判決を検討すると、賠償額はそれ相応のものでしたが、一七人が認定されなかったのが大きな不満でした。さらに、弁護団も予測していたことではありましたが、国、阪神高速道路公団の責任について「二酸化窒素と健康被害との関連がまだ明らかになっていない」との理由のみで、門前払い同様の判決には問題が残りました。

被告側は判決から四日後の四月二日に控訴、原告側も同一一日に正当な損害賠償と国、公団の責任を問うとして控訴、大阪高裁で再度争うことになりました。

早川弁護士は裁判を振り返ってこんな感想を話しました。

「勝因は広範な運動によるものだと確信しています。一〇〇万人署名や患者さんの訴えなど、あらゆる点で裁判所を追い詰めることができました。そういう意味で『勝つ』といっていたわけですが、裁判では企業の関連共同性を立証するのが大変でした。『ひょっとしたら負けるかな』と思ったのは、公健法改悪案が通ってしまったことと、気象データ問題でこちらが計算間違いをしたことなどで、裁判官が『原告側の立証では被告企業の排煙が西淀川を汚染したとの立証が不十分』と考えてはしないかという不安があったからです。それもあって負けるかな、と思ったので、とにかく広範な運動で裁判所を動かすしかないと世論に訴えていったのがよかったと思っています」

＊六〇〇〇人による「なのはな行動」

患者会は判決当日の行動を「なのはな行動」と名付けて、訴訟支援と当日の集会・行動参加を呼びかけてきました。判決一〇日前から「なのはな通信」と名付けたファクス通信を府下一〇〇団体に送り続けて裁判の状況を伝え、一次原告が週一回、自らの被害の深刻さと願いをビラや手紙にして裁判所に送りました。

浜田耕助原告団長は勝訴をかみしめるように、落ちついた口調で次のように挨拶しました。

「私たちの健康を害し、いのちまで奪ってきた加害者は誰かを明らかにしないと死にきれないと思い、これまで頑ばってきました。この判決を亡くなった方たちも喜んでくれていると思い

判決後、関西電力に向かう患者と支援者らによる「なのはな行動」＝1991年３月

ます」

公害病に苦しむ仲間同士で患者会をつくり、裁判を起こし、企業側とたたかってきた日々や志し半ばで亡くなっていった仲間の姿などが胸中に去来していたに違いありません。

勝利判決のあと、会場を大阪市役所南側に移して「なのはな行動」が始まりました。原告、弁護団、支援の人たちの顔は晴々していました。菜の花を手に持った六〇〇〇人の人たちが、市役所前から土佐堀川、府立図書館周辺を埋めつくしました。暗くて長いトンネルを抜けたときのように、肩に重くのしかかっていた荷がとれたおかげで、先への見通しがよくなり、目の前の黄色い菜の花まで一段と鮮やかに見えました。デモ行進は住友ビルの前を通り、関西電力本店ビルに向けてスタートしました。先頭が関電ビルに到着しても最後尾は市役所前を出発できない状態でした。

関電前での集会と平行して大阪市内に本社、支社のある被告企業七社と道路公団へ「全面解決要求案」を持って交渉団が向かい、謝罪と話し合いの継続を求めて交渉に入りました。各交渉団には「謝罪と継続交渉の約束を取るまでは帰ってくるな」という申し合わせをしていました。判決をバネに交渉しなければ解決しないことは、誰もが理屈でなく体感で理解していました。

谷智恵子弁護士、患者会事務局の上田敏幸さんが担当した住友金属工業との交渉では、午後二時から島崎総務部長が応対しましたが、患者、弁護士が勝利判決をもとに企業側に迫りましたが、患者の訴えや事実を「お気の毒な状態だ」といいながらも、「責任の取り方は公健法のシステムを活用することと公害防止装置を付けていくことで果たしていると考える」と述べるにとどまり、企業としての謝罪はしませんでした。しかし、さらなる追及に「汚染の一端を担ったことは認めます。今後とも誠意を持って話し合いの場に臨みます」という約束をし、患者たちの前で頭を下げました。

谷智恵子弁護士

道路公団は津留崎直美弁護士が担当しました。判決は国、公団への請求を二酸化窒素と健康被害との因果関係が立証できていないとして棄却していますが、公団の対応が悪かったのも一因となって、患者は口々に「謝れ」と詰め寄りました。裁判全体での勝利と集会での高揚が拍車をかけたようです。公団側は「うちは負けてない。原告は分かってるんですか」と弁護士に聞いてきたそうです。公団側は最終的には対応が悪かったということもあって、謝罪しました。

＊泊まり込み体制で関電交渉

被告企業中、最大の加害者である関電に対しては、一三〇人が交渉に当たりました。患者の胸中には

「やっと追い詰めた」という気持ちが去来していました。患者会発足直後の交渉では「責任の一端はある」と認めながら、その後は患者を門の外に閉め出してきました。この日の交渉は実に一七年ぶりでした。裁判に勝利した結果、やっと交渉の場に引きずり出すことができました。しかし、「まず、謝れ」「社長が出てきて頭を下げろ」という患者に対して、関電は「控訴する」「話し合いはしない」と突っぱね、平行線をたどりました。患者側は各企業との交渉に際して、「謝罪と解決要求に従い、継続的な話し合いを行う」との確認書を取るまでは全員帰らないとの事前の意思統一をはかって交渉に臨んでいました。

原告患者が次つぎと長年苦しんできた病気とのたたかい、生活苦、家族の思いなどを切々と訴えました。目をそらしてうつむき加減に聞きながら、同じような答弁を繰り返す関電幹部。症状が悪くなり、廊下に出て点滴を受ける患者。交渉は重苦しく硬直化していきました。

関西電力と交渉する患者会＝1991年３月

関電本店裏で抗議する支援の人たち＝1991年３月

午後五時三〇分。支援の労働者らが会場に弁当を運んできました。原告らの徹夜の交渉も辞さないという覚悟のほどを見せつけられた関電側にはとまどいの色がありました。関電関係だけで一〇〇〇食分の弁当が用意されていました。私は「こうなれば持久戦だ」と腹を固め、後ろを振り向いて「みんな、メシにしよう」と声をかけました。ビルの入り口付近にはたくさんの貸し布団が積み上げられていきました。前向きの姿勢を示さないかぎり、〝帰らないぞ〟という「不退転」の決意の表れでした。こうした動きは交渉する関電幹部に逐一伝わっていきました。患者側にとってはすべて計算ずみの行動でした。

そこへ住友金属との交渉結果の報が入ってきました。一階で待つ患者や支援者がどっと湧き、下から大きな拍手が聞こえてきました。ついでシュプレヒコールが聞こえてきました。関電幹部は落ちつかない様子を見せ始めていました。やっと午後八時ころに軟化し、

「当社の発電所からかなりの煙を排出していたことは事実であり、ご迷惑をおかけしたことはまことに遺憾であり……」「今後の交渉は誠実に対処する」と回答しました。実に六時間に及ぶ交渉でした。

＊逃げ出した大阪ガス幹部

大阪ガスでは会社幹部が途中で逃げてしまい、交渉団は会議室で待ちぼうけの状態が続きました。弁当も届かずじまい。事務局や応援の弁護士が駆けつけると、午後六時の休憩の際に、総務部長が部屋から出て行って帰って来ないし、捜しに行った部下も帰って来ないありさまでした。会議室横の総務室入り口はガードマンが固めており、総務部長らはどうもそこにいるらしい、ということになりました。交渉団は知恵を働かせ、声の大きな女性四人にガードマンに総務部の部屋に入れるよう実力行使をさせ、その隙に総務部に踏み込む作戦を実行することになりました。四人の女性にはガードマンにつかまったら「痛い、スケベー」と大声を出すよう指示し、いざ、作戦実行に移しました。

作戦は功を奏し、隙を見て交渉団が総務部に突入すると、部屋の隅に走って隠れようとする男を発見。「あいつや」と声を出し、総務部長をつかまえて「なんやお前は、無責任なことすんな」とよってたかって怒鳴りまくりました。総務部長は謝罪し、継続交渉を約束しました。こうして午後一〇時二〇分にはすべての企業との交渉が終わりました。

勝利判決、「なのはな行動」終了後、患者会、原告団は被告企業に対して「解決要求五項目」をまとめ、働きかけを強化していきます。

一、被告企業らは、加害責任を認めて謝罪し、原告の損害に対して全面的な損害賠償を行い、解決金を支払う。

二、被告企業らは、二酸化硫黄、二酸化窒素及び浮遊粒子状物質の環境基準が達成されるよう、抜本的な公害対策を行う。

三、被告企業らは、原告及び公害病認定患者らに対し、適切な治療、健康の回復、将来の生活を保障する恒久補償を行う。

四、被告企業らは、将来の公害防止のために、資料の公開、被害及び専門家の立ち入り調査などを含む、公害防止協定を締結する。

五、被告企業らは、西淀川区を公害のない健康なまちにつくりかえる「西淀川再生プラン」に協力する。

しかし、解決案をめぐる被告企業との交渉は、双方が控訴したこともあって、なかなか進展しませんでした。企業から「誠意を持って交渉を継続する」という約束は得ていても、進まなくなっていました。とくに、関電は本店入り口にシャッターを取り付け、ビル内に患者を一歩も入れず、交渉を完全に拒否する高圧的姿勢で対応してきました。電力会社は川崎の東京電力、倉敷の中国電力、愛知の中部電力などがそれぞれ被告になっており、お互いに同業他社の動向を見ながら対応を判断しているようでした。さらに電力会社にはその地域の経済を支えているという自負があり、官僚的企業体質が面子にかけても患者に頭をさげたくない、という思い上がった考えがあったように思います。

頑固なまでの関電の対応は、他の企業にも波及しはじめ、追随する企業も出てきました。しかし、意外にも大阪ガスが軟化し始め、住友金属や神戸製鋼、合同製鉄の鉄鋼関係三社が和解への模索を始め、被告企業の対応はまちまちになっていきました。

＊地球サミットで「公害は終わっていない」と訴え

企業とのたたかいが大詰めを迎えている中で、九二（平成四）年六月三日から一三日まで「環境と開発に関する国連会議」（地球サミット）がブラジルのリオ・デ・ジャネイロで開催されました。地球サミットでは、日本の環境問題の現状を反映するかのように、政府や経団連は「もう公害はなくなった」とする一大キャンペーンの場に利用し、私たちは「公害はますます深刻になっている」と世界中に訴える絶好の機会ととらえていただけに、両者が正面からぶつかる場となりました。

地球サミットに先立つ九一（平成三）年一二月には、フランス・パリで「ＮＧＯ（非政府組織）国際会議」が開かれました。フランス政府の招待によるものです。私はここで、裁判を通して加害企業の責任を明らかにさせ、被害者救済を迫っていることや国と企業相手に二〇年にわたってたたかっている被害者のたたかいを報告しました。海外代表には、日本政府が加害企業を擁護し、公害発生を野放しにしてきた責任を被害者が長期に渡って追及している事実が驚きだったようです。

　翌年の地球サミットには史上最高の一八三カ国が参加しました。米国が地球温暖化防止条約の目標を骨抜きにするという情報が流れ、日本政府の宮沢首相、渡辺外相は国会開会中を理由に欠席しました。このため、政府間合意には乏しい会議だという指摘がある一方、NGOが果たした役割は大きく注目されました。全国公害患者の会連合会からは私のほか、愛知の伊藤栄さん、大阪市立大学大学院生の山崎圭一さんが参加しました。

　日本政府などが主催した「ジャパンデー」の会場は、予想通り「日本は公害を克服した〝公害先進国〟」発言一色でした。このジャパンデーは、当初予定されていた日本のNGOのパネリストが認められなかったため、多くの日本のNGOがボイコットしていました。私たちは公害被害者の訴えを海外代表に聞

NGOのテントで記者会見する全国患者会代表＝1992年６月、ブラジル

いてもらいたいとの思いで参加しました。司会者が私の発言通告も無視して閉会挨拶をする竹下登元首相を指名しました。竹下元首相が演壇に向かう中、私は「おかしいやないか」と大阪弁でどなりました。ようやく発言を認めさせ、「公害は終わるどころか、ますます深刻になっている」と日本の本当の実情を報告しました。驚いたのは竹下元首相で、私の発言後十分余り出てきませんでした。翌日、経団連の米国代表部のスタッフから「昨日はよかった、あのままジャパンデーが終わっていたら、恥ずかしくて世界に顔向けできなかった」と握手を求めてきました。経団連の中にも良心的な人がいました。大気汚染公害の全面解決をめざすたたかいが、地球規模の環境破壊をくいとめる世界の人びとのたたかいと連動していることを確信することができました。

＊関西電力包囲作戦

九二（平成四）年八月一〇日。千葉川鉄裁判が一審判決の損害賠償額の三倍以上の解決金を支払うことで東京高裁で和解しました。四日市裁判につぐ大気汚染公害裁判の終結で、提訴から一七年を経過していました。これは西淀川にとっても和解ができる見通しが出てきたということになります。被告企業との交渉も三巡目に入り、住友金属、神戸製鋼、合同製鉄の鉄鋼三社が千葉川鉄の和解の影響もあって、「社としては早期解決を望んでおり、和解への方向で努力する」との姿勢を示しましたが、交渉を拒む関電への配慮もあり、「解決はあくまで一〇社の合意が前提」との立場を崩しませんでした。

「とにかく、関電を突き崩せ、でないと全面解決は無理や」

私はそういい、「それなら、どんなことをしてでも頭を下げさせてやる」と、心に誓いました。

九三（平成五）年四月一六日、「はるかぜ行動」。判決日の「なのはな行動」以後、大きな取り組みには、その季節や行動に見合った名称が付けられるようになりました。これも運動の発展の結果だと受けとめています。近畿一円の主な駅頭では支援者一五〇団体三五〇人が全面解決を訴えるビラを三万三〇〇〇枚用意して配付し、三〇〇人が府内一四カ所の関電支店、営業所と京都、兵庫の各支店、営業所に交渉に応じるよう手分けして申し入れました。本店前には原告を中心に一二〇〇人が座り込みました。支援の人たちの多くは市民生協組合員や労働組合員でした。八八（昭和六三）年三月一八日の中之島公会堂での行動以来、

シャッターを閉じた関西電力本店前で抗議行動＝1993年４月

生協の若いお母さん方や青年労働者に、長年にわたる原告患者らのいのちをかけたたたかいに対する共感が広がっていることを肌で実感していました。

＊関電株主総会で患者の訴え

九三年六月二九日。関電の株主総会が本店で開かれました。これまで一度も患者の前に姿を現わしたことのない経営トップに直接訴えられるチャンスでした。原告団・弁護団二九人が事前に株を取得し、個人株主として総会に出席しました。本店玄関前には一〇〇人の患者や支援者が宣伝とビラを配付。当日は横殴りの雨が降り、傘をさしていても全身ずぶ濡れの中で総会に出席する株主にビラを手渡しました。

総会が始まり質疑に入ると、中に入った二九人が一斉に手をあげました。もちろん、一般の株主も出席しています。何人か目で西淀川の誰かが指名されました。指名された者がマイクを岡前千代子さんに回しました。事前に原告患者を代表して岡前さんが発言することを決めていました。

「今日は主人の命日です」

七年前のこの日、夫の敏雄さんが慢性気管支炎と気管支ぜんそくのため、六八歳で亡くなっています。前述したように横になることもできず、死んでようやく横になれたという患者でした。夫の最後、千代子さん自身の公害病と発作の苦しみ、生活苦、わずかな補償金で生活している実情を切々と訴えると、総会の会場は静まり返り、経営陣も下を向いて聞いていました。

「西淀川で最も患者を苦しめてきた関電が話し合いの約束を守らず、鉄の扉を閉ざしたまま。こんな無茶なことがあるんですか。みんなの前に社長を引きずり出して謝らせなければ気が済みません」

関西電力の株主総会会場で抗議＝1993年６月

関電は「一定の条件のもとに適正な話し合い」を提案しました。多人数による交渉ではなく、三〇人程度の小人数が真意のようでしたが、判決時の確認事項にはない不当な提案でした。それでも関電はようやく原告とその背後に結集している市民＝世論の力を感じているらしく、変化の兆しを見せ始めました。

一二月には、関電の大株主十社に対して一斉に申し入れを行う「こがらし行動」が計画されました。関電と予備交渉したところ、「行動を中止してもらえる条件は何か」「いつまで検討期間をもらえるか」などの質問をしてきました。直前になって「交渉に応じる」回答をしてきたため、計画を変更して六〇〇人の関電本店正門前集会に切り換えました。「なのはな行動」以来、二年九カ月ぶりの交渉となりました。関電は原告・弁護団三〇人を前に、「解決要求五項目のうち、西淀川のまちづくりについては協力する意思はあるが、他の項目については全面拒否する」との回答を述べました。ただし、交渉には応じるとし、二回目は九四（平成六）年二月中旬と提案してきました。

「西淀川のまちづくり」は和解にあたって、企業側としては最も取っつきやすい項目でした。この項目を入れたことで、被告企業も解決金を出しやすくなったと思います。裁判闘争というのは最終的に勝つか負けるかで、争う内容は段々激しくなり、お互いに顔も見たくない、という心境になります。お互いに憎しみ合うためで、公害がよくなった、悪くなったということしか問題にしません。それでは不十分です。被害者からすれば公害による損害を賠償させ、公害をなくせ、という運動にしていく必要がありました。その運動を発展させてまちづくりにつなげていこう、という発想にしていきたかったのです。

九四（平成六）年三月、患者会に増本美江さんに私の要請で事務局に来てもらうようにしました。裁判が大詰めを迎えつつあり、私も足立さんも忙殺されていたからです。当時は千北病院の二階の一室を借りて事務所にしていました。二人とも朝から晩まで電話をかけっぱなしの状態でした。だいぶ日がたってから増本さんから「一応、患者会についての説明は受けてたけど、『とにかく明日から来て』といわれて行きましたけど、一年ぐらいこの団体は何してるとこやろ、とずっと思ってました」といわれてしまいました。増本さんは明るく、患者さんにも親切で、事務所の雰囲気が一変に変わりました。現在は永野千代子事務局長と機関紙「青空」の編集に携わっています。「高齢化したり、引っ越したりで、患者会と疎遠になっている会員さんを一人ひとりを訪ねてみたい」と抱負を語っています。

関電との話に戻します。二回目の交渉でも関電は「謝罪」にこだわり、交渉は進展しませんでした。このため、九四年三月一五日に「さくら行動」を実施することになりました。関電の大株主である住友銀行、三和銀行、日本生命、大阪市、神戸市に対し、「早期全面解決をはかるため関電に働きかけるよう」に求めて交渉し、五株主は「関電に要望を伝える」と答えました。関電への包囲網は完成し、網の目は狭められていきました。

九四年七月二一日、二次から四次裁判が結審しました。裁判所は閉廷前に「判決は平成七（一九九五）年三月二九日午前一〇時に行う」と、結審日に判決日を指定する異例の訴訟指揮をしました。三月二九日といえば、第一審判決と同じ日です。弁護士の説明では裁判官は年度末で移動することが多いので、三月末の判決は多いとのことでした。

（1）手渡したいのは青い空　青空（248号）　2004年9月8日

青空

第248号　2004年9月8日

西淀川公害患者と家族の会

歌島橋交差点問題

大阪国道事務所と交渉

7月22日

住民の声をもっと聞いて！

第10回

環境学校

温暖化の講演や

大滝ダム 白屋地区亀裂

現地見学

西淀川公害患者と家族の会機関紙「青空」

結審後、裁判所の外で「パラソル行動」が行われました。患者、支援者約六五〇人がそれぞれ傘を持って集まり、関電本店前までデモ行進しました。梅雨末期を予想してパラソルにスローガンを書いて道行く人に訴えるつもりが、カンカン照りでした。関電本店前で集会を開き、ビラをまきながら「公正な判決」と関電の不誠実な対応を訴えました。

これら一連の行動は多くの府民の共感を得ており、ビラの受け取りや反応もさらによくなっていました。「なのはな行動」、「さくら行動」、今回の「パラソル行動」には、隣接する尼崎の患者会の人たちがいつもたくさん駆けつけてくれました。患者同士の連帯支援は、お互いにからだがきついことが分かっているので、とくに嬉しいものです。

「ビラ配りはしんどいでっけど、受け取ってくれる人たちが『頑ばって』と励ましてくれるんで、ほんまに嬉しい。最初のころは、こんな歳になってビラ配りなんて、と思ってたけど、運動続けてきてよかった」

「尼崎や此花など、公害患者のたすきを見ると、ああ、来てくれてんねんなぁ、と感謝の気持ちでいっぱいになります。お互いに支援してるけど、隣接する地域の患者が自分のことのように支援してくれるのは、本当に嬉しいですわ」

粘り強く運動に参加してきた原告、患者は、これまでの運動が結実し、決着する時期が近づいていることを肌で感じていました。

九四年一〇月二七日には昨年に続いて関電本店、支店近畿一円一斉行動を実施。さらに関電大株主への再度の要請行動が一一月二四日に行われ、新たに北海道から九州までの全国一斉九電力会社申し入れ行動が一二月一四日に行われました。

＊阪神淡路大震災と被告企業

人生、何がきっかけで大きく変わるか分からないものです。私たちのたたかいもそうでした。

九五（平成七）年一月一七日午前五時四六分、マグニチュード7・2の大地震が兵庫県南部沖で発生しました。西淀川区も震度6の激震に襲われ、住民は激しい揺れでたたき起こされましたが、幸い、死者、行方不明者、重傷者も出ませんでした。淡路島北淡町を震源にしたこの地震は、神戸市内を中心に芦屋、西宮、尼崎、淡路島などに大きな被害をもたらし、後に「阪神淡路大震災」と名付けられました。患者会では尼崎や神戸市内に住む患者や親類、友人・知人の状況を気遣いましたが、その日から三日間は連絡すら取れませ

西淀川区中島一丁目の道路の沈下＝大阪市建設局土木部工務課の提供

んでした。松光子尼崎市公害患者・家族の会会長から連絡がはいりましたが、「行方が分からず、連絡できない人が多い」ということでした。全国公害患者の会連合会は支援体制を発足させました。

被害者は患者だけではありませんでした。被告企業の関西電力、大阪ガス、神戸製鋼なども大きな被害を受けました。公共事業としての性格を持つ関西電力、大阪ガスは寸断された電気、ガスのライフラインの復旧作業に忙殺され、迅速な復旧活動は被害住民を落ちつかせる役割も果たしました。その活動は新聞やテレビを通じて全国に報道され、称賛を浴びました。

原告・弁護団は一次判決五周年目の三月二九日に予定されている二次から四次訴訟判決に向けて、全国から一万人規模の動員を図る準備を進めていました。和解に消極的な関電に向けての行動を五年前と同じく「なのはな行動」と名付けていました。ただ危惧するところがありました。

阪神間の交通が遮断され、いつも大部隊で応援にきてくれる尼崎の患者会からの動員が望めないことでした。さらに、関電や大阪ガス、神戸製鋼は自社の復旧で裁判どころではなかったし、世論の風向きも変わってきているようでした。街頭でビラを配付しても関電を批判する内容は受け取りが悪くなり、署名も止まっていました。二次から四次の訴訟判決についても、明らかに一次のような加害企業の断罪を当然視する世論ではなく、ややもすればお互い意地、面子の張り合いに見られてしまう傾向もなきにしもあらずでした。大震災を機会に加害企業の負の側面まで洗い流そうとする動きも出てきそうでした。

原告・弁護団にとって深刻なのは、原告の高齢化、死亡者の増加で、和解による早期全面解決は悲願ともいえるものでした。長期化している裁判闘争を早い機会に打ち切り、原告らをたたかいから解放させたい思いでいっぱいでした。

この難しい時期に一〇〇万人署名で積極的に行動していただいたのが、大阪いずみ市民生協のみなさんでした。署名は一審判決時には約七二万人分が集まっていました。その後、署名は被告企業との和解までに一三〇万人分までにも達しました。その残り六〇万人分の三分の二近くを大震災後から二カ月足らずで集めていただいたのが、企業との和解に大きな影響を与えました。

＊企業と極秘の和解交渉

阪神淡路大震災後、公害患者と家族の会に一本の電話がかかってきました。

「ちょっと、お目にかかってお話し、できませんでしょうか」

被告企業の一つ、住友金属工業の藤原弘総務部次長（兼総務室長）からでした。「和解への道」が切り開かれた瞬間でした。藤原次長については以前、川鉄の實盛《じつもり》理総括課長から紹介され、神戸製鋼の山岸公夫総務課長と四人で席を設けていろんなことを話し合ったことがありました。西淀川の問題について始めて話し合ったのは、京都・貴船の川床料理で實盛さん、藤原さん、山岸さん、私の四人が川べりで食事をしながら率直に意見を交換しました。藤原さんは九九年三月、お気の毒なことに肝臓がんで五二歳の若さで亡くなられました。

藤原さんは「当たり前のことですが、企業は企業の利益になるように問題をうまく解決したいんです。患者会も同じだと思うんです。お互いの立場を認めた上で、誠実に情報を交換することは可能です」と話を切り出しました。千葉川鉄が和解し、住友、神戸、合同の鉄鋼各社は「解決の道はないか」と考えていたことが、大震災をきっかけに両者を引き寄せたともいえます。

それに原告側が示している全面解決案の中には西淀川の再生という項目があり、補償費、賠償費を支払うだけでなく、新たなまちづくりに取り組む、という大義名分もありました。和解をするなら、今をおいてない、というのが両者の見方でした。

右から川鉄・實盛、住金・藤原、神鋼・山岸の各氏＝岡山・有漢町

判決後も被告企業の担当者との非公式というか、個人的な付き合いを含めて話し合ってきた成果がようやく実ってきたという思いでした。お互い信頼できない、あるいは立場上、それ以上突っ込んだことがいえない部分は話し合いをして分かりあい、信頼できる部分は個人的にも深めて敵対関係をなくしてきました。相手にもこの人たちのいうことなら一緒にやれる、決めたことは守ってくれる、との評価も

相互の間に生まれてきました。これが大きかったと思います。

企業の方がたとの交流には、事務局の上田敏幸さんが最初に道筋をつけてくれたことが大きかったと思います。上田さんには患者会の事務局に来てもらったものの、会として足立さん、上田さん、私の分まで生活費を保障する余裕がありませんから、大気汚染訴訟をしている西淀、尼崎、川崎、千葉、倉敷などで構成している大気連の専従として千葉の川鉄訴訟に派遣しました。上田さんの努力で川鉄の交渉窓口になった総務課の担当者と話ができるようになり、後に企業側との和解の端緒になりました。上田さんにその辺の事情を聞いたことがありました。

上田さんは患者会では渉外担当をしており、企業や行政との交渉をセットしたり、民主的団体や労組に患者の訴えを聞いてもらって支援をお願いするなどの活動をしていました。ある日、住友金属の藤原弘総務部次長に面会を申し入れて了承をもらっていましたが、上田さんの方で都合が悪くなり、日時を変更してもらうために藤原さんが出勤してくる三〇分ぐらい前から住友金属の本社前で待ち、都合のつかないのを詫びました。上田さんはは当時を振り返ってこう語っています。

「それがきっかけになったんではないでしょうか。後に藤原さんから電話があり、『一回、一緒に食事でもしてなごやかにやりましょう』といっていただき、住金の役員が食事する特別ルームで食事しながら話し合いました。家族のことや趣味、患者会に入った話などしました。初めて日本語が通じたと思いましたね。お互いの立場を尊重しつつ、相手のいい分を聞き、こちらもいう、ということですね。当たり前のことですが、主張し合うだけでは決裂しかありません。『話のわかる人物がいるんだ』と思いました」

「あるとき、藤原さんは『私の父はメーデー事件の裁判官で、父を見て大学（東京大学）の学部を法学部をやめて経済学部にしました。裁判官は大変です。時の政治に影響されるし、精神的に追い詰められ、家族も大変迷惑でした』というようなことも、おっしゃっていました。患者会と住金との交渉のときでも、患者代表は三〇人と決められていましたので、ガードマンが三〇人で入室を抑えようとすると、藤原さんが出てきてガードマンに『三〇人数えたら、また一から数えなおしたらええ』といって、結局一〇〇人近い患者全員を交渉の席につけていただいたこともありました。さすが、藤原さんというか、実に温かい人間的な方でした」

上田さんにとっては、住金の経験が千葉で役に立ちました。川鉄の本社前で公害患者の苦しみなど被害の実態を訴えてビラをまきながら、交渉のための話し合いを地道に求めていきました。川鉄の総務課長をしていた関弥昭彦さんも藤原さんと似た考えをもっておられ、個人的にも親しい付き合いに発展していきました。川鉄、住友金属、神戸製鋼の鉄鋼三社は総務関係でもよく担当者同士が意見交換しており、どうも住金の藤原さんが川鉄の関弥さんに「とにかく、患者代表と会って話しだけでもしてみたら」というようなことを助言したようです。

関弥さんも骨のある方で「社会的に断罪を受けるよりも原告患者と和解した方が川鉄にとっても利益です。もめごとを引き延ばすのは得策ではありません」と門前副社長に直訴したことで、川鉄訴訟は和解へと急展開していくことになりました。関弥さんは、上田さんを見て、「この男なら」と思い、上司の實盛総括課長に紹介し、實盛、関弥、藤原のラインが形成されていったようです。そのときの様子を上田さんはこう語っています。

「双方の面子が立って、あとはどこで折り合うかです。こちらも無原則な妥協は許されません。営利集団である大企業の要求に、こちらがどういう選択をさせるか、ということだったと思います。いずれにしても、住金の藤原さん、川鉄の関弥さんがいたからこそ、今日の和解があったと思います」

＊三対三の交渉

被告企業との和解の交渉内容について明らかにするのは、私としては初めてのことです。これからの話は関係者以外は知りません。〝時効〟云々ということではありませんが、いつかは明らかにしておくべきだと思い、関係者にご迷惑のかからない範囲でお話しておきたいと思います。

和解のための原告、被告の代表による話し合いは極秘のうちに始まりました。公式には二月一九日から二八日までとしていますが、実は阪神淡路大震災の起きた一月一七日から三日すぎた二〇日から始まりました。双方から三人ずつの少人数で構成。患者会は交渉権、妥結権、賠償金の配分権はすべて私に託しました。あと二人は津留崎、早川両弁護士が加わりました。最初の一〇日間ほどは被告企業一〇社が決めた大阪ガス、関西電力、住友金属の代表三人とこちらの三人との話し合いになりました。住金、神戸製鋼、合同製鉄の鉄鋼三社は、前述したように和解に積極的でしたから、関電との交渉がすべてを決する状況でした。

交渉では金額よりも筋を通すことを優先しました。まず、原告らに謝罪すること、公害防止協定にもとづく立ち入り調査の実施、西淀川の再生とまちづくりへの協力などを一つずつ詰める作業が続きました。私たちは排出ガスと公害病との因果関係を文章上も形の上でも、はっきり責任を認めさせたかったのです。が、企業もこの点にはこだわり続けました。むしろ、お金の額よりも責任を明確にする方が問題だったということです。この問題で交渉は暗礁に乗り上げてしまったことが何度もありました。

交渉の半ば過ぎに和解の大筋がほぼまとまり、文書では明確な謝罪の言葉の代わりに「深く反省するとともに責任を痛感する」という表現を入れさせました。厳密にいえば、〝玉虫色〟であったかも知れません。しかし、和解となると双方とも譲るべきところは譲らないと、一刀両断にしてしまう表現ではまとまりません。ここでまとめないと、二度とチャンスはめぐって来ないと腹を固めていました。彼らにとってもそうでした。関電を説得し、すべての被告企業がそろって和解をする訳ですから。この文言なら実質、因果関係を認め、責任をとるということが明確になっていると判断しました。残るは関電との詰めが必要でした。

もう一つ、残るは謝罪の「形」です。私たちには、これだけは絶対に譲れないという条件というか基準がありました。被告企業の代表全員が原告に対して「頭を下げる」ことです。私はいいました。

「提訴当時から、裁判は金目当てのものだと世間の人たちは冷たかった。企業側は西淀川に住んでいるから公害病になったのではない。体質や喫煙などの他原因で発症したのだとニセ患者論を提訴当時さかんに主張した。裁判はこのニセ患者論を粉砕することに多くの労力と年月を要した。裁判所が主原因は企業の排煙にあった、と結論した今こそ、企業はその責任を取るとともに、これまで私たち患者にとってきた非礼の数々を謝ってもらわないといけない。頭を下げてもらうのは当然のことです」

あくまで筋を通しました。企業側は「分かりました」とだけ答えました。

次に謝り方について話し合いました。

原告弁護団は社長連名の詫び状を書かせて、文書で残す方法を検討しました。私は「文書は必要ない。頭をマスコミの前で下げてほしい」と主張しました。謝罪文も明確なものであれば社長名はいれないでもよいが、「被告企業が排出した汚染物質がこうした西淀川区の大気汚染に寄与していることは否定しがたいところ……」の「寄与」との文言は必ず入れるように求めました。企業側は了解しました。これは後に聞いた話ですが、企業側には頭を下げて謝罪しても、被害者は本当に納得するだろうか、という不安感がずっとあったといいます。

＊関電との一対一の交渉

最後には、私と関電本店の法務部長との一対一の話し合いが始まりました。場所は肥後橋の新朝日ビル内の部屋を使いました。フェスティバルホールのあるビルです。借りた部屋は震災のためにガラスが割れ、テーピングしてありました。関電は加害企業の中ではなんといっても排出量がダントツでしたから、主に損害賠償金額の詰めとなりました。当初、関電は私たちが一審で求めた損害賠償額約二二億五〇〇〇万円に見合う形で解決金として二五億円を提示してきました。関電がというより、加害企業全体でいくつかの案を用意していたのでしょう。しかし、こちらは首をウンと振らなかったために、紆余曲折しながら最終的に三五億円の提示で話が中断しました。

私は連日の企業との交渉結果のすべてを会の班長以上の幹部に報告していました。みんなはその日の交渉内容を聞き、最終的には納得してもらい、次の交渉に臨むにあたっての意見を出してくれました。そして、すべて交渉は私にまかせてくれました。損害賠償金額の話になると、患者会でもさまざまな意見が出されました。提示額を自分たちの損害とのかかわりでどう評価するかですから、二五億円の提示に対しては多くの幹部は同調しませんでした。が、三五億円の提示には意見が分かれました。損害賠償金は裁判をたたかった原告だけでなく、患者会全体の問題であったからです。

「もう少し、頑ばれるか?」という意見もありましたが、「それ以上求めたら決裂してしまう」「そうや、元も子もなくなってしまう前に決めた方がええんと違うか」という意見が目立ちました。浜田会長も同意見でした。そこらへんで手を打てという考えが支配的でした。みんなの話を聞いた上で、私は「もう、ちょっと待ってもらえんか。もう一回交渉させてもらいたい」といい、再交渉について何とかみんなの了解を得ました。関電との話が大詰めを迎えており、こちらもどのあたりで折り合うかの思案で頭がいっぱいでしたが、何となくもう少し頑ばってみようという気になっていました。が、場合によっては裁判で最終決着もあり得るとの考えも抱いていました。

「どうでしょう。前回提示させていただいた三五億で精一杯なんですが……」

と法務部長が切り出しました。

「ウーン、僕の一存では決めかねるので、ちょっと下に行って弁護士に電話して相談してきますわ」

私は部屋を出ると、隣りの部屋には関電以外の加害企業の交渉相手がみんなそろって待機しているのが目にとまりました。

「なんや、みんなおったんかいな」と思わずいうと、ばつの悪そうな顔をして

「そうなんです」とひとこといい、みんな会釈だけしていました。

私は何となく企業側は「今日中に決着させる腹づもりでいるな」と思いながら、一階のロビーに行き、津留崎弁護士と早川弁護士にそれぞれ電話しましたが、二人とも事務所におらず、連絡できませんでし

た。当時は今みたいに携帯電話が行き渡っていませんから、公衆電話で連絡していました。連絡がつかないので、多分うかぬ顔をしていたのでしょう。交渉の席に戻ると、法務部長は私の顔色を窺うように、

「一〇〇〇万円は負けていただきたいんです」と切り出しました。私は、

「三五億といいながら、まだ、値切るんか。（交渉は）やめや。判決でいく」

といって、席を立って外へ出ようとしました。

「ちょっと待ってください。違うんです。四〇億円から一〇〇〇万円引いていただきたいんです」

「うん、四〇億円？」

「そうなんです。一〇〇〇万円は交渉する人間の面子として」

咄嗟に考えがまとまらず、私はほんのしばらく時間を置くため

「トイレに行ってくるから」

トイレでどうするか、しばらく考えました。もう結論は出ていましたが……。

「わかった。ええやろ、受けましょう」と返事しました。

「ありがとうございます」

隣室で控えていた各企業の幹部も出てきて口々に礼をいいました。

こうして三九億九〇〇〇万円という解決金で決着しました。加害企業側は最終的に四〇億円まで考えた末に、三五億円を提示してきたようです。津留崎、早川の両弁護士と連絡がつかなかったのが幸いしたのかも知れません。もう一つの要因も考えられました。実は一階から部屋に戻ってきたときに気づい

たのですが、三月二九日に予定されている二次から三次の判決日を迎えるときの支援者一万人計画の用紙とハンカチを机に置き忘れていたのです。そこには支援者のために、大阪市内の多くのホテルの宿泊予約一覧が書いてありました。今から思えば法務部長はそれを見て、他の企業と急きょ相談したのかも知れません。加害企業としては一審判決のように負けてしまうのだけはどうしても避けたかったに違いありません。企業の立場から見ても負けるよりは、和解した方がイメージダウンにはなりません。こうして関電は和解に応じたのです。

患者会は全員が即了承してくれました。私は裁判を起こした原点である公害患者（死亡者を含めて）への被害補償とともに公害地域の再生と患者のアフターケアのための財団設立費用に損害賠償金を使うことも了承、確認してもらいました。

加害企業との交渉のあと、次は地裁、高裁との文言の調整をこれも極秘に行いました。マスコミには一切、漏れないで済みました。和解のための文章が出来上がり、環境庁、通産省への連絡も終えてから、全国公害患者の会連合会に「何か起こりそうなので三月一日午後の大阪での会議には必ず参加してください」とだけ連絡しました。マスコミ各社にも内容は知らせずに、テレビは二日夜の解禁、新聞は三日付け朝刊解禁と指定して連絡しました。マスコミ各社は「西淀で何かあった」と〝夜討ち朝駆け〟を繰り返しましたが、情報はいっさい漏れず、企業側は患者会の結束の固さに驚いたといいます。

＊被告企業の謝罪

九五年（平成七）三月二日。大阪市北区の全日空ホテル「万葉の間」で午後二時から「被告企業との和解による終結の確認式」が開かれました。十数列の会議用テーブルが並べられ、原告・弁護団と被告一〇企業（日本硝子は倒産し更生会社）が対面する形で着席しました。

原告ら一三〇人を代表して竹内寿美子さんがこれまでの被害の苦しみを訴え、「私たちは和解を諸手をあげて喜んではいません。和解で公害がなくなる訳ではありません」「ひとこと謝っていただきたい」と述べました。

出席した被告企業の代表は神戸製鋼・永井副社長、関西電力・柴田副社長、大阪ガス・野村副社長、関西熱化学・寺岡社長、中山鋼業・増田社長、旭硝子・神谷副社長、住友金属・津田専務、古河機械金属・小松専務、合同製鉄・國島専務、日本硝子・岸管財人の一〇社代表でした。

被告企業を代表して神戸製鋼の永井親久副社長が謝罪文を読み上げました。以下全文です。

被告企業は、戦後の我が国の経済、社会の荒廃した時期に経済活動を通じて我が国国民生活の向上と地域振興への寄与を果して参ったものと自負致しております。しかしながら、その一面において、西淀川区周辺地域では、昭和三〇年代から四〇年代にかけて大気汚染が現出し、それによって西淀川区の地域と生活環境が影響を受けたこと、一方、西淀川訴訟の原告の皆様を含む多くの方がたが、公害健康被害補償法の指定疾病に認定され、現在でも苦しんでおられることは、誠に遺憾なことと思います。

被告企業が排出した汚染物質が、こうした西淀川区の大気汚染に寄与していることは否定しがたいところであり、その点は深く反省するとともに、責任を痛感し、その意を表するものです。また認定患者である（一審）原告のみなさんが、この訴訟を提起し、本日の和解に至るまで長期に渡って種々ご苦労なさったことは、被告企業の本意とはいいがたく、遺憾に存じます。

ところで、現在では環境問題は地球環境問題という昭和三〇年代、四〇年代とは違った意味で重大な関心を集めております。被告企業もそのような視野のもと

起ち上がっていっせいに原告患者に頭を下げる被告企業代表＝1995年３月

被告企業側に謝罪を求める浜田耕助原告団長＝1995年３月

に、従来にもまして周辺住民の方がたへご迷惑にならないよう環境対策に最大限の努力をしてまいるとともに、公害環境対策の内容について、皆様のご理解を賜るよう、より一層努力する所存でございます。最後ではございますが、今後一層地域の皆様との友好関係を深めてまいりたいと考えております。

永井副社長の謝罪文を身じろぎもせずに聞き入っていた企業の代表一〇人は、いっせいに立ち上がり、深々と原告席に向かって頭を下げました。テレビのライトがつき、カメラのストロボが光る中、最前列の原告席では岡前千代子さんが片手に夫の遺影を持って、もう一方の手で眼鏡を押し上げてハンカチで涙をふいていました。左隣りの木村紀美代さんもハンカチを目にあてています。同じような光景は原告席のあちこちに見られました。

私は、

「わびていただき、すっきりしました。今後は私たちと手を取り合って、まちづくりに協力していただきたい」

と挨拶しました。これは本当の気持ちでした。裁判をたたかい、判決で勝ち、和解に向けての話し合いの中で、お互い人間として共通の土俵の上にいることが分かりました。これからは、きれいな空気を取り戻し、西淀川の再生のためのまちづくりにともに手をとって協力してほしい、と心底から思いました。

＊大阪地裁、高裁で和解

被告企業との和解による終結の確認式の後、大阪地裁、大阪高裁で和解法廷が開かれました。大阪地裁が示した和解条項は要旨次の通りとなりました。

一、被告会社九社は、原告らに対し、大気汚染とその健康影響をめぐる長期にわたる紛争を終結し、将来にわたる友好を樹立する趣旨で、解決金として金三三億二〇〇〇万円を一括して支払う。但し、原告らは右解決金のうち金一二億五〇〇〇万円を原告らの環境保健、生活環境の改善、西淀川地域の再生などの実現に使用するものとする。

二、原告らはその余の請求を放棄する。
三、原告及び被告会社九社は、本和解により、原告らの公害健康被害補償法にもとづく受給資格に何ら影響がないことを相互に確認する。
四、被告会社九社は、今後とも公害防止対策に努力することを原告らに確認する。
五、原告ら及び被告会社九社は、本和解条項に定めたほか、本件につき他に何らの債券債務のないことを相互に確認する。
六、訴訟費用は、原告ら及び被告会社九社各自の負担とする。

大阪高裁が示した和解条項は要旨次の通りとなりました。

一、第一審被告会社九社は、第一審原告らに対し、大気汚染とその健康をめぐる長期にわたる紛争を終結し、将来にわたる友好関係を樹立する趣旨で、解決金として金六億七〇〇〇万円を一括して支払う。但し、第一審原告らは右解決金のうち金二億五〇〇〇万円を第一審原告らの環境保健、生活環境の改善、西淀川地域の再生などの実現に使用するものとする。
二、以降は地裁の和解条項とほぼ同じなので省略する。

和解によって解決金は総額三九億九〇〇〇万円。うち一五億円

津留崎直美弁護士

は西淀川再生資金になり、新たなまちづくり事業に使われることになりました。和解法廷直後、原告団、弁護団、西淀川公害患者と家族の会、西淀川公害裁判判決行動懇談会は四者連名の「声明」を発表しました。

声明（全文）

本日、私たちは被告企業に対して、法的責任を認めさせる勝利の和解を大阪地方裁判所と大阪高等裁判所で勝ち取り、謝罪させることができました。今回の和解で一七年の裁判という長く、苦しい公害被害者のたたかいは大きな前進をすることができました。これも地元大阪をはじめとする全国のみなさんの大きな支援の力によるものであり、お礼を申し上げます。

今回の和解は被告企業に対して、工場排煙と健康被害との間の因果関係、そして加害責任を認めさせたことに大きな意義があります。この成果は各地で大気汚染公害を根絶するためたたかう多くの仲間が連帯したことによるものであり、この確信と今回明確にされた企業の法的責任は、全国で現在たたかっている川崎、倉敷、尼崎、そして名古屋南部の公害裁判の早期解決に大きく貢献すると確信するものです。

今回の和解には他にも大きな成果があります。被告企業に対して、公害対策について最大限の努力をさせることを約束させ、公害被害者が監視できるような協議・説明の場をつくらせたことは大きな成果です。また、被告企業に対して大気汚染公害の深刻さと広範さを認めさせたことも重要です。一次訴訟判決は公害健康被害補償法ではまかないきれない甚大な被害があることを認めて賠償請求を認容しましたが、今回の和解では被告企業自らその深刻さを認め、一次訴訟判決を大きく上回る賠償を支払わせることになりました。

また、被告企業に対してこの公害が個々の健康被害に対してはもちろん、あらゆる生活面や地域の破壊という面で、大きな傷痕を残していることを認めさせ、公害被害者の生活環境の改善や西淀川地域の再生のための一定の資金を出させることができたことは大きな前進です。

真の公害根絶のためには、自動車排ガスによる道路公害をもたらした国・阪神高速道路公団の責任を明らかにするという課題が残っており、今回の和解ではこの問題が積み残されています。国・公団は未だその責任を認めようとせず、解決に対しても背を向けたままです。私たちは今後とも全国の仲間とともに、その責任を明確にさせていくためのたたかいを繰り広げていく所存です。

今回の成果は、「手渡したいのは青い空」の思いで大阪府内はもちろん、全国各地で公害被害者と支援者がともにたたかったことによるものです。ともにたたかい、また支えてくださった方がたに対し、その成果のもとに今後とも公害根絶と公害被害者の全面救済のためにたたかい抜く決意を申し上げ、お礼にかえさせていただきます。

和解を評価するポイントは二つです。声明で触れていますが、第一に、「お金は払うけど責任はない」というこれまでの企業の逃げを認めず、責任を明確にさせたこと。第二に、国と企業を切り離して企業とだけ和解するという〝ウルトラＣ〟を演じ、その上で国に勝ち、和解するという西淀川の解決パターンが全国に踏襲されていく先駆けをつくったことです。そして地域再生計画も全国のひな型になっていったことです。

長い道のりでした。金額的にも五一九人の原告で均等配分すると平均七六九万円。一次判決の平均四一二万円を上回りました。公害訴訟につきものの〝補償金目当て〟の批判をはね返したのは一五億円のまちづくり再生資金の存在でした。残りの二五億円を原告患者の公害病認定等級と年数（等級が変化している場合はそれを加味したもの）、死亡者、子ども、弁護士費用、運動に要した費用、借入金、支援団体へのお礼、社会的還元金、原告でない患者会会員への分配（各五〇万円）等に支払いました。原告については公正・公平に査定して配分しました。

原告一人ひとりの二〇年間の苦労に比べれば、平均四〇〇万円の賠償金は微々たるものです。それを黙って受け取り、仏壇に供えた人もいれば、子や孫のためにと大事に貯金した人もいました。普通なら金額にたいして文句の一つも出るのですが、誰一人文句をいわずに受け取ってくれました。この訴訟が〝金目当て〟のものではなく、「きれいな空気を取り戻すたたかい」であることを証明しました。

第九章　国、阪神高速道路公団と和解

＊国、道路公団にも勝った

九五（平成七）年三月二日の被告企業との和解によって、企業との一七年に及ぶ裁判は終結しました。残るは国と阪神高速道路公団との裁判でした。三月二九日に予定されていた第二次から四次訴訟（井垣敏生裁判長）の判決日は、企業との和解のため七月五日に延期されました。

判決日当日は、梅雨前線がまだ日本列島に居すわっており、大阪地方は朝から雨模様でした。原告、患者会、支援の人たち一五〇〇人が紫陽花《あじさい》の花や紫陽花のコサージュを胸につけ、「あじさい行動」を盛りあげていました。

午前一〇時すぎ、大阪地裁正面玄関から阪田健夫弁護士が傘もささずに飛び出してきました。両手を上下に広げ、「勝訴　道路公害責任認める」の白い垂れ幕をかざしました。一斉に「オーッ」「やったぞ」「国、道路公団にも勝ったぞ」という声が飛び交い、大きな拍手に包まれました。雨が降り、一次判決のときのように劇的な雰囲気はありませんでしたが、道路公害を認めさせ、国と道路公団に初めて勝利した画期的な判決でした。

判決骨子は次の通りです。

一、損害賠償
　国道43号線と阪神高速道路池田線の沿道五〇メートル以内に住む公健法の認定患者一八人に総額六五五八万円の損害賠償を命じる。
二、差し止め
　請求は認めない。

国道43号線と阪神高速道路池田線の沿線五〇メートル以内に住む原告一八人に自動車の排ガスと健康被害の因果関係を認め、国と道路公団に賠償金の支払いを命じたものです。これは自動車の排ガスと健康被害との関係を認める初めての判決で、国及び公団に大きな影響を与えました。企業との和解が成立していたので、原告の数は減少していますが、一次判決の〝門前払い〟に比べれば大きく前進した内容でした。原告・弁護団も正直「こんないい判決が出るとは思っていなかった」と感想を話し合いました。

新聞の見出しは「排ガス、国・公団に責任」「道路公害、

道路判決勝利を喜ぶ支援者＝1995年７月

国の責任認める」「車社会に重い課題」「環境行政、見直し必至」「弱者救済『歴史的な判決』」と、どの社も大きく評価するものでした。まさに国、公団の責任を断罪し、その後の全国的な裁判の勝利と公害患者の未来を切り開く画期的判決でした。

判決では西淀川の大気汚染について第一期（一九五四〈昭和二九〉年から七〇〈昭和四五〉年）、第二期（七一〈昭和四六〉年から七七〈昭和五二〉年）、第三期（七八〈昭和五三〉年から判決時の九五〈平成七〉年）に区分し、その時期ごとの大気汚染の実態とそのもとでの健康被害と責任を明らかにしています。このうち、第二期まで二酸化窒素と二酸化硫黄が入り交じり、浮遊粒子状物質も加わって健康に悪影響を与えたと判断しました。第三期については、自動車排ガスが少なくとも弱者（呼吸器疾患を有する者や老人、幼児など）に何らかの健康への悪影響を与えている可能性があるとしました。そして二酸化窒素の健康への悪影響について、国や公団は予想できたし健康被害がでないようにする措置（トンネル化、シェルター化、交差点の立体化、緩衝緑地、車線削減、大型車両の進入禁止等）ができたにもかかわらず、してこなかったと断罪しました。

井関和彦弁護団長は、判決後の記者会見で「世論の高まりの中で歴史的な判決となった。二酸化窒素を中心とする自動車の排ガス全体が住民の健康を破壊し、その責任が国、公団にあることを明確にした。今回の判決は西淀川の被害者救済だけでなく、全国の道路公害被害者に大きな励ましとなり、訴訟に至っ

井関和彦弁護団長

ていない人たちも勇気づけられただろう。勇気ある事実を直視したこの日の判決に敬服している」と述べました。

実際、九八（平成一〇）年八月五日の川崎大気汚染訴訟では過去の被害だけでなく、現在までの公害責任を認める判決が出され、二〇〇〇（平成一二）年一月の尼崎大気汚染訴訟では、二酸化窒素や浮遊粒子状物質の差し止めを命じる画期的な判決が下され、同年一一月には名古屋大気汚染訴訟でも差し止めが認められました。

勝利判決後、支援者に報告する原告・弁護団＝1995年７月

『手渡したいのは青い空　西淀川公害裁判全面解決へのあゆみ』の中で、弁護団の中の「道路班」（九弁護士で構成）がまとめた「道路班決戦録」で、執筆した村松昭夫弁護士は次のように振り返っています。

「自動車排ガスの公害責任追及の流れは、確実に動かしがたい大きな流れになってきているといってよいと思います。しかしながら、少なくとも二〇年前の提訴時においては、こうした前進を誰一人として予想し得なかったのではないでしょうか。企業責任と一緒に道路責任を追及することは、法的には関連共同性問題など様々な困難を抱えていました。提訴当時の弁護団が、こうした困難さを認識しながらも現実に進行している大気汚染を根絶していくという課題との関係で、国、公団を被告に加える決断をしたことは、その後の展開を見ると『先見の明があった』といってよいのではないでしょうか。実際の裁判では提訴後一〇年間ぐらいは、とにかく企業の公害責任追及の課題に忙殺され、とても国、公団の責任追及まで手も足も頭も回らず、道路班も事実上『開店休業』の状態が続いたというのが実態でした」

地裁前では秀平吉朗弁護士と私が判決の第一報を報告したあと、会場を中之島公園に移し「あじさい行動」が続けられました。村松昭夫弁護士が勝利判決の詳細を報告し、浜田耕助会長が力強くお礼の挨拶を述べました。しかし、浜田会長の病状がかなり悪化していたため、ただちに帰宅しなければならない状態でした。

判決後、原告団、弁護団、西淀川公害患者と家族の会、西淀川公害裁判判決行動懇談会、全国大気汚染公害裁判原告・弁護団連絡会議は五者連名の「声明」を発表しました。

声明（全文）

本日、私たちは、国、阪神高速道路公団とを被告とする西淀川公害裁判第二～四次訴訟で、国・公団の公害責任を認め、一八名の原告への損害賠償を命じる歴史的な勝利判決を獲得することができできました。これまでの道路公害裁判では、いずれも二酸化窒素の健康影響を否定して道路の公害責任を免罪してしまっており、今回の判決で道路公害裁判で初めて、道路の管理者の責任が明確に認められ、沿道に居住する原告について被告対象道路から排出する自動車排ガスとの因果関係を認め、損害賠償を認めたことの意義は極めて大きなものがあります。

この判決は、結論としては汚染物質の差し止め請求は認めませんでしたが、抽象的差し止め請求を認め、不作為命令を道路端から一五〇メートル以内に居住している原告については当事者適格を認めるという、従来の判例を大きく前進させる判断をしています。この判決は、大気汚染公害の根絶を目指してたたかっている全国の公害被害者だけでなく、全国各地でたたかわれている道路公害反対運動にとって大きな確信を与えるものです。また川崎、名古屋南部、尼崎などでたたかわれている大気汚染公害裁判にも大きな展望を与えるものです。

今回の判決により、道路の公害責任が明確に認められ、原告への損害賠償が命じられたことは、現在も深刻な汚染に曝されている道路公害に対するより一層の公害対策の必要性を明らかにしただけでなく、国内の道路行政の見直しを迫るものとなっています。同時に、西淀川公害裁判提訴の直後に強行された二酸化窒素の環境基準の大幅緩和や大気汚染指定地域の全面解除に象徴される公害・環境行政の後退に対する痛烈な批判となっています。

私たちは、国や阪神高速道路公団が、この判決に従って西淀川公害裁判の早期解決を図るとともに、真摯にこれまでの道路行政や公害・環境行政を見直し、とりわけ幹線道路沿道の深刻な汚染に対する抜本的な公害対策と被害者の救済に直ちにとりかかるよう強く求めるものです。同時に、大気汚染指定地域の再指定と自動車NOx法を強化し、総量規制を直ちに実施することを求めるとともに、全国各地で進行している道路建設計画についても抜本的に再検討するよう求めるものです。

私たちは、さる三月二日に関西電力をはじめとする大企業一〇社に、大気汚染公害責任を認めて謝罪させるという被害者側勝利の和解を勝ち取り、さらに、今回の判決で道路公害についての大きな前進を勝ちとることができました。こうした画期的な成果を勝ちとれたのは、全国の公害被害者、市民、消費者、労働者のみなさんの大きなご支援、ご協力のおかげです。原告らの願いは、次代を担う子どもたちに青い空を手渡すことです。私たちは、この成果とともに、大気汚染公害、道路公害の根絶のために、今後ともたたかっていく決意です。

＊阪神高速道路公団が謝罪

同日午後二時から建設省近畿地方建設局と阪神高速道路公団で、謝罪と環境対策を求める交渉を行いました。近畿地建では約八〇人が参加し、櫛田泰宏・路政課長らと交渉しました。が、最初から謝罪をめぐって紛糾し、約五時間にわたる交渉となりました。原告側が「住民に対して迷惑をかけたといえんのか」と謝罪を求めましたが、地建側は黙ったまま。地建側が報道陣を締め出そうとしましたが、原告側は「おったらええねん。国民に知らせなあかん」といって締め出しを阻止しました。おまけに予定の二時間がたったので、交渉を打ち切ろうとしたため、原告側は入り口ドアの前に座り込んで抗議しまし

道路判決勝利後、建設省近畿地方建設局と交渉＝1995年７月

た。午後七時になって、ようやく櫛田課長が「自動車排ガスでご迷惑をかけたと認識している。今後も公害対策の推進に努めていきたい」と話し、交渉は終了しました。

一方、阪神高速道路公団には原告五〇人を含む約一〇〇人が訪れ、岡田順一郎総務課長と交渉。当初は公団の逃げの一手で紛糾しましたが、午後五時前に「判決を深く心にとめ、重いものと受け止めます。沿道の方がたには騒音や排ガスなど長い間、ご苦労をかけ、ご迷惑をおかけし申し訳ありません。今後もこれまで通りお会いし、話し合いを致します」と謝罪したので、引き上げました。公団に参加した原告らは、まだ膠着状態が続いていた近畿地建にバスを走らせました。

判決の翌日には患者会から四三人、弁護団から一三人が上京。七日には環境庁で野村瞭環境保健部長交渉を行いました。野村環境保健部長は「判決を厳粛に受け止めます」と述べ、「原告が長年たたかい続けなければならなかったのは、不十分な環境行政だったからだ」との指摘に、「一七年間、患者のみなさんにご苦労をおかけしたことをお詫びします」と表明しました。さらに、サーベイランス（追跡調査）を西淀川で実施すること、沿道住民の健康調査を前向きに検討する、保健部長が西淀川を訪問する等の約束をしました。同時に行われた大澤進大気保全局長交渉でも、大澤局長が西淀川を訪問することを約束しました。建設省では謝罪することや控訴を行わないこと、緑地帯の設置や車線の削減などを求めました。建設省側は「法的責任とは別」と断りながら、「申し訳ない気持ちでいっぱいだ」と述べ、環境改善に努力する旨を表明しました。

原告側は道路問題で勝利したことで七月一一日、控訴せずと記者会見で明らかにしましたが、国、公団側は八月二日に控訴し、再び大阪高裁でたたかうことになりました。

＊国、道路公団との和解

西淀川で国、道路公団との訴訟で勝利した後、全国の大気汚染裁判で次つぎと勝利や勝利和解が続きました。九六（平成八）年三月七日に川崎公害裁判で原告勝利の判決がでました。五月三一日には東京大気汚染裁判の提訴が行われました。一二月二五日には川崎公害裁判が被告企業と和解し、翌二六日には倉敷公害裁判が被告企業と和解し、全面解決をしました。この間、西淀川では被告企業との和解後、関西電力尼崎第三発電所に初の立ち入り調査を八月六日に実施しています。また、区内の合同製鉄への立ち入り調査を一〇月八日に行いました。九月一一日には財団法人・公害地域再生センター（愛称、あおぞら財団）が内閣総理大臣によって設立許可が行われ、正式に環境庁所管の公益法人としてスタートしました。あおぞら財団については第一〇章で触れたいと思います。

九七（平成九）年には七月一一日に環境庁の野村瞭大気保全局長が約束通り、西淀川区を訪問し、国道43号線大和田西交差点の再調査や歩道の拡幅工事、車線削減の可能性などを視察。また、大阪府の光触媒を利用した脱硝装置の実験プラント、道路公団が大和田に新設した自動車排ガス測定局を視察しました。その後の懇談会では改正沿道法を活用した総合的な沿道対策に取り組んでいくことが確認されました。

国、公団側は控訴したものの、「予想を超える惨敗」からか、反論準備が整わず、第一回口頭弁論は九六年一二月五日と遅れました。原告を代表して豊田鈴子さんが一日も早い道

関西電力への立ち入り調査＝1996年８月

合同製鉄への立ち入り調査＝1996年10月

路公害の解決を訴えました。法廷には会員六〇人に加えて尼崎・大阪連合会の患者ら二〇人が傍聴しました。第二回口頭弁論は九七年四月二五日に、第三回は一〇月三一日に開かれました。

一方、一次訴訟を審理中の大阪高裁民事六部（笠井裁判長）の方は、和解の法廷（九五年三月二日）以後、九六年七月二二日に第一回口頭弁論を開いたままのため、弁護団は裁判所交渉を行い、やっと九七年一〇月九日に第二回口頭弁論を開くことができました。その結果、九八年一月には裁判所の現地調査と疫学に関する証人尋問、六月にはすべての証人調べが終了し、七月二九日には最終弁論の第一回目が行われる運びとなって、早期結審、早期判決に向けて切迫した状況になっていきました。裁判長が九九年一月二日に定年退官する予定だったからです。

原告・弁護団は早期結審、判決をめざして団体署名の取り組みとともに、最終準備書面の作成作業を勧めました。片方で判決を迫りながら、もう片方で建設省との交渉を行い、和戦両用の構えをとってきました。そういった中、裁判所から双方に和解の打診があり、七月に入ってから頻繁な交渉を行い、和解にこぎ着けました。

裁判と平行してあおぞら財団に依頼した道路政策、「道路公害をなくす緊急提言（案）」は区内の道路公害防止策を一定前進させ、国、公団との継続交渉を可能にしてきました。九七年二月には道路政策提言研究会をスタートさせ、九八年七月には西淀川道路環境再生プラン「地域から考えるこれからの日本の道路」を発表しました。これらは和解条項に直接反映する役割を担いました。その基本は道路公害対策は住みよいまちづくりへの第一歩ととらえるとともに、きれいな空気と静かな町で健康に暮らすことを念頭においたものです。

具体的対策として

・住宅密集地には大型シェルターや遮音壁の設置。将来的には高架道路の地下化実現。
・国道43号線の車線削減と緩衝緑地帯の設置、交差点の改良。
・新しい大気汚染浄化システムの導入と騒音軽減のための多孔質性舗装、吸音板の開発。
・沿道法の活用と住民本位のまちづくり推進。
・大型トラックの総量・交通規制。
・大都市の交通量削減のためにロードプライシング（環境への悪影響を通過する自動車が負担して交通量を軽減する）の導入。
・歩行者と自転車優先の道路整備。

・大気汚染解消のために、従来の車優先の道路整備計画の抜本的見直し。
・作り過ぎの高速道路建設計画の見直し。
・幹線道路に沿道法の適応を検討。
・国は交通総量削減の抜本的対策を推進。

私たちはこうした具体的道路政策をもとにして建設省や環境庁、公団と交渉してきました。私たちの提言を素材としたシンポジウムにも建設省として正式に参加するようになっていました。建設省の方も道路政策上、一致する部分が多いということもあり、またお互いの考えていることで違いはあっても、理解し合うことができるようになり、和解へと弾みがついていきました。加害企業のときのような、和解への過程における劇的なものはありませんでしたが、弁護団や患者会の役員、役員班長合同会議で相談しながら詰めの作業に入っていきました。しかし、仮に和解内容がこれまでの判決の成果やたたかいを否定するものであれば、断固拒否して早期結審、判決に向けたたたかいを展開する、との決議を行い、交渉の経過を見守っていくことにしました。

＊二一年のたたかいに終止符

九八（平成一〇）年七月二九日、「事実上の結審日」として、府下一円で取り組んできた「7・29ひまわり行動」は、はからずも全面解決実現の日となりました。当日は原告・弁護団は淀屋橋で長年の支援に感謝する宣伝行動を行いました。午後一時から裁判所前で「和解法廷前集会」を行い、法廷には患者会や支援の人たち一二〇人が歴史的瞬間を見守りました。一次訴訟を審理中の大阪高裁民事六部は、同五部で係争中の二次から四次訴訟も含めて、国、阪神高速道路公団との和解法廷を開廷しました。原告、被告双方が和解案を受諾し、二一年間の裁判に終止符を打つことが出来ました。法廷のマイクが不調で、声を張り上げて和解勧告を行う裁判長の姿がいかにも人間的で、法廷を和やかな雰囲気にしていました。

和解文書は、和解勧告、和解条項、付属文書及び文書確認した口頭了解事項の四点で構成されています。

和解勧告は、西淀川の過去の激甚な大気汚染とそのもとでの公害認定患者が多発した事実を指摘。

「現在も道路沿道を含めて環境基準を上回る二酸化窒素など汚染が続いていること」「こうした大気汚染は工場などからの排煙だけでなく、自動車排ガスによってもたらされている」とし、自動車排ガスと健康被害との因果関係をまず認め

国、道路公団との和解後、患者、支援者への報告に向かう原告・弁護団長＝1998年７月

ました。その上で「当事者双方が将来に向かってよりよい沿道環境の実現をめざし、互いに努力することがもっとも妥当な解決であると考え、和解勧告をした」としています。

和解条項は

一、当面実施する沿道環境、生活環境改善策として、国道43号線の車線削減やバス停の休憩施設の設置、歌島橋交差点の地下歩道とエレベーター設置など七項目の確認。

二、原告らのまちづくり支援、自治体の関係機関と連携して総合的な環境対策を行う。

三、光触媒による窒素酸化物の削減実験、微細粒子（PM２・５）を含む浮遊粒子状物質の実態調査の実施。

四、公害対策を継続して協議する「西淀川地区沿道環境に関する連絡会」を設置する。

これらを受け入れたことによって、原告は二次から四次判決で認められた損害賠償金六五五八万円を放棄しました。

記者会見を挟んで、会場を「天満研修センター」に移し、第一部は「道路政策提言・地域から考えるこれからの日本の道路」の発表会。第二部は「全面解決報告集会」を開き、解決を喜びあうとともに、今後の運動への決意を誓い合いました。

この間、全国の公害問題を見てきた「全国公害被害者総行動実行委員会」運営委員長であり、「公害・地球環境問題懇談会」幹事長の小池信太郎さんはこう指摘しています。

手渡したいのは青い空
道路公害のない明日に向けて
和解後、デモ行進に向かう患者、支援の人たち＝1998年7月

「人の命よりも儲けを大事にする政治の中で、公害被害者を中心にした粘り強いたたかいと運動の広がりが、国民の支持を得て勝利に結びつきました。当時の政府の経済優先の政策は、国民の生活を豊かにするどころか、大企業ばかりが儲かる仕組みになっており、構造的な矛盾をはらんでいました。そういう政治情勢の中で、都市部の住民が革新自治体を生み出していったように、企業の横暴を許さず、世の中を変えていく力を西淀

川の公害闘争に見いだしていたのではないでしょうか。怒りと要求だけでは社会の支持は得られません。被害の直接原因は企業の汚悪煙であり、間接的には政府の政策にありました。蟻が象を倒すようなスケールの大きな国民的運動が公害患者を強くし、運動がすばらしいリーダーを育てたのです。その運動は被害者が主人公となって、理屈よりも現場主義（切実な要求にもとづく運動）を貫いたのが国民世論を動かしていったのだと思います」

思えば西淀川公害患者と家族の会を結成した翌年の七三（昭和四八）年、青法協大阪支部に西淀川大気汚染研究会が設置されて裁判の検討を始めて二五年。それから提訴するまで四年を要しました。「こんな難しい裁判勝てる訳がない」といわれ、引き受けた弁護士も「『こんな裁判やってバカだ』といわれないようにしよう、と申し合わせた」というように、被告企業の共同責任をとらせることすら本当に難しい裁判として船出しました。

国、道路公団との和解後にスタートした道路連絡会＝2007年６月

それだけに、法廷内では学者、研究者と弁護団の総力を上げた立証活動が被告側を常に圧倒してきました。ニセ患者扱いされた原告患者が文字通りいのちをかけてたたかった、死に物狂いの頑ばりが勝利の基礎にあったのは当然のことです。浜田耕助会長はじめ、多くの原告、患者がこの間に亡くなられま

した。初代弁護団長の関田正雄弁護士も亡くなられました。法廷外では「なのはな行動」「はるかぜ行動」「さくら行動」「パラソル行動」「あじさい行動」「ひまわり行動」など、山場の一つひとつを大きな運動に盛り上げ、行動に転化していった支援の方がたの力、一次判決までに七四万人（最終的には一三〇万人）の署名を寄せていただいた力が、今日の勝利をもたらしたことを、深く心に留めておきたいと思います。私たちはこういう人たちがいたからこそ、たたかいに「勝たせてもらえた」のです。

西淀川大気汚染公害裁判で第一次から四次まで多くの原告が最後までお世話になった弁護士の方がたは、次の通りです。

《西淀川大気汚染公害裁判弁護団》＝敬称略

故・関田正雄（初代団長）、井関和彦（団長）、故・真鍋正一（副団長）、島川勝（初代事務局長）、津留崎直美（事務局長）、辻公雄、松井清志、井上善雄、坂和章平、峯田勝次、東畠敏明、三木俊博、上山勤、関根幹雄、谷智恵子、早川光俊、秀平吉朗、山川元庸、山本彼一郎、大櫛和雄、櫛田寛一、福本富男、佐古祐二、岩田研二郎、梅田章二、土本育司、村松昭夫、小田周治、小林俊康、長野真一郎、井奥圭介、岸本達司、須田滋、宮原民人、赤津加奈美、阪田健夫

＊東京大気汚染訴訟でも和解成立

国、東京都、首都高速道路公団＝現首都高速道路（株）、トヨタ、日産、三菱、日野、いすゞ、日産ディーゼル、マツダの自動車メーカー七社を相手に九六年から裁判をたたかってきた東京大気汚染訴訟は、〇七（平成一九）年七月二日に①新たな医療費助成制度の創設②公害対策の実施③損害賠償金の支払い――で東京高裁の和解勧告案（六月二二日提示）を受け入れました。

高裁は、気管支ぜんそく患者に対する新たな医療費助成については、五年間で二〇〇億円の医療費を要するものと見込んで東京都が三分の一、国が三分の一、高速道路（株）が六分の一、メーカー七社が六分の一、を負担するよう要請したのに対し、メーカー七社は五年間で六分の一に相当する三三億円を、首都高速道路（株）は五億円を、国は東京都に対して公害健康被害予防基金から予防事業として六〇億円を拠出することを表明しています。この新たな医療費助成制度は東京都全域を対象としたもので、これまでに例をみない内容となっています。

公害対策について、国は微小粒子状物質（ＰＭ２・５）の健康影響に関する評価についての専門的検討の開始と国設測定局におけるモリタリング体制の拡充、改正自動車NOx・ＰＭ法にもとづく局地汚染対策及び流入車対策の着実な実施を表明しています。国及び首都高速道路（株）は、①都市部における深刻な交通渋滞の解消のための高速道路料金の割引導入に向けた社会実験、②交通流の円滑化のための交差点の改良・立体化やボトルネック対策、③沿道環境改善のための道路緑化・植樹帯の整備、④大気常時観測局の増設——等の実施を提案しています。東京都は、公害対策として道路拡幅部分への植樹帯や自転車歩行者道の整備、鉄道立体交差事業、大型貨物自動車の通行禁止規制の拡大、等の施策の検討を行っています。

解決金の支払いについては、第一次から第六次の原告患者数は五二二人で、うち一八歳以上の未認定患者は一九一人となっていること等を鑑み、自動車メーカー七社に計一二億円の支払いを勧告しました。これら高裁の和解案を原告・弁護団は検討のうえ、受け入れ、自動車メーカーも受諾を表明しています。

和解勧告案を受け入れる回答書を東京高裁に提出した原告団は、西順司団長が会見で「勝ち取ったのは解決一時金という小さなものではない。国、都、自動車メーカーなどすべての被告が費用を拠出する医療費助成を実現することは決して小さなことではない。都内には数十万人の未認定のぜんそく患者がいる。新しい救済制度をつくることは都民全体の願いであると思う。苦渋の選択ではなく、公害根絶のたたかいの土台となる前進だ」との見解を明らかにしました。原告・弁護団、支援者で構成する「勝利をめざす実行委員会」は連名で、「今回の成果は原告らの運動と被害者救済を求める世論の力で実現したものであり、医療費助成制度を拡充させ、公害対策を徹底させるために、いっそうの運動を広げる」との声明を発表しました。

東京大気汚染訴訟は八月八日、正式に和解しました。提訴以来一一年ぶりのことです。

原告団の石川牧子事務局長は「運動経験もないまま〇六年から原告団事務局長を任されましたが、周囲に支えられなければ到底こなせるものではありませんでした。そんなとき、森脇さんが『あんたも大変やろうけど、原告の思いを世の中に訴える、患者が自ら言葉で訴えることができなければ決して勝てない。それをやり遂げるのがあんたの役割や』といわれたことが、私たち自らの力で道を切り開くことにつながっていきました。私たちを叱咤激励するとともに、温かく見守ってくださった全国の公害患者のみなさんに感謝しています」と語っています。

私たちが自動車の排ガス等による大気汚染公害がひどくなって、呼吸器疾患の患者が増えているといい続けてきた事実は、西淀川裁判以降の各地の大気汚染公害裁判の判決を見てもその正しさが証明されました。日本のみならず、欧米諸国の調査・研究でも交通量の多い幹線道路沿道の住民は呼吸器疾患・症状の有症率が高いこと、自動車排ガスによる大気汚染物質がぜんそくや気管支炎の症状を増加させている報告がされています。各地の大気汚染公害裁判の原告・弁護団は機会あるごとに、大気汚染による健康被害に関する疫学調査を求めてきました。

環境省はこうした状況を踏まえて、幹線道路沿道部における自動車排ガスによる大気汚染とぜんそくなどの呼吸器疾患との関係を解明するため、全国的な調査「そら（ＳＯＲＡ＝Study On Respiratory disease and Automobile exhaust）プロジェクト」を二〇〇五（平成一七）年から五年間にわたって実施中です。初年度は全国から選定した地域の小学校一～三年生約一万六〇〇〇人を対象に質問票による調査（父母が記入）、アレルギー素因による血液検査、屋内アレルゲン調査を行い、その後も対象者の追跡調査をして状況を把握することになっています。〇六年からは、一〇万人規模の幼児を対象に一歳六カ月児健診から三歳児健診受診までの間のぜんそく発症に関する調査を開始しています。さらに、〇七年以降には成人を対象とした調査も実施することにしています。

この調査そのものは評価できるものですが、中間報告もなく結果は調査の終了待ちになっています。しかも調査が広範多岐にわたっているため、同省のプロジェクトに対する説明や資料を見る限りでは自動車排ガスと呼吸器疾患との関係がどこまで明らかにされ、具体的で適切な環境対策が早急に打ち出されるのかどうか、その時期、期間を含めての見通しがたっていないなどの不安材料が多くあります。自動車排ガスによる健康被害は一刻の猶予も許されないため、形だけでない内容の伴った調査とその後の早急な対策の実施が求められています。同時に法的には医療救済のための特別措置法をつくって、ぜんそくなど呼吸器疾患の患者の生活を支援していく必要があると思います。

＊浜田耕助会長の遺志を継いで

西淀川公害患者と家族の会会長の浜田耕助さんが九六（平成八）年一月二五日、肺炎で静かに息を引き取りました。六七歳でした。これからが西淀川のまちづくり、再生への本番を迎えるときだっただけに、まだまだ活躍して私たちの先頭に立ってほしい方でした。

浜田さんは二八（昭和三）年、東京・浅草の生まれで、三〇（昭和五）年に大阪市淀川区に転居し、大阪学芸大学を卒業。東淀川区に住み、五三年に大阪市立南方小学校に赴任し、教諭生活を始めました。その後、五四（昭和二九）年から西淀川区に住み、同市立姫島小学校に赴任しました。六八（昭和四三）年に同市立加島小学校に赴任し、七二（昭和四七）年四月に患者会設立のための準備会の段階で会長に就任していただきました。患者会会長として会の専従になった浜田さんは、原告団長、全国公害患者の会連合会の代表委員、大阪公害患者の会連合会会長等を務め、いのちを削って運動の先頭に立ってきました。

浜田耕助会長

慢性気管支炎の浜田さんは患者会結成から和解まで二四年間会長を務めましたが、段々と体が衰え、最後は気力で踏ん張っていました。九五（平成七）年一月一七日の阪神淡路大震災の時には、全国公害患者の会連合会の代表委員として救援物資を神戸や尼崎の被災地に届け、患者宅や避難所二十数カ所を数日かけて激励のために訪ねて回りました。妻の保子さんは「朝早く出かけて、夜遅く帰ってきました。見るからに疲れた顔をして、帰ってくるなり『もう、寝る』といって床に入ってしまいました」と当時を振り返って語っています。二月に入ると和解交渉が本格的に動きだし、企業との詰めの報告を聞いたり、役員との協議で体調を崩したまま再三、長時間外出をせざるを得ず、かなり無理を重ねていました。

浜田さんは企業との和解後、記者会見し要旨次のように語っています。浜田さんの人柄が偲ばれます。

提訴以来一七年、原告五一九人のうち一七一人が亡くなられた。その無念さを晴らせたと思うと、同じ被害者として感慨もひとしおです。提訴する時、「子や孫にわれわれと同じ苦しみを味わわせたくない」「手渡したいのは青い空」ということをみんなの願いとしてやってきました。その約束が多少でも果たすことができました。

一審判決で請求が棄却された二四人を含め、裁判に立ち上がった人すべてが救われたことも画期的だと思います。誰が加害者か分からないままでは、犠牲者は犬死にだし、公害もなくなりません。加害者を明らかにすることで、公害をなくす第一歩にしていくという意味で、一七年もの長い時間がかかったけど、裁判してよかったと実感しています。大きな支援をしていただいた市民生協や大阪労連はじめ各団体に心からお礼を申し上げたいと思います（和解の意義については略）。

和解に至る交渉で関電は最初、「判決しかない」と逃げの一手でした。しかし、患者は自分たちの苦しみを吐露したんです。「主人が亡くなったとき、涙もでんかった」とか、死んだお父ちゃんに「よかったね」とか、普通、こんなこといえません。息を引き取ったとき、これでやっと苦しみから解放される。これが誰の責任か、と詰めよったとき、関電は解決を決断せざるを得なかったんです。

患者会はどの人を見ても家族を破壊された苦しみをみんな持っている。いざとなったとき、何も恐れない、苦しみから立ち上がる力を持っている。苦しみに耐え、乗り越えてきたことが患者の力です。一人ひとりが死をも恐れずたたかえるという実感、見通しを持てたんです。逆にそこまで追いやったのは誰かということです。

今回の勝利和解を大きなステップに、新しいまちづくり、あたたかい革新府政の実現めざし、私もさらに頑ばりたいと思います。

九五（平成七）年三月二日の企業との和解が無事終了すると、ほっとしたかのように寝込むようになり、二〇日間入院しました。それでも七月五日の国と道路公団の判決日には、一〇時からの判決いい渡し前の「あじさい行動」の先頭にたって「7・5西淀川公害訴訟判決——あじさい行動　道路公害をなくし手渡そう青い空を」と書かれた横断幕を地裁前まで仲間とともに持って法廷に臨みました。法廷では原告団席の真ん中で判決を聞き、勝利判決に弁護団に向かってVサインを送りました。勝利判決後の中之島公園での勝利報告集会では、「最高の判決。後退を続けてきた環境、公害行政が転換を迫られる第一歩です」と挨拶しました。これが最後の公式の場での活動となりました。

夏ころにはベッドから起き上がることも大変となり、九五年秋の第二四回定期総会で会長の職を辞任したい旨を役員に伝えました。保子さんによると、「辞任の最後の挨拶だけはみんなの顔を見ながらお礼したい、といってたんですが、結局無理ということでテープに録音することになったんです。普段は満足に起き上がれないのに、録音の時だけは背筋をしゃんと伸ばして語っていました」といいます。会長職の後は患者会顧問に就任していただきました。見舞いに訪れた環境庁の野村瞭保健部長に「患者さんが年を取り、苦しみが増しており、さらに看護する家族の苦労も理解し、ぜひ、この人たちに暖かい行政の手を差しのべて下さい」と要請していました。

浜田さんの偲ぶ会は九六（平成八）年の七月二二日に控訴審が一年七カ月ぶりに再開されるのを機に行いました。この日は、新たな裁判闘争の開始を支援の方がたと誓い合うために、「ひまわりデー」を開催しました。その裁判が終了した夕方、大阪府教育会館で浜田さんの遺影を前に今後の裁判闘争での奮闘を誓いました。偲ぶ会には四八団体一〇七人が参列しました。

浜田さんが亡くなられた二年半後に、国、道路公団との勝利和解が成立し、悲願の裁判終結を迎えることになります。

浜田耕助西淀川公害患者と家族の会会長の偲ぶ会＝1996年７月

第十章　新生・西淀川めざして

＊公害地域再生センターとは

被告企業一〇社と和解した翌年の九六（平成八）年九月一一日、財団法人「公害地域再生センター」（愛称、あおぞら財団）が設立認可されました。企業との和解による解決金三九億九〇〇〇万円のうち、一五億円を原告や患者会の環境保健、生活環境の改善、西淀川地域の再生などの実現に使用するためです。四大公害裁判の一つ、三重・四日市の大気汚染訴訟（六七年提訴、同七二年判決）の勝利はその後の全国の大気汚染訴訟に大きな影響を与えました。西淀川が訴訟に踏み切ったのも「四日市の勝利が裁判でたたかう後押しをしてくれたから」といっても過言ではありません。

しかし、四日市の場合、裁判に勝って原告が損害賠償を得ても、加害企業による悪煙はとまらず、空気はきれいになりませんでした。裁判で勝利判決した日も、工場からの煙は〝知らぬ存ぜぬ〟とばかり、もくもくと空に向けて上がっていました。「何か割り切れなさ」を感じたことも事実です。まだ、公害とのたたかいの〝先駆け〟の時代で、「公害被害者救済」という概念も国民の中には浸透していませんでした。公害防止装置の開発は十分に可能でしたが、高度成長時代で国民の生活環境よりも経済成長を優先するのが当たり前のような風潮だったからです。

二〇年の長きにわたって西淀川公害裁判をたたかってきた原告や患者会の人たちは、西淀川で生まれ育ってきた、小さいときに他の地域から移住してきた、結婚で住むようになったという人が多く、西淀川を故郷《ふるさと》あるいは第二の故郷と思っています。アンケートをとっても、西淀から他の地域に引っ越したい、という人はそう多くありませんでした。「公害病にかかっているので、公害病をよく承知している病院がないと不安」というのもその一因になっています。個々によって違うのは当然ですが、自分の住んでいる街を豊かな環境のもとで子や孫の代まで受け継がれるようにしたいのです。私たちの運動の原点――手渡したいのは青い空――には被害者救済とともに深い意味と願いが込められています。

財団設立に先立ち、九六年二月七日に「公害地域再生センター設立準備会」の事務所開きが行われました。場所は西淀川区千舟一の一の一。歌島橋交差点に面し、西淀川区役所前になります。五階建てビルの四階に事務所を構えました。後に、このビル全体を買い取り、現在の「あおぞらビル」となります。当日は患者や地域の医療にかかわった医療関係者、消費者団体、労組などの代表がお祝いに駆けつけ、報道関係者も多く、事務所は賑わいました。

岩重寿喜男環境庁長官（左から３人目）も参加した
地域再生パートナーシップ＝1996年３月

裁判の進行とともに脳裏をはなれなかったのが、きれいな空気を取り戻すことと疲弊したまちの再生であり、前述した四日市裁判の教訓をどう生かすかにありました。

＊まちの再開発ではなく再生を

財団設立のための第一歩は、九〇年ころに大阪都市環境会議（大阪をあんじょうする会）の事務局を訪れ、「西淀川の再生について具体的な『絵』（青写真）を書いてほしい。それを持って企業や行政に働きかけ、まちづくり計画としたい」と持ちかけたのが最初でした。後にあおぞら財団の研究主任で、当時は都市開発のプランニング会社にいた「共感ひろば」のスタッフだった傘木宏夫さんが「西淀川再生プラン・ＰＡＲＴ《パート》１」をまとめ、一次訴訟判決直前の九一年三月二一日に、「西淀川再生プラン発表シンポジウム」を開きました。この再生プランはＰＡＲＴ６まで作られ、環境基本計画や環境基本法の公聴会で発表されました。再生プランを具体化した傘木さんは「まさか、実際に地域づくりをしていくための財源として裏打ちされるとは思っていませんでした」と語っています。

公害地域再生とは具体的にどんなことを目指しているのか——誰の目にも明らかになるようにしなければなりません。再生とは、ただ木を植えて緑を増やす、水辺を造るということだけでは済みません。公害で奪われたもの、産業や経済政策優先で失ったものといえば、一つは昔からあった自然環境です。西淀川は昔から川と島に囲まれたまちでした。川で洗濯をしたり、和船に乗って矢倉新田に行ったり、外島にマクワウリやスイカを買いに行ったり、という原体験を蘇らせたい、という気持ちで「再生」という言葉にこだわっています。

昔のような風景に戻すのではありませんが、自然豊かなまちにしていくというか、子どもからお年寄りまで参加できる地域の文化活動に取り組んでいこうというものです。ひとことでいえば、疲弊したまちを元に戻すことで、古いものを壊して新しいものを作る再開発とは違います。

単なる環境の保全、創造、復元とは違って、患者の健康回復、住民の健康、地域のアメニティ（快適な生活）、地域文化などを視野に入れています。経済優先の地域開発で損なわれたコミュニティ機能の回復と育成によって、住民、行政、企業の三者が対立関係になっている構図を、本来あるべき関係に構築し直していくことも重視しています。国際政治の舞台でＮＧＯ（非政府組織）の活動が目立っているように、あくまで中間的な存在として、国の外郭団体の財団法人とは一線を画した、住民運動から生まれ、地域住民に支持される新しい財団法人を目指しています。こうした私たちの目的に呼応して川崎、名古屋南部、尼崎、水島などの公害被害者が、同じように賠償金の一部を拠出し、環境再生に取り組んでいます。

＊住民、企業、行政の〝協働行動〟で

そういうことで、財団ができる前にその存在のアピールと設立の趣旨・目的を理解してもらうために、シンポジウムの開催を計画しました。大阪市科学技術センターで九六年三月二四日、財団設立準備会が実行委員会の形式で「公害で奪われた健康・自然・コミュニティの再生を」テーマに開催しました。後援は環境庁、大阪市・総合開発機構にお願いしました。患者会からの三四人を含む三〇〇人が参加しました。財団設立への第一歩を築いたと考えています。もう少し、財団の目指す方向性について知っていただくために、シンポジウムの概要を紹介したいと思います。

シンポジウム計画当初は、これまで西淀川の裁判闘争を支援してくれた人たち、大気汚染公害問題に関心の高い学者、研究者を招いて開くつもりでした。が、「『やるなら日本の団体の主だった人たちを全部呼んだらどうだ』ということになり、すべての学会の会長クラスに呼びかけました。ところが、不思議にも誰もが断ることなく『西淀川の公害裁判と街の再生というのは歴史的だから、シンポジウムを開くのに賛成』という答えが返ってきました」

私たちにすれば、公害指定地域を解除した張本人もいますし、二酸化窒素を二倍から三倍に緩和したときの責任者もいます。いろんな人が集まった中で進めようということになりました。こういうシンポ

ジウムは日本で初めて開かれたと思います。さらに進める上で環境庁、大阪市、経団連、青年会議所などにも後援してもらおうと呼びかけました。私たちがたたかってきた相手ですから、一緒にやっていくのは難題でした。大阪市はすぐに断ってきました。それに対して、今日的な意義や「患者がいのちをかけて裁判に勝ったお金を使って開くのに、なぜ断るんだ」という多くの人の意見で、磯村市長もその必要性を認めて後援してくれることになりました。

実行委員会を代表して挨拶した全大阪消費者団体連絡会の坂本允子事務局長は「和解勝利を得て、今度はまちづくりという新たな峰をめざして、日本の市民運動の中でもかつて経験したことのないような公害のない住みよい、住み続けたい街づくりをめざしてまた一歩踏み出そうとしています」と述べ、センターへの支援と協力を呼びかけました。

基調提案の一つ目は大阪市都市環境会議代表幹事、高田昇立命館大教授が行いました。

高田教授は作家の司馬遼太郎氏の言葉を引いて、「美しき停滞」「美しく成熟」するとは、発展の中で失ったもの、忘れていたものを取り戻す。そして勝ち取ったものを地域の中でどう活かしていくかに尽きると前置きして、具体的な地域づくりの三条件として「参加」『ビジョンを持つ」「協働行動」をあげました。

参加は地域住民だけでなく、地域にかかわる企業、行政、専門家も一緒に参加することが出発点として大事だということ。ビジョンを持つというのは、五年、一〇年先にどのような街にしたいのか、という見通しが今まで地域に欠けていた弱点であると指摘。西淀川の地域再生資料を見て、ビジョンまでいってないが、地域の目指すイメージが示されていることに感銘を受けた。それを〝絵に書いた餅〟にするのではなく、目指すべきビジョンにそって住民、企業、行政が〝協働行動〟していくべきだと強調しました。そして公害地域の再生は特別なことをするのではなく、職場環境と工場をかかえる地域の問題、町内会の問題、町並みの問題などの身近かな問題と共通していることを強調しました。

また、公害地域再生の目標として次世代につなげる地域づくり、持続可能な発展、新しいライフスタイルに応える高い生活水準を目指す、原風景の再発見の四つを揚げています。これらを進めていくためには、再生センターが目指す組織の方向性と一致するが、地域づくりを推進する自立型パートナーシップ型の組織づくりが重要な役割を果たす、と報告しました。

基調提案の二つ目は永田尚久総合開発研究機構理事が行いました。

永田理事は「政策研究の新たな展開」として、公害といういのちのかかわりと深い問題に、地域ぐるみで取り組んだ経験を街づくりの基礎に据えられる、これができるのは全国でも西淀川ぐらいで、住民、行政、そしてNPO（非営利組織）の共同作品としてのまちづくりの実現をしてもらいたい、と期待を述べました。

永田氏自身は西淀川の街を実際に見て、総合的居住環境の世界一の街を目指すための五つの考え方を提起しました。第一は、企業と住民が共有する自然環境と界隈性のある地域づくり、第二は、商店の店構えの共通性や建物の外観の統一感を持たせた美しさのある都市的環境づくり、第三は、人に優しい文化的、社会的景観、第四は、行政の参加とともに新しい形の産業を地域の核とした創造的な生活環境、第五は、住民一人ひとりが自らの生活を最大限に活かせる環境づくりに住民が参加し、その発想を現実に活かせるようにするのが行政の役割だと述べました。

このような考えを、大上段に構えず身の丈にあったところから、あまり金をかけずに住民の手づくりで伝統や界隈性を残しながら、行政への働きかけ方、巻き込み方も他の地域の手本になるように実行してほしい、と期待を表明しました。

パネルディスカションは進行役に高田昇立命館大教授、パネリストに進士五十八・東京農大教授、宮本憲一・立命館大教授、橋本道夫・元環境庁大気保全局長、森嶌昭夫・名古屋大教授と私が務めました。「昨日の敵は今日の友」。それぞれの立場から問題提起がされました。

宮本氏は公害とたたかった住民運動に敬意を表した上で、しかし、まだ問題は残っていると指摘。日本の公害反対運動と街づくりのアメニティ（人に快適さを感じさせる）運動が分離しているが、両者を合体させて若い世代に手渡していくことが大事だと提起しました。また、西淀川の地域再生に止まらず、大阪のウォーターフロント（湾岸線）全体の公害地域再生へと拡大すること、住民本位の地域発展を考えていかねばならないと強調しました。

森嶌氏は循環、共生、参加を唱え、住民、企業、行政が違った視点から提言し、三者が入ったＮＰＯ

（非営利組織）のモデルになってほしい、と発言しました。

橋本氏は運動の新しいスタイルが出てきたことは喜ばしいが、欲をいえばもっと新しい世代が出てきてほしい。利害や意見の対立のある者が協力しあい、討論しあってつくりあげてこそ続けることができる、と述べました。

進士氏はドイツの公害地域再生の実例をスライドで見せながら、道路、緑地、ビオトープを複合的につくる考え方、風景をつくることとゴミ処理が一体化された例、都市と農園の共存、原風景の再現が可能な実例を具体的に紹介しました。

私はパネリストに企業側の意見を代弁できる人がほしかったとしながらも、企業関係者もシンポジウムに参加していただいていることに感謝しました。そして日本初のＮＰＯを組織し、地域再生をなし遂げていく決意を述べました。

環境庁所管の財団法人として公害地域再生センターを運営する、ということは国の認可事業などを実施することになります。たたかい続け、今もたたかっている患者に財界のいいなりになったと非難されるようなことはできません。同時に企業と手をとり合っていくのも至難の業です。板挟みになって崩れてしまわないように、置かれた立場を十分に認識して原則的かつ柔軟に対応することが大事だと痛感させられました。これをやり抜くにはちょこちょこした方法で金を使っていたのではすぐになくなってしまいます。思い切って人の力を借りた上で財団を大きなものに育て、住民が参加する中でまちの再生に必要な財団独自の調査、研究、提言を行い、被害者の願いのこもったものを作り上げていく必要があります。

まちづくりや患者の健康のために企業の賠償金の一部を使うといっても、かなりの反対がありました。現実に日本の政治、経済を一握りの大企業・独占資本が抑えているわけですから、「大企業がいつ豹変してしまうか分からない」「不景気になれば協力しないのではないか」と危惧する意見も出ました。しかし、私たちの希求するところは、公害患者はもちろん、子や孫が安心してくらしていける環境をつくることです。それは患者会だけではできないし、企業に敵対するだけでは企業自身に社会的責任を果たさせていくこともできません。裁判に勝っても和解しなければ、勝った、負けたという憎悪だけが残り、その後の話し合いすらできなくなりかねません。ここはこれまでの対立を断ち切ってゼロから始めないとできないという、長年のたたかいと運動から得た確信的なものがありました。

＊あおぞら財団設立

六月二一日には財団設立発起人会が開かれました。出席した発起人は飯島伸子・東京都立大教授、植田和弘・京都大教授、橋本道夫・元環境庁大気保全局長、早川光俊・弁護士、森脇君雄・患者会会長の五人。そこで財団の役員を決めました。理事長、理事、監事、評議員、顧問の方がたを紹介します。

・理事長

森脇君雄（全国公害患者の会連合会幹事長、西淀川公害裁判原告団長）

・理事

アグネス・チャン（歌手、環境庁こどもエコクラブ・キャラクター審査委員長）

飯島伸子（東京都立大学教授、環境社会学、近・現代史）

進士五十八（東京農業大学教授、造園学）

芹沢芳郎（大阪から公害をなくす会会長代行）

早川光俊（弁護士、地球環境と大気汚染を考える全国市民会議＝ＣＡＳＡ＝専務理事）

宮本憲一（立命館大学教授、環境経済学）

三村浩史（京都大学教授、都市計画論）

森嶌昭夫（上智大学教授、法学、中央環境審議会会長代理兼企画政策部会長）

・監事

井関和彦（弁護士、元大阪弁護士会副会長）

熊野實夫（公認会計士、全国市民オンブズマン連絡協議会代表委員）

・評議員

足立義明（西淀川公害患者と家族の会事務局長）
植田和弘（京都大学教授、環境経済学）
逢坂隆子（花園大学教授）
加藤三郎（株・環境文明研究所所長）
高田　昇（立命館大学教授、大阪都市環境会議代表幹事）
壺井貞志（大阪環境保全・株　専務取締役）
津留崎直美（弁護士）
樋口市蔵（大阪市西淀川区振興町会連合会長）
太田映知（全国公害患者の会連合会事務局長、倉敷公害裁判原告団事務局長）
小池信太郎（公害・地球環境問題懇談会幹事長）
村杉幸子（財・日本自然保護協会事務局長）

・顧問
高橋理喜男（日本大学教授、（社）大阪自然環境保全協会理事長）
都留重人（一橋大学名誉教授）
森　仁美（元環境庁事務次官）

の各氏に就任していただきました。

九六（平成八）年版「環境白書」の第三章「パートナーシップがつくる持続可能な未来」では、公害再生センターの取り組みについて、「公害によって被害者と加害者として対立関係にあった患者・住民と企業が、失われた地球環境の再生を軸として、ともに地球社会の一員として連携して取り組みを進める動きをここに見ることができる」と紹介しています。

あおぞら財団のロゴマークは緑の横線（大地）の上に三本の青い線が頂点で一つに交わる形ですが、この三本の線が住民、行政、企業が支え合うパートナーシップと青い空を表しています。

＊とり戻しつつある自然環境

大気汚染公害で疲弊した西淀川のまちを再生していくうえで、二つのお話をしたいと思います。まず、一つは住民運動によって行政を動かし、完成した大野川緑陰道路です。

西淀川区歌島の八丁橋跡から西淀川区役所前の歌島橋交差点付近を経て、百島の淀の水橋跡までの三・八キロメートルを結ぶ大野川緑陰道路は、西淀川区民だけでなく、多くの人の憩いの場となっています。道路幅一九～四七メートル。緑豊かな街路樹の間を上下二レーンずつの歩行と自転車専用の道が走っています。散歩、ジョギング、自転車で区役所や病院、学校、駅まで利用する人など、安全な生活道路としても利用されています。利用する人の意見を聞くと、リフレッシュできるという方が多くいました。

現在の緑陰道路は、淀川改修に伴ってひとつになった大野川と中島大水道を埋めたものです。かつて大野川は灌漑用水の供給路として、あるいは生活物資の輸送路としての役割をはたしていました。その後、高度成長下のもとで工場排水が流され、ヘドロと悪臭の川と化したことによって、住民からその対策が求められていました。六二（昭和三七）年に始まった国道43号線の工事によって大野川は完全に流れが断ち切られ、ますます汚泥と悪臭の川になってしまい、大阪市議会でも問題になっていました。六八（昭和四三）年には大野川対策として、高架高速道路の建設計画が明らかになったため、住民が「公害をまき散らす高速道路はこれ以上いらない。緑地公園をつくろう」との運動を展開していきました。

住民主導によるまちづくりとなったこの要求は、七一（昭和四六）年に「西淀川区大気汚染防止緊急対策推進会議」の

ヘドロとゴミで悪臭を放つ大野川＝1970年当時

予算一二五億円のうち一一六億円を使っての緑陰道路の建設となり、七九（昭和五四）年に完成しました。高い木は一万本、低い木は一二万本植えられ、今では大きく育っています。住民によるまちづくりの先駆的な活動によるものでした。

もう一つは、西淀川にかつての自然が戻りつつあることです。

私たちは、あおぞら財団設立前の九六（平成八）年から大野川緑陰道路を中心に、環境指標生物として春はタンポポ、夏はセミの脱けがら分布調査を手頃な市民参加型で行ってきました。その結果、西淀川には日本在来種のカンサイタンポポが生息したり、環境豊かな場所だけに生息するミンミンゼミが発生するような自然環境が社寺林や大野川緑陰道路の一部に残存あるいは再生していることが確認されるようになりました。しかし、まだ大部分は外来種のセイヨウタンポポやアカミタンポポさえ生えない、あるいは市街地だけに生息するクマゼミさえ見あたらない、アスファルト、コンクリート地域であることも判明しました。

現在の大野川緑陰道路

大野川の悪臭は大阪市議会でも大問題に＝1970年当時

そんな中で〇三年七月下旬、事務局の上田敏幸さんが歌島橋交差点横の、りそな銀行歌島橋支店空き地でクマゼミの脱けがらを多数発見しました。その話を聞いた現在は財団評議員の北元敏夫さん（森林生態学専門、私大講師）が、〇三年七月二八日から調査を開始し、欅の幹、枝、葉に付着している、あるいは地面に落下している脱けがらを採集しました。

また、欅の毎木調査（一定の区画で樹木の大きさを調べる）で胸高周囲を測定し、欅の分布状態を試算しました。この発見で交通量の多さでは西淀川区の代表的な歌島橋交差点付近で、まだ不十分ながらも環境が再生されつつあることが分かりました。

この調査でもう一つ、興味ある事実が明らかになりました。りそな銀行の空き地の欅は、六二（昭和三七）年に大阪府が道路の緩衝地帯として欅を植え、「御幣島《みてじま》街園」と呼んでいた一部でした。その五年後の六七（昭和四二）年に松下興産がフェニックスの木々を寄付し、緑が多い緩衝地帯が形成されていました。その後の九九（平成一一）年に道路の拡幅と交差点の整備で今日に至った経過がありました。そのことから、クマゼミは大野川緑陰道路の欅よりも、「御幣島街園」の古くからの欅の方にたくさん生息していたことが分かりました。

西淀川では葉量の多い、高木の欅が育ってきています。水辺を増やし、実のなる木を植えれば、野鳥も訪れるようになってきています。こうした観点でまちを見ていくと、普段見過ごしている風景も違った発見ができます。そして、自然環境のすぐれた地域に生息するカンサイタンポポやミンミンゼミ、ツクツクホウシ、トンボ、チョウチョウなどが生息するまちに再生していきたいものです。

九月一一日、「公害地域再生センター」（愛称、あおぞら財団）が環境庁所管の財団として正式に設置、発足しました。活動内容は、①公害のないまちづくり、②公害の経験を伝える、③自然や環境について学ぶ、④公害患者の生きがいづくり――の四分野です。主な取り組みを紹介します。

《公害のないまちづくり》

大都市では、自動車排ガスによって今なお深刻な大気汚染が進行し、都市環境の改善が求められています。そこで、人と環境にやさしい道路政策に向けた提言づくり、CO_2削減などに効果のあるエコドライブ（環境にやさしい運転）の社会実験や普及活動、交通をめぐる問題をともに考え、実践する道路環境市民塾の運営、市民参加型の環境アセスメントの普及などを行っています。西淀川地域の歴史やコミュニティを生かしたまちづくりにも取り組んでいます。

大阪府商工会館で開かれたシンポジウム＝2007年３月

二〇〇七（平成一九）年三月一七日には、「地域からすすめる参加型まちづくりシンポジウム」を大阪府商工会館で開催したのを始め、〇三（平成一五）年からスタートしたエコドライブ推進事業では、「平成一八（二〇〇六）年度地球温暖化防止活動環境大臣賞」に選ばれました。その成果と今後の課題を共有するために〇七年一月三一日に大阪市内のホテルで日本トラック協会加盟の事業者、行政関係者、市民など一三〇人が参加してシンポジウムを開催しました。参加者は「エコドライブが燃費の向上だけでなく、事故も減るというのは重要なこと」「地球環境もわれわれ一人ひとりの行動で変えていけると感じた」などと話していました。道路環境市民塾としては、「クルマ依存社会を考える」シリーズ講座を年に五、六回前後開いています。

西淀川高校の教室に展示している西淀川公害

《公害の経験を伝える》

西淀川公害をはじめ日本の公害経験、被害の実態を伝えていこうと、住民運動・裁判に関する資料や地域資料の保存・整理に取り組んでいます。それらの活用の場として、あおぞらビル内に「西淀川・公害と環境資料館」を開設しています。小・中・高・大学や各団体などに公害患者がおもむき、公害病の苦しみやなぜ、裁判に起ち上がったのかなどの「語り部」活動もしています。また、学校との連携や教材づくり、視察や研修の受け入れ、アジアの環境NGOとの交流活動にも取り組んでいます。

公害患者による証言は西淀川区だけでなく、倉敷、尼崎、名古屋、東京とあり、音声録音もあります。財団では西淀川公害患者の会と連携して、このほど新たに一一人（岡前千代子、塚口アキヱ、北村ヨシエ、平松嗣夫、和田美頭子、竹内寿美子、山口ヤスノ、酒井政一・酒井美代子、岡崎久女、永野千代子）の「語り部」の大気汚染公害と自身の公害病の話をDVDに収録しました。これを「語り部」活動の際に、利用してもらうことにしています。

DVD収録に協力していただいた和田美頭子さんは（八〇）は現在、患者会・柏花支部の班長です。四八（昭和二三）年に結婚して西淀川の花川に住み、七三（昭和四八）年ころから痰や咳がでるようになりました。四年後の七七（昭和五二）年には気管支ぜんそくと慢性気管支炎で公害病認定されています。二次原告です。

和田さんが患者会に入会したのは認定されてからですが、あるできごとが会の活動に積極的参加をしていくきっかけになりました。それは柏花診療所に通院していたとき、二歳ぐらいの乳幼児が苦しんでいるのを目の当たりにしてからです。乳幼児は苦しくても症状を訴えることもできま

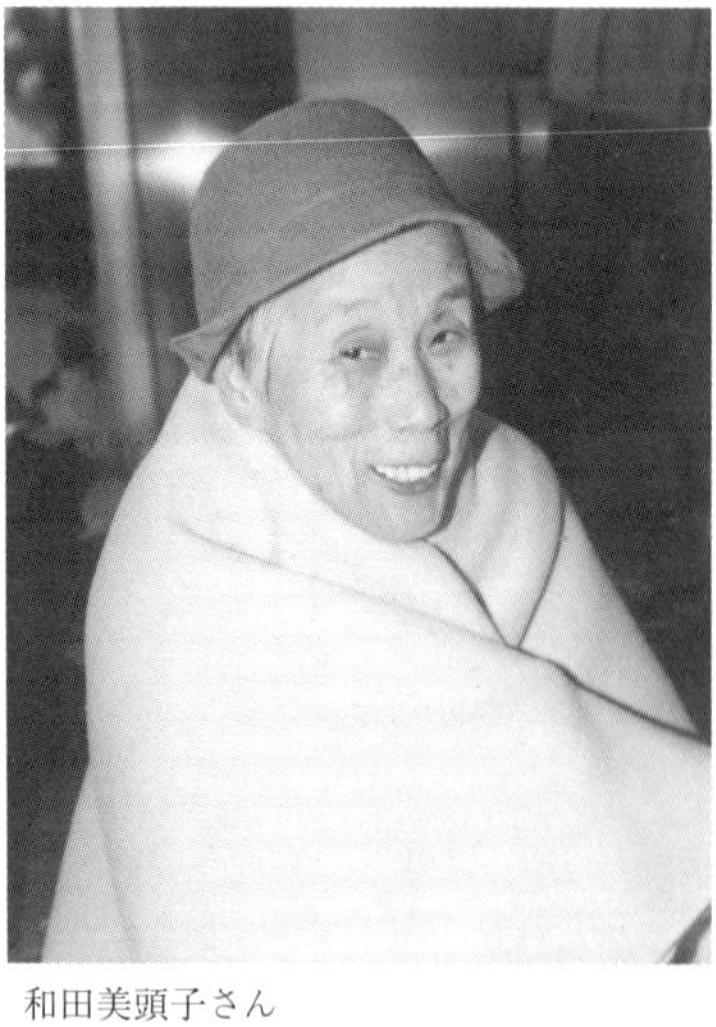
和田美頭子さん

まちづくりたんけん隊の活動

せん。「これが自分の孫だったらどうなんだろう。私でよかった」と思ったといいます。

「はっきりいって、それまでは他人ごとのような思いがありました。これはじっとしていたら駄目だと思うようになったんです。空気や水は境目がありません。〝きょうは人の身、あすはわが身〟です。人間らしく普通にくらしていけるようにするのが、公害患者の務めだとおもうようになりました。もっとすばらしい先輩がおられるのに、私が『語り部』になるのは気が引けましたが、少しでもお役にたてればと思い……」と語っています。

《自然や環境について学ぶ》

身近な自然や生きものたちが伝える環境情報を集める活動を、子どもや市民の参加で続けていこうというものです。あおぞら財団の自主事業の第一弾として実施したのは、水辺の自然の回復を目指す取り組みでした。「トンボを飛ばそう」を合言葉にトンボの羽化を成功させている出来島小学校のトンボ池を見学に行きました。地元企業の中には工場跡地を公園用地として提供する話も出てきました。夏になれば、西淀川の空をスイスイとトンボが飛び交う風景を早く実現したいものです。

・まちづくりたんけん隊活動

あおぞら財団のユニークな取り組みの一つに、九六（平成八）年六月から始めた「まちづくりたんけん隊」活動があります。九八（平成一〇）年三月まで計八回実施しました。まちづくりたんけん隊の目的と着眼点は、西淀川にはかつてこういう豊かな自然と人びとのなりわいがあったと懐古するのではなく、公害の原因をなくし、公害患者をなくし、人びとが生きいきと暮らせるまちに再生していく期待を込めて実施しているところにあります。

最初、「まちづくりたんけん隊のようなものをやってみたいな。子どもは自分の住んでいる場所を、大人は大人で西淀川を再認識するだろうなぁ」というような考えが頭の隅にありました。それは、西淀川公害患者と家族の会の塚口アキヱさんや北村ヨシエさんが小・中・高の各学校での公害被害者の「語り部」活動で、公害のひどさや苦しみとともに、昔の西淀川の風景を語って聞かせていたからです。

一九（大正八）年に大野で生まれた塚口アキヱさん（八八）は、西淀川の原風景について「子どものころは大野川には葦が茂り、船が行き交ってましたな。昔は漁師町で主人の親は網元で大きな網を持ってて、タイやスズキ、ウナギも採ってきましたなぁ。シャコ、赤貝なんか、いろんな魚や貝を食べて子どもを大きくしました。漁師は捕った魚介類を大阪や尼崎の方に売りにいってましたんや。今やと想像もつかん話やけど……」

二五（昭和一四）年に福で生まれた北村ヨシエさん（八二）も「神崎川も似たようなもんでした。大和田の漁師が素手で鯉つかみをしてました。ベルリンオリンピックに出場した高石製鉄所（現合同製鉄）の社長の息子さんの高石勝男さんが神崎川河口の城島橋付近で泳いでいたのを見に行きましたな。ものすごい人だかりで、周辺の人がいっぱい集まって見てたのをよう覚えてますわ。潮が引くと遠浅の海になってね、ハマグリやシジミなどの貝をぎょうさん（たくさん）採ったもんです」

西淀川区の地図にブロックを置いて、汚染状況を理解する作業

まちづくりたんけん隊は、工場の公害によって人びとの健康を蝕み、地域の絆を損なってきたわが西淀川を蘇らせていこうという取り組みの一環です。自分たちが生まれ育った、あるいは生活しているまちの歴史や自然、かつてのまちの風景などをみんなで再発見していくことは、西淀川地域へのこだわりと地域再生に向けた力にもなっていくからです。最初は「公園・空き地たんけん隊」の名称でしたが、四回目からたんけん隊の目

的の発展にともなって「まちづくりたんけん隊」に変更しました。

まちづくりに取り組むにあたって必要なことは、西淀川区域全体の状況を把握し、現存する地域資源や特質を見いだすことでした。そのためには、そこに住みつづけてきた住民の情報と目が必要でした。また、まちづくり活動の存在を知ってもらい、参画する人材を得ることでした。九六年四月、あおぞら財団事務局と京大環境地球工学科の神吉紀世子さんが話し合って、たんけん隊活動案を考え、住民参加で実施していくことを決めました。

五月に開いた第一回実行委員会には、財団事務局のほか、住民、学生、大学院生（建築、都市計画、造園など）ら一七人が集まりました。地元住民の中には、まちづくり活動に関わった経験のある人、自然観察活動を行っている人、地元の文物に詳しい人などがいました。実行委員会は一つのたんけん隊の実施にあたって二回から三回開きました。九八年五月までの間に通算二一回開催しました。

たんけん隊で重要なことは、どういう地区を選定するかです。昔からある旧集落や公害を出している工場地帯、あるいは残された自然といった探検する目的をはっきりさせる必要があります。設定地区が決まると、約三時間ぐらいで無理なく歩ける広さ、集合場所、昼食・休憩のできる場所の有無や交通の便を考慮しなければなりません。地元の住民に説明を受けるとか、交流する人たちに参加してもらうことも必要です。そのためには、あらかじめ資料収集や下見をしておかねばなりません。

広報活動も大切です。事前にあおぞら財団の機関紙、ホームページで知らせる、環境関連のイベント情報誌等にも掲載してもらうことにしました。たんけん隊ののぼりを準備する必要もあります。当日の記録係りを選んだり、終了後にまとめ会を開き、感想や意見を参加者全員に発言してもらうことなど、基本的な活動の運営や実施要領を決めました。当然、実施要領は回を重ねるごとに発展していきました。たんけん隊のまとめは、事務局がニュースにして発行しました。

第一回目のたんけん隊は、六月一日に実施。「大和田、姫島地域の公園・空き地」から探検しました。これには五四人が参加。別行動で学童保育児童五〇人も参加しました。参加者は五つの班に分かれ、大和田、姫島地区内にある公園と空き地の利用状況と環境についてデータシートをつくる作業をしました。大和田、姫島は戦前からの古いまちで、姫島は二四（大正一三）年ころまで「稗島」と呼ばれていました。

探検するために用意した地域の地図には「ムクドリ二羽（確認）水場つくってあげたい」「メジロを見かけた」「〇〇公園はゴミが散らかっている」「〇〇公園の滑り台が痛んでいる」「緑陰が多い」「緑道への出入り口が少ない」「トラックが多く人通りが少ない」等々、さまざまな情報が書き加えられていきました。

「ここに、なんか鳥の卵があるよ」

子どもの一人が大声をあげました。引率の大人が

「どれどれ」

「何の卵かな」

「うーん、これはハトの卵や。多分、キジバトやろ。地図に書いとこ」

女の子が
「タンポポが咲いてる」

「うん、これはセイヨウタンポポやね」

歩いていると、いろんなものが面白いほど見つかります。子どもの目と大人では当然見つけるものが違ってきます。

・身近かな動植物で環境を評価

あおぞら財団評議員で私大講師（森林生態学が専門）をしている北元敏夫さんは、タンポポやセミの生息する種類で、環境の善し悪しが判断できるといいます。

「ニホンタンポポは腐食質に富む農村的な環境に、帰化植物のセイヨウタンポポは日当たりのよい裸地の多い都市的な環境に好んで生育することが分かっています。公害のまち、西淀川ではそのセイヨウタンポポも生えないところでしたが、今では緑が増えて受粉する虫が住める環境になり、在来種のニホンタンポポが見つかるようになっています。セイヨウタンポポがあれば、まずまずの環境で、ニホンタンポポがあればよい自然環境ということになります。セイヨウタンポポも生えないところは、人の暮らす環境としては好ましくない、ということができます」

そういうことを歩きながら参加者に教えると、子どもも大人も一応に「ふーん、そうか」とうなずき合っていました。日頃、何気なく見ている自分の育ったまちを目的を持って観察してみると、いくつもの新しい発見がありました。

別の地図には「高架下の公園は植え込みや道具がワンパターン」「神社と公園が一体となっており地域の歴史を感じる」「ロータリーを作るにしても植樹の有る無しでは全然違う」「フェンスを生け垣にすれば雰囲気が変わるのでは」「暗い児童公園で利用者ゼロ」「ゴミだらけの公園」「何かできそうな空き地」等々、こちらは青年や大人の感想が多く、提案も書かれていました。

八月二五日には第二回目が実施され、「矢倉海岸、福町地域の自然緑地、漁村と製鉄所」が探検の目的。これにも子どもを含めて三二人が参加しています。夏休みでもあり、鳥や水生昆虫、植物等を観察しました。矢倉海岸は江戸時代に新田開発で造られた土地で、神崎川に沿った西島地区にあります。三四（昭和九）年の室戸台風で水没し、その後の埋め立て作業で土地ができてきま

まちづくりたんけん隊に参加した人たちの総括会議

した。野鳥や魚、エビ、カニが生息しています。決してきれいな海岸ではありませんが、大阪では貴重な自然が残っています。

この地域の探検用地図にも「磯の香りがうれしかった」「大阪にも海岸のあるのを知った」「魚がきれいではない川でけなげに泳いでいた」「カニがたくさんいた」「久しぶりにバッタやトンボを見て感激しました」等々の感想が書かれていました。

しかし、釣り好きの香西博之さんは報告文で告発しています。

「七〇年代（昭和四五年以降）の淀川では、何も釣れないといってもおかしくない時代が続いた。神崎川はさらにひどかった。今ではたくさんの魚が釣れるようになり、淀川は蘇ったと思った。ところが、九七（平成九）年ころにはハゼが釣れなくなり、九八（平成一〇）年にはコッパカレイが釣れなくなった。サヨリは伝法大橋で九六年には釣れたが、九七年には釣れなくなった。最近も魚の食いつきを考えると、淀川が本当の川に戻ったとは思えない。何か魚の世界に異変が起きているに違いない。淀川河口部での変化といえば、第一はスーパー堤防の建設がある。水質浄化効果があるといっても野鳥は見られないし、釣り人もいない。第二に阪神高速道路工事による河川敷の裸地化がある。葦原が壊滅してマツムシの生息が見られなくなった。野鳥や昆虫のいない河口部の自然環境は、本当の自然だといえないのではないだろうか」

第三回は「出来島、中島地域の公害激甚地」、第四回はまちづくりたんけん隊と名称を変更して「佃一、二丁目地域の阪神淡路大震災被災と住工混在地」、第五回は「竹島、御幣島《みてじま》地域の沿道土地利用とタンポポの生息分布」、第六回は「野里地域の旧集落と商店街」を探検しました。番外編として第七回はお隣りの「此花区」、第八回は川を隔てた兵庫県の「尼崎南部」を探検しました。此花区、尼崎市はともに西淀川区と深い関係のある地域で公害患者が多く、自然がどの程度残されているか、あるいは現在の生活環境に生かされているかなどを探ることができました。

「西淀川の公害を学ぶ」では、公害環境学習ビデオ（大人用）やビデオ「手渡したいのは青い空〜未来からのメッセージ」、二酸化窒素簡易カプセル測定、ウォーキングマップ（西淀川区の史跡探訪、公害の歴史と環境再生の足跡を訪ねて）などが用意されています。「交通環境学習」では、食物の流通経路を通じて交通環境を学習する教材研究や実際の高校授業に取り入れている実践例、「西淀川の自然を学ぶ」では、子どもから大人までの幅広い、しかも楽しく学べる多様な企画があります。

《公害患者の生きがいづくり》

公害患者の願いは、大気汚染によって奪われた健康を回復し、生きがいを持ちながら、住み慣れた地域で安心して暮らし続けることです。高齢化する患者の健康・生きがいづくりをめざして、園芸教室や水中リラックス教室などを実施しています。二〇〇一（平成一三）年から〇四年にかけて、環境省環境保健部企画課保健業務室の委託を受けて公害健康被害補償法による認定患者の生活実態に関するアンケート調査に取り組み、その集計結果を分析して加齢がすすむ患者の生活に必要な施策を検討しています。デイケアサービス「あおぞら苑」での、さまざまな企画も連携して実施しています。

なかでもぜんそく患者のための水中リラックス教室は、健康運動指導士の協力によって、単に身体機能の維持・回復という面だけでなく、日常生活で積極的な動きができるように、心身に解放感や達成感を与え、人とのコミュニケーションを育むなどの効果により、療養生活の質を高めることが期待されています。従って、水中での運動を「鍛練」「訓練」ではなく、「心と体をほぐす」「力をゆるめる」「楽に行う」「ゆっくり行う」「楽しんで行う」ことをテーマに実施しています。

＊公害環境問題のセンターとして世界へ発信

地球温暖化や熱帯雨林の伐採、砂漠化等、グローバルな環境問題について、関心をもっている人たちが増えていることは歓迎すべきことです。しかし、関心のある人たちの中でさえ、大気汚染

ぜんそく患者の水泳教室

北九州市で行われた国際会議＝2001年11月

に代表される足元の公害については、「もう解決した過去の問題」と思っている人たちが多いのも事実です。公害問題が意識的に環境問題として一般化あるいは矮小化されている風潮があります。

あおぞら財団は住民、行政、企業との連携で疲弊した公害のまちの再生をめざしてきました。企業のなかには自動車通勤を自転車通勤にするなど、当初は環境問題に取り組んだ企業も一時的にはありましたが、被告企業の関西電力や住友金属が工場を撤退したこともあり、企業との〝協働行動〟はまだ十分な機能を果たせていません。危惧されることは、電力会社の多くが原子力発電所の事故隠しをしたり、データを捏造するなど、企業としての社会的責任をどう考えているのか、大気汚染公害の教訓は何だったのか、と疑わざるを得ません。自動車メーカーもそうです。その姿勢は「環境にやさしい」などといえるものではありません。

行政も首長が変わると施策にも変化が見られるなど、一定の距離をおいているように思えます。財団のボランティア的な活動に対しては協力をしてくれても、資金面の援助ではガードが固くなっています。こうした背景には今日の日本の政治の現状が色濃く反映している点も見据えた上で、新しい運動を展開していく必要があります。そういう意味では、かけがえのない環境を守るということは、企業や行政のみならず、社会全体の意識を変え、人間優先の社会的システムを構築していくことが大切だと思います。

　この九月一一日には、公害地域再生センター（あおぞら財団）設立からまる一二年を迎えました。九八（平成一〇）年には「環境の日」にあたって、環境庁の大木浩長官から「多年にわたる環境保全の推進への功績」として表彰されました。〇七（平成一九）年四月二四日には、住民とともに国や企業に働きかけて地域の環境再生に取り組んでいる活動が評価され、朝日新聞社の「第8回　明日への環境賞」に選ばれました。これらは私たちの公害・環境問題に対するこれまでの取り組みへの社会的評価と見ることができます。そのベースには「西淀川公害患者と家族の会」のいのちをかけたたたかいがあってこそ、得ることができたと思います。

第8回明日への環境賞受賞（右端・若林正俊環境大臣）＝2007年４月

あおぞら財団顧問で東京農業大学の進士五十八元学長も「第8回　明日への環境賞」受賞のお祝いに駆けつけてくださいました。別の約束があったようですが、そちらをキャンセルしての出席でした。「長いたたかいの成果であり、これまでの苦労が社会的に評価された意義は大きい」と、自分のことのように喜んでいただきました。全国公害弁護団連絡会議の豊田誠弁護士、篠原義仁弁護士もそろって「これからの環境問題に取り組んでいく上でもよかった」と、労をねぎらっていただきました。こういう取り組みは患者会レベルでできる話ではないので、やはり財団をつくってよかったと思いました。

あおぞら財団の方がた（前列左から森脇君雄理事長、鎗山善理子、大野みさ子、後列左から矢羽田薫、小平智子、上田敏幸、林美帆、藤江徹の各氏）

あおぞら財団もこの一一年間で、研究員もさまざまな事情により半数以上は変わっています。当初の研究員で新たな場所で活躍されている方がたは、直接間接に環境問題に取り組んでくれていることでしょう。人材の育成と発掘は財団の重要な仕事です。現在のスタッフは、当初から在職している大野みさ子さん、鎗山善理子さん、上田敏幸さん、その後に入られた矢羽田薫さん、藤江徹さん、林美帆さん、小平智子さん、そしてアルバイトの水野順子さん、増田純子さんの九人です。

新しく入った研究員は、これまでの取り組みを踏襲した上で、新しい視点からの地域に根ざしながら疲弊した公害地域の再生、公害資料の保存と充実そして活用、公害道路の政策と対策、患者の医療と健康回復等を推進していく必要があります。さらに、財団として何を後世に残すのか――あおぞら財団の生い立ちと目的を正確に理解し、今後の環境問題に果敢に挑戦してほしいと願っています。地球温暖化問題は人類破壊の方向に進んでおり、〝待ったなし〟の深刻な事態です。局地的な集中豪雨による河川の氾濫、北極・南極の氷解による海面上昇と国土の消失、ヒマラヤの氷河の氷解など、地球的規模の状況を「異常気象」という言葉で片づけることはできません。国や報道機関による地球温暖化問題の取り上げ方や視点は、現象面が中心です。しかも、国民が車を利用したり、電気を浪費していることに重さを置くキャンペーンとなっています。が、今日の温暖化の主原因は、重化学工業や自動車メーカーの排出ガスによって起きているのが実態です。アメリカや日本など先進国の責任と、中国、ロシアなどの国による排出が問題なのです。国民に対する環境問題への自覚と取り組みは大切ですが、ことの本質を見誤ってはなりません。むしろ、キャンペーンは本質をそらす役割を果たしているといえます。公害・環境問題は、至って政治、経済、社会問題であり、それらの動きと本質を敏感にとらえていくことがおのずと求められています。

財団には、あとに続くアジアの人たちに同じような苦しみを与えさせないようにしていく大きな仕事が待っています。財団が西淀川のみならず、国内、国外への公害環境問題の発信基地として、何年か先にはまた、大きな社会的評価を受けるような存在として、二一世紀の環境問題の一翼を担っていきたいと考えています。

西淀川公害の略年表

1902・12（明治35）大阪府議会、煤煙防止に関する意見書採択
1904・4（明治37）西淀川区中島地区にハンセン病保養院開院
1911・11（明治44）煤煙防止研究会発会
1914・11（大正3）大阪商工会議所の反対で煤煙防止令不成立
1925・4（大正14）大阪市東、西成両郡を編入して西淀川区誕生
1927・5（昭和2）阪神国道竣工。西淀川区の工業化進展
1928・6（昭和3）西淀川区大野町民、大阪精煉の煤煙、水で農作物への賠償請求
1931・9（昭和6）「満州事変」勃発
1932・6（昭和7）大阪府令として煤煙防止規則制定
1943・4（昭和18）大阪市の増区により、現西淀川区域決定
1945・3（昭和20）大阪大空襲始まる
1945・9（昭和20）枕崎台風で西淀川区川北、大和田地区浸水
1947・5（昭和22）日本国憲法施行
1950・6（昭和25）朝鮮戦争始まる。西淀川、尼崎の工場群活気づく
1950・8（昭和25）大阪府事業場公害防止条令制定

1950・9（昭和25）ジェーン台風で西淀川区全域が浸水
1951・6（昭和26）尼崎市議会、煤煙防止に関する意見書採択
1955・11（昭和30）生活環境汚染防止基準法案が、経団連・通産省の反対で不成立
1956・4（昭和31）大阪市内のスモッグ発生日数、年間88日で戦前水準抜く
1958・12（昭和33）公共用水域の水質保全法、工場排水等の規制法公布
1960・6（昭和35）日米安保改訂反対の国会デモ
1962・12（昭和37）煤煙規制法施行、大阪市など府下9市1町が指定地域に
1963（昭和38）63年度以降、大阪府内の重油消費量が石炭を上回る
1963・3（昭和38）西淀川保健所の測定で二酸化硫黄濃度0・382ppmを記録
1963・5（昭和38）大阪製鋼西島工場、住民1戸に1カ月50円の補償金支払い
1963・8（昭和38）大阪市が公害対策部を設置
1963・10（昭和38）東京オリンピック開催
1965・10（昭和40）大阪府事業場郊外防止条令全面改正
1965・12（昭和40）大阪市公害対策審議会、西淀川、此花、大正の3区を大気汚染特別対策地区指定答申
1967・6（昭和42）新潟水俣病提訴
1967・8（昭和42）公害対策基本法制定
1967・9（昭和42）四日市公害提訴
1968・12（昭和43）大気汚染防止法、騒音規制法施行
1969・5（昭和44）政府、初の「公害白書」発表
1969・7（昭和44）西淀川で永大石油公害事件発生

1969・10（昭和44）永大石油から公害をなくす会結成
1969・12（昭和44）公害に係わる健康被害の救済に関する特別措置法制定
1970・2（昭和45）特別措置法で西淀川の患者救済始まる
1970・3（昭和45）大阪万国博覧会開催
1970・6（昭和45）大阪市、西淀川区を大気汚染緊急対策地区に指定。公害機動隊配置
1970・8（昭和45）西淀川から公害をなくす市民の会発足
1970・8（昭和45）大阪府、西淀川・外島地区を工業地域に指定。公害企業進出反対運動起きる
1970・11（昭和45）第64臨時国会（公害国会）開会、公害対策基本法改正等15法案成立
1970・11（昭和45）西淀川公害追放推進委員会発足
1970・12（昭和45）同委員会主催で外島への公害企業進出反対集会開催
1971・2（昭和46）大阪から公害なくす会結成
1971・3（昭和46）大阪府、公害防止条令を公布
1971・4（昭和46）大阪府知事に黒田了一氏当選
1971・6（昭和46）イタイイタイ病裁判勝利判決
1971・7（昭和46）環境庁発足
1971・9（昭和46）新潟水俣病裁判勝利判決
1972・7（昭和47）四日市公害裁判勝利判決
1972・10（昭和47）第1回公害デー開催
1972・10（昭和47）西淀川公害患者と家族の会結成
1973・3（昭和48）西淀川公害患者会、公害企業拠出による救済制度要求で大阪市庁舎に座り込み実施

1973・3（昭和48）熊本水俣病裁判勝利判決
1973・3（昭和48）西淀川公害患者会、弁護士と裁判に向けて協議
1973・6（昭和48）大阪市、公害企業拠出による公害被害者救済制度を実施
1973・6（昭和48）大阪府「環境管理計画」（ビッグプラン）策定
1973・8（昭和48）阪神高速道路公団、大阪・西宮線の着工で西淀川住民が公団と交渉
1973・10（昭和48）公害健康被害補償法（公健法）制定
1973・11（昭和48）全国公害患者の会連絡会結成
1974・4（昭和49）大阪弁護士会が大気汚染裁判対策で西淀川問題小委員会設置
1974・9（昭和49）公健法施行
1974・10（昭和49）大和田地域住民、阪神高速道路建設反対同盟結成
1975・5（昭和50）千葉川鉄公害裁判提訴
1975・6（昭和50）西淀川区医師会が公害医療センター業務開始
1975・7（昭和50）姫島地区住民、阪神高速道路建設反対同盟結成
1976・1（昭和51）大阪公害患者の会連絡会準備会発足
1976・6（昭和51）第1回全国公害被害者総行動デー開催
1976・8（昭和51）国道43号線公害裁判提訴
1977・2（昭和52）経団連、「公害健康被害補償制度に関する意見」を政府と環境庁に提出
1977・3（昭和52）環境庁、二酸化窒素（NO_2）の健康影響を中公審に諮問
1977・4（昭和52）大阪公害患者の会連合会結成
1978・4（昭和53）西淀川公害裁判第1次提訴

1978・7（昭和53）環境庁、二酸化窒素（NO_2）環境基準を大幅緩和した新基準告示
1979・2（昭和54）経済四団体、自民党に指定地域解除を要望
1981・5（昭和56）全国公害患者の会連合会結成
1981・12（昭和56）経団連、第2次臨時行政調査会に「環境行政の合理化に関する要望」提出
1982・3（昭和57）川崎公害裁判提訴
1983・11（昭和58）倉敷公害裁判提訴
1983・11（昭和58）環境庁、中公審に公健法の地域指定見直し諮問
1984・7（昭和59）西淀川公害裁判第2次提訴
1985・5（昭和60）西淀川公害裁判第3次提訴、原告団を結成
1986・10（昭和61）中公審答申に向け、環境庁ロビーに座り込み
1986・10（昭和61）中公審、臨時総会で「41指定地域解除を全面解除、新規公害患者は認定せず」と答申
1987・2（昭和62）公健法改訂法案国会に上程
1987・8（昭和62）衆院本会議で公健法改訂法可決
1987・9（昭和62）参院本会議で公健法改訂法可決、成立
1988・3（昭和63）中之島公会堂で早期結審、勝利判決をめざす府民大集会開催
1988・3（昭和63）公健法改訂法施行
1988・10（昭和63）地球環境と大気汚染を考える全国市民会議（CASA）発足
1988・11（昭和63）千葉川鉄裁判勝利判決
1988・12（昭和63）尼崎公害裁判提訴
1989・3（平成1）名古屋南部公害裁判提訴

1989・4（平成1）西淀川裁判の早期結審、公正な判決を求める一〇〇万人署名1次分を裁判所に提出
1990・1（平成2）西淀川裁判第1次結審
1991・3（平成3）西淀川裁判第1次勝利判決（企業責任認める）
1991・12（平成3）フランス政府招待による各国NGO（非政府組織）国際会議
1992・6（平成4）環境と開発に関する国連会議（UNCED）地球サミットがリオ・デ・ジャネイロで開催
1992・8（平成4）千葉川鉄裁判和解成立
1993・4（平成5）西淀川患者会、支援団体の「はるかぜ行動」。関西電力前で要請行動と座り込み
1993・6（平成5）関西電力株主総会で訴え
1993・12（平成5）関西電力前で西淀川患者会、支援団体の「こがらし行動」
1994・1（平成6）川崎公害第1次判決（企業責任認める）
1994・3（平成6）倉敷公害裁判勝利判決
1994・4（平成6）関西電力の大株主に早期解決要請で、西淀川患者会、支援団体の「さくら行動」
1994・7（平成6）西淀川裁判第2次、3次結審。関西電力に「パラソル行動」
1995・1（平成7）阪神淡路大震災
1995・3（平成7）西淀川裁判で加害企業と和解
1995・7（平成7）西淀川裁判第2次、3次判決（自動車排ガスの公害責任認める）
1996・2（平成8）（財）公害地域再生センター（あおぞら財団）設立準備会発足
1996・3（平成8）大阪で公害地域再生シンポジウム開催
1996・5（平成8）東京大気裁判提訴
1996・8（平成8）西淀川公害患者会、関西電力に立ち入り調査

1996・9（平成8）（財）公害地域再生センター（あおぞら財団）設立認可
1996・10（平成8）西淀川公害患者会、合同製鉄に立ち入り調査
1996・12（平成8）京都でCOP3開催
1996・12（平成8）川崎公害裁判で企業と和解
1996・12（平成8）倉敷公害裁判で企業と和解
1997・7（平成9）環境庁野村大気保全局長、西淀川区内視察
1998・7（平成10）西淀川裁判で国、阪神高速道路公団と和解
1999・2（平成11）尼崎公害裁判で企業と和解
1999・5（平成11）川崎公害裁判で国、公団と和解
2000・1（平成12）尼崎公害裁判で国、公団に勝利判決（差し止めを認める）
2000・11（平成12）名古屋南部公害裁判で国、企業に勝利判決（差し止めを認める）
2000・12（平成12）尼崎公害裁判で国、公団と和解
2001・8（平成13）名古屋公害裁判で国、企業と和解
2002・10（平成14）東京大気裁判第1次勝利判決（国、公団の管理責任認める）
2007・4（平成19）西淀川公害患者会の活動を通じて朝日新聞社の第8回「明日への環境賞」を受賞
2007・8（平成19）東京大気裁判で国、都、高速道路（株）、自動車メーカーと和解
2008・2（平成20）全国公害患者の会連合会が鴨下一郎環境大臣に公健法の存続要望書を提出

参考文献

《書籍関係》

・大都交通労働組合編『不屈の旗　大都交通労働者の闘いを支えたもの』（労働旬報社　１９６８年12月）
・小山仁示『大気汚染の被害の歴史　西淀川公害』（東方出版　１９８８年６月）
・宮本憲一『公害と住民運動』（自治体研究社　１９７０年11月）
・新島　洋（監修　西淀川公害訴訟原告団・弁護団）『青い空の記憶　大気汚染とたたかった人びとの物語』（教育史料出版会　２０００年８月）
・宮本憲一『環境経済学』（岩波書店　１９８９年６月）
・淡路剛久・寺西俊一編『公害環境法理論の新たな展開』（日本評論社　１９９７年４月）
・西淀川訴訟原告団・弁護団編著『手渡したいのは青い空』（清風堂出版　１９８９年12月）
・同『西淀川公害訴訟　被告企業との勝利和解記録集』（１９９５年３月）
・同『西淀川公害訴訟二次三次　国・阪神高速公団公害責任を裁いた勝利判決記録集』（１９９５年７月）
・大阪公害患者の会連合会『がんばろう患者会　二十年のあしあと』（１９９６年11月）
・西淀川訴訟原告団＋弁護団編著『手渡したいのは青い空　西淀川公害裁判をたたかった原告の証言』（１９８９年12月）

・同『手渡したいのは青い空　西淀川公害裁判全面解決へのあゆみ』（１９９８年10月）
・公害地域再生センター・（協力）全国公害患者の会連合会『大気汚染と公害被害者運動がわかる本』（１９９９年３月）
・西淀川公害患者と家族の会『わたしたちの軌跡そして未来へ……』（２００１年10月）
・森脇君雄さん、豊田誠さんの古希を祝う会実行委員会『森脇君雄さん、豊田誠さんの古希を祝う会』（２００５年９月）
・西淀川公害患者と家族の会『西淀川公害裁判原告団・弁護団　10年のあゆみ』（２００５年10月）

《雑誌関係》
小田康徳『ヒストリア第１５６号　阪神工業地帯の形成と西淀川の変貌』（大阪歴史学会　１９９７年９月）
小山仁示『大阪春秋第90号　西淀川公害をめぐって』（大阪春秋社　１９９８年３月）
三善貞司『同　西淀川史跡めぐり』（同）

※新聞関係については、文中の該当部分で記述しているので割愛させていただきます。

あとがき

公害問題は「被害に始まり、被害に終わる」といわれています。

この言葉は公害問題の基本的見地を示すとともに、問題の広さと深さをも表していると思います。そこには被害による苦しみ、原因、救済、運動、組織、対策、根絶等すべてが集約されています。被害の救済と対策、原因追及は公害反対運動の原点なのです。私たち公害病被害者が「西淀川公害患者と家族の会」を組織し、その救済と被害を生み出した原因の根絶をめざす運動も、被害の事実を明らかにすることから始めました。まさに「被害」は運動の出発点であり、行動の源でした。

私を突き動かした小谷信夫君、南竹照代さん、網代千佳子さんら三人の被害が鮮烈な記憶になっているのは、自分の子どもたちの世代だからです。三人は自分がなぜ、こんな目にあわなければならないのか、その原因を知らないまま亡くなっていきました。子どもたちの苦しみを替わってやれるなら替わってやりたいと思うのが親心です。私自身を襲った公害病の苦しみと重ね合わせて、こんな思いを誰にも味わわせたくない、こんな目にあわせた加害者を許さないというのが、長い困難なたたかいを支えてくれたのです。生前、「子や孫をこんな辛い目にあわせたくない。裁判に勝つまでは死ねない」と口ぐせのようにいっていた岡前敏雄さんのように、原告患者の多くが心に誓っていたことでもありました。「手渡したいのは青い空」というスローガンは、きれいな空気と空を、きれいな地球を公害患者自身のたたかいによって勝ち取り、子や孫に直接手渡したいという、切実な思いから生まれたものです。いま、環境破壊、人類滅亡につながる地球温暖化問題こそ、世界中が一つになり、ただちに解決すべき課題です。そのため、石炭火力発電所などは廃止する行動を起こすべきです。

西淀川大気汚染裁判については、原告団・弁護団編集による出版物や運動とたたかいの節ぶしで発行してきた記録集がいくつもあります。それらはすべて、二度と私たちのような苦しみを繰り返してはならないとの思いとともに、裁判でのたたかいを、世論を動かした原動力を、歴史にとどめておきたかったからです。

今回、提訴から三〇年を期して「本書」を刊行することに思い至ったのは、西淀川の患者自身が語る公害とのたたかいの記録であり、その時代を動かした歴史であり、そこから導き出される教訓を後世に伝えるためです。それは、公害のことなど何も知らなかった力の弱い被害者が、余りの理不尽さに強大な力を持つ国や大企業相手にたたかった人間の実録でもあります。

「本書」を読み進むにつれ、公害患者の苦しみを生なましく描いているところが随所に出てきますが、つまびらかにすることがはばかられるものばかりです。しかし、実際はもっともっと残酷なもので、とても筆舌には尽くせません。このようなことが、わずか三、四〇年前に日本全国の工業地帯であったのです。多くのかけがえのないいのちの上に、今日の私たちの日常生活が営まれています。

被害の深刻さだけではありません。運動が、たたかいが鍛えあげた、すばらしい女性たちの頑ばりがあります。長きにわたって、患者会の事務局長、会長の任に就いてきましたが、患者会と裁判闘争は多くの女性の活動によって支えられてきたといっても過言ではありません。六〇代から七〇代の女性たちが街頭でビラをまき、加害企業や行政当局の前で座り込み、そして市民生協や労働組合に行って公害患者の苦しみを訴え続けました。気管支ぜんそくや慢性気管支炎に罹患していますから、五分から一〇分前後の訴えですが、聞くものを引きつけて止みません。女性たちの行動は、見るものを真摯な気持ちにさせました。そこに〝生きる希望の灯火〟を見る思いがするのです。こうした行動や訴えが世論を動かしていったのです。いまは、それぞれいい〝おばあちゃん〟ですが、患者会の一線で活動しています。

「本書」では年代を追いながら、そこで起きた事実を忠実に描きました。年代については一番たくさん出てくる一九〇〇年代と二〇〇〇年代については、文章上わずらわしいので一九、二〇を省略させていただき（　）で年号を入れました。一八〇〇年代はそのままにしました。ここに登場する方がたについては、「本書」刊行の趣旨を説明したうえで快くご協力いただきました。中には連絡が取れない方もおられ、すでに他界された方を含めて、そうした方がたについては原告団・弁護団、あるいは患者会が編集・発行した出版物から引用させていただきました。これら関係者のご協力に心からお礼を申し上げます。

「本書」出版に至るまでには、取材から構成等編集全般にわたって、ジャーナリストの米田憲司さんに大変お世話になりました。米田さんとは七二（昭和四七）年からの長いお付き合いになります。東京に異動されてからも結審や判決、和解、患者会の取材に度々来られました。また、「本書」を出版するに当たり、（株）本の泉社の比留川洋代表取締役のお力添えに感謝いたします。

二〇〇八年三月　西淀川公害患者と家族の会会長

森脇君雄

西淀川公害《にしよどがわこうがい》を語《かた》る
公害《こうがい》と闘《たたか》い環境《かんきょう》 再生《さいせい》めざして

2008年3月20日　初版第1刷発行

著　者　西淀川公害患者《にしよどがわこうがいかんじゃ》と家族《かぞく》の会《かい》

編集協力　米田 憲司
発行人　比留川 洋
発　行　株式会社　本の泉社
〒113-0033　東京都文京区本郷2-25-6
TEL 03-5800-8494　FAX 03-5800-5353
http://www.honnoizumi.co.jp

DTP　木椋 隆夫
印　刷　音羽印刷株式会社
製　本　難波製本株式会社

Printed in Japan　ISBN 978-4-7807-0368-9